逆風野郎！ ダイソン成功物語

james against the odds an autobiography

dyson

ジェームズ・ダイソン 著
樫村志保 訳

日経BP社

戦時中に結婚した
父と母
1940年

1歳の誕生日にろ
うそくで遊ぶ僕
1948年

姉シャニー、兄ト
ムとブレイクニ
ー・ポイントの砂
丘を駈けのぼる
1951年

グレシャム校のクロスカントリーレースで優勝
1965年

シェークスピア戯曲『テンペスト』でトリンキュローを演じる。倒れているのはキャリバン役で、ＢＢＣテレビ『ニューズ・アット・テン』のティム・ユーアト。グレシャム校で
1965年

グレシャム校でのラグビー
1964年

廃品自転車から水上自転車を製作中のジェレミー・フライと僕。仏プロヴァンスで
1968年

ランドローバーを載せ40ノットで走るシー・トラック
1972年

英国海軍の小型艇「ブリタニアズ・シー・トラック」。岸への上陸を得意とした
1974年

妻ディアドリー、娘エミリー、息子ジェイコブと僕。ブレイクニー近くのホルカムで1977年

ボールバローの新カタログのためにモデルをするディアドリー。ドディントン・ハウスで1976年

ボールバローで遊ぶ息子のジェイコブとサム。バースフォードの仕事場の外で1986年

バースにあるヒル・リー製材所の煙突に取り付けられた集塵機（サイクロン）。ここで紙パックの目詰まりを解決する着想を得た

『カー・スタイリング』誌の取材で日本製Gフォース（1台1200ポンド）を持つ僕
1987年

金谷、梶原、友近とライセンス契約を交渉中。午前4時の東京で
1985年

チッペナムにできた最初の工場のDC01生産ライン
1993年7月

ジャーナリスト向けのDC02デモンストレーション
1995年1月

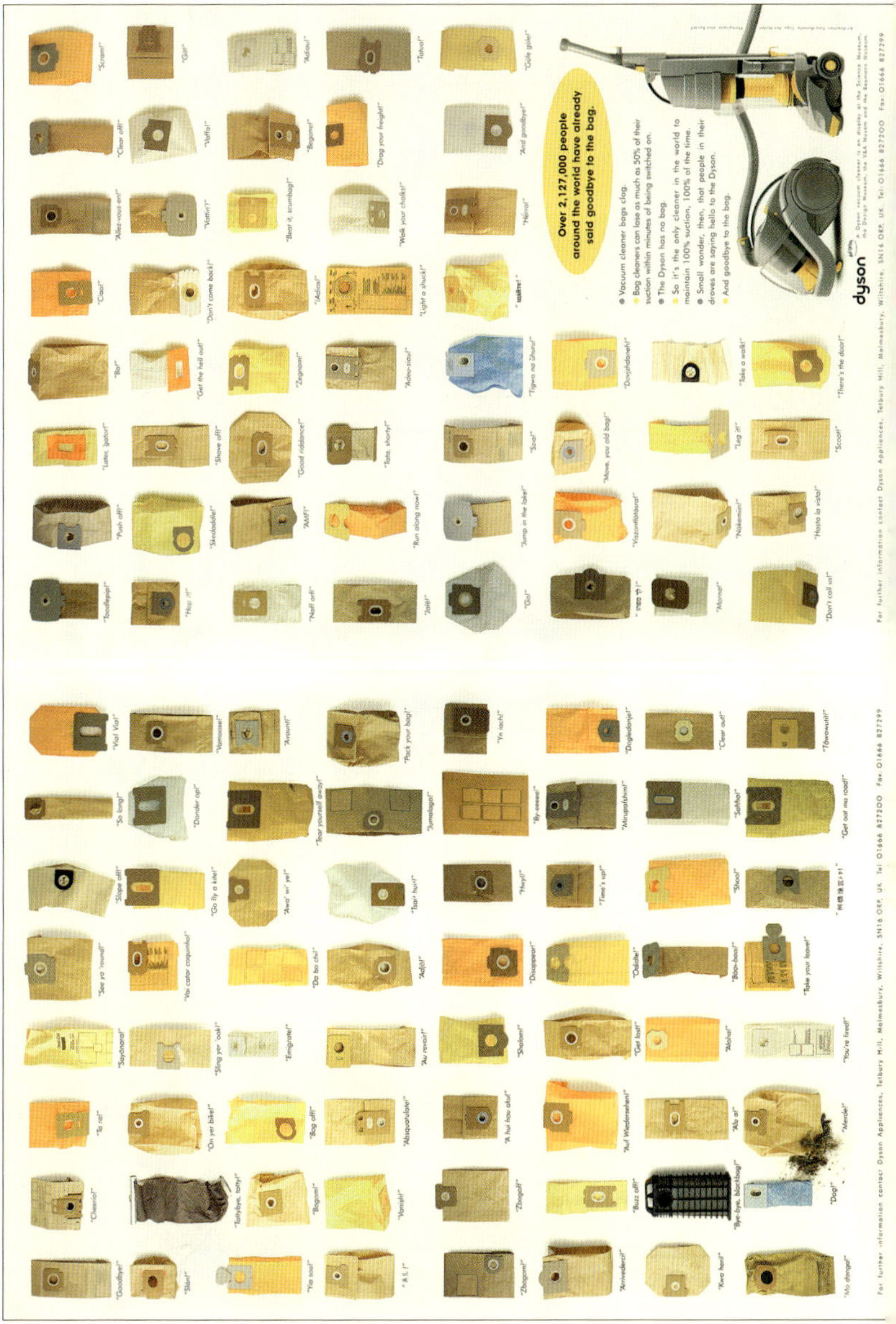

『ワールド・オブ・インテリアズ』、『マリ・クレール』、『イブニング・スタンダード』向けの雑誌広告。
トニー・ムランカ制作、アラン・ランドル撮影　1995年

viruses
pollen
dust mite faeces
pet hairs
Bags kill suction, leaving this in your home.
The Dyson has no bag and no loss of suction.
Now you can see what gets left behind when your vacuum cleaner stops sucking properly. Ordinary vacuum cleaners work by sucking air through a bag. But as soon as dust goes into the bag, it starts to clog. After just one room, suction can be down as much as 50%. And the more you use it, the worse it gets. Only one cleaner has solved this problem - the Dyson. With its Dual Cyclone technology and no bag, it gives 100% suction, 100% of the time. For further information, call Dyson on 0870 60 70 888. www.dyson.com
dyson

全国紙向けゴミの山広告。トニー・ムランカ制作、アラン・ランドル撮影　1996～97年

すべてのダイソン製品の上に付けられる無口なセールスマン

ミッテラン元仏大統領が首相官邸を訪問時のＢＢＣ放送ニュースのひとこま
1996年

トニー・ムランカとアラン・ランドルによるDC04の英国向け広告　2000年

ウィルトシャー州マルムズベリー市にあるダイソン・リサーチ・センター。クリス・ウィルキンソン設計
1999年

娘エミリー（ファッション・デザイナー）とロンドンのデザイン・ミュージアムで
1996年

僕のオフィス内を
動き回るダイソン
の掃除ロボット
DC06

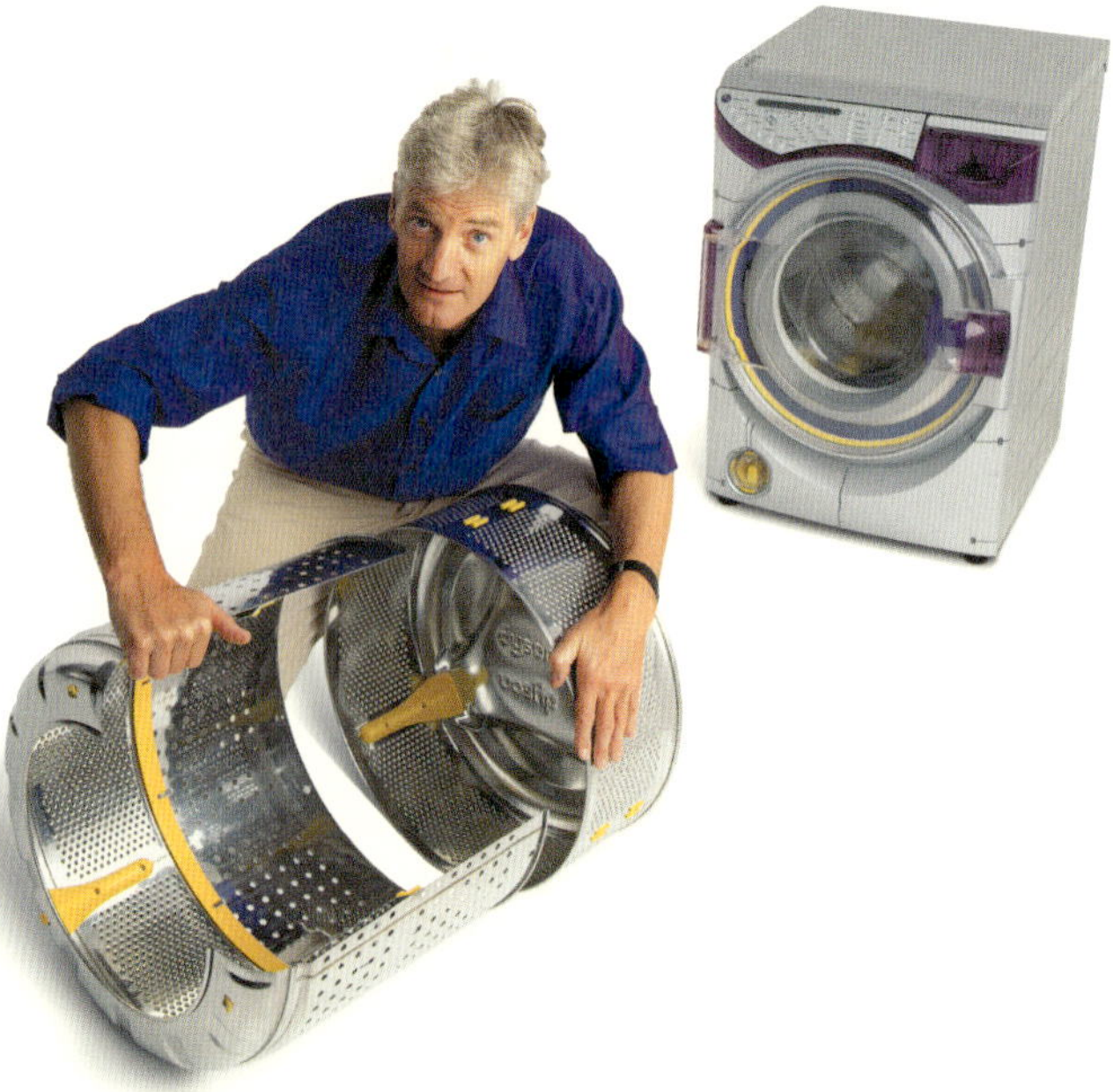

ダイソンの二基ド
ラム式洗濯機コン
トラローテーター
CR01
2000年

逆風野郎！　ダイソン成功物語

はじめに

「でも、ジェームズ。もっといい掃除機があるというなら、フーバーかエレクトロラックスがとっくに作っていたんじゃないか?」

僕がこの言葉を初めて聞いたのは、たしか一九七九年だったと思う。初めて設立した会社を去り、生活の保障、収入、社会的地位を投げ捨てて、自宅裏のガラクタ小屋で進めていたプロジェクトに参加してくれと旧友を説き伏せる直前のことだ。

それまで経験した仕事は、新種の手押し車、上陸用高速艇、そして二、三の空想などなど。十二年間、僕は借金の重圧に苦しんだ。英国と米国の大手メーカーに自分の製品を売り込んで、あえなく失敗。自分の掃除機を守るため、大西洋の両岸で厳しい法廷闘争を繰り広げた。そして九二年、寒くて雨の多い英国の片田舎で、僕は独りで考え、設計し、作り、テストした機械の、たった一人の所有者として、独力で生産を始めた。

何百もの試作品、何千もの修正、そして何万回ものテストを重ねたあげく、僕は借金地獄にあったけれど、サイクロン(遠心分離式)を愛していた。その後、二〇〇三年までに英国の四世帯に一世帯がダイソンの掃除機を所有するようになった。そして会社は三十五カ国で年間三億ポンド以上を売り上げ、設立から十年で全世界に千万台以上の掃除機を販売した。

僕は研究開発の鬼となって、ひたすら掃除機の改良を続けてきたけれど、自社工場における二、三の驚くべき技術革新のおかげで、今年はじめ、世界で最も小型、軽量、高性能のサイクロン式掃除機を製造することができた。それは世界最先端のエレクトロニクス市場で十分通用する機械であり、欧米企業の新技術を搭載した機械としては、世界で最初に日本で発売されることになった機械だ。

これは、僕がそれをどう行ったかの物語である。

二〇〇四年五月

（ジェームズ・ダイソン）

目次

逆風野郎！　ダイソン成功物語

装丁　岩瀬　聡
本文レイアウト　内田隆史

金儲けのノウハウを教えるつもりはない

変な話だけど、ダイソン・デュアルサイクロンはやっぱり僕の思った通りになった。最初からわかってたんだ。こうなるってことは。

確かに、これまでいろんなことがあった。挫折、訴訟、資金難、切りのない特許申請、誹謗中傷、猜疑心、詐欺師やいい寄ってくる輩たち(悲しいかな、詐欺師が多かった)……。

でもね、いつかはすべて好転する、バラ色の未来が開けるって、心の奥でずっとそんな気がしていたんだ。

自分自身のことや自分の業績、金儲け、成功などを本にするのは、あまりほめるべきことじゃない。だからこの本は、実際には僕がこれまでにしてきたこと、つまり製品、会社、決断、ときには敵、そして多くは失敗についてまとめた本だ。

もちろん話の中心は、吸い込んだ空気を竜巻状に回転させ、遠心力で空気とゴミを分離するサイクロン式掃除機「ダイソン・デュアルサイクロン」。でも、この製品にも会社と同じく僕の名前が付いているから、悪いけどこれは僕についての本でもある。

本を書きたくなったのは、半ば関連する多くの事柄のせいだ。自分の人生や成功の秘訣を語る気になった人にしては珍しいと思うけど、功名心から本を出すわけじゃない。

僕はプロダクトのクリエーター、すなわちモノの作り手だから、自分の名前が製品に付いている。それで僕は生計を立てているし、おかげでこの名前が少なくとも百万もの世帯に知られるようになった。

僕のひそかな夢は、「ダイソン」がただの通称でなく、ずばり掃除機の代名詞になることだ。ときどき、いまから何年か後には、「ダイソン」が「セロテープ」「バイロウ（ボールペン）」「ターマック（舗装材）」のように、あの「フーバー」に代わって掃除機や掃除機をかけることと同じ意味になり、「ダイソン」という名の男がいたことなんてすっかり世間に忘れられるほど、この名前が僕から離れて一人歩きする日が来ることを夢見ている。

僕の骨が土に還り、性能の悪い機械にイライラさせられることもなくなったずっと後に、二十一世紀の子どもが「ママに『お部屋をダイソンしなさい』って言われたから、まだ遊びに行けないんだ」と友達に話したりしていたらいいなと思う。平凡なようかもしれないけど、それが「永く残る」ための僕のシナリオだ。

この本は自分の金儲けや売名のためとか、尊敬されたり慕われたいから書いたわけじゃない。そんなの、するだけ無駄だしね。

むしろ、僕がメディアで紹介されてからどっと舞い込むようになった、ほかの発明家たちからの便りと関係がある。ところで、ここでいう発明家とは、研究室や科学の学位や特許出願したデザインを持つ人ではなく（そんな人もかなりいるけど）、アイディアを持っている普通の人々のことだ。

ウソじゃないって。そんな人は周りに大勢いるんだから。

彼らは自分のアイディアをどう発展させればいいのか、実現可能性をどう見きわめるか、似たようなアイディアがすでにあるかどうか、製品をどう売り出し、自分自身をどう売り込めばいいか、いかにアイディアを管理し、ズルがしこい企業鮫の犠牲にならずに自分で金を儲けるかなどについて、アドバイスを求めてくる。

　でも、その一つひとつにアドバイスすることなんてとてもできない。だから、この本はある意味で彼らに語りかけ、たびたび寄せられる質問に答えようという試みだ。「ハウツー」を伝授するつもりなどさらさらない。そんなもの、もう山ほどある。むしろ、僕を先例にしてほしいと思っている。

　この本には、あなたがおそらく初めて出会うようなビジネス哲学も随所に出てくる。どんなにワクワクするビジネス哲学でも限界はあるんだけど（実際、ワクワクすることなんてあるわけないか。ビジネスってイヤな言葉だし、金儲けのプロセスにすぎないんだから）、重要なのは、この哲学がビジネスマン的な発想から生まれたものじゃないってことだ。

　そして、それはうまくいった。

　ハリウッドの常套句で言えば、「成功は一夜にしてならず」。僕がまさにそうだった。借金、ときには何百万ポンドもの個人債務を二十年も背負い、やっとトンネルを抜け出したのが十一年前。そしていまは、なんと売上高三億ポンドの企業のトップだ。不思議なことに、すべてがほとんど誰にも気づかれずに起こった。派手な広告を打ったわけでも、無料航空券などを使ったプレミアムキャンペーンを展開したわけでもない（少なくとも僕はしなかった。競合相手の大企業が自己防衛の宣伝キャンペーンを行ったことはあったけれどね）。それでもこうなったのは、デュアルサイクロンが本質的に優れているから、これまでのどんな掃除機より機能もデザインも優れているからだ、と僕は固く信じている。

　掃除機は、『オズの魔法使い』の主人公ドロシーのように、サイクロン（竜巻）の登場で初めて生きることの意味を知った。百年前、最初の試作品は運転後、十分で吸引力がなくなり、ゴミはただ部屋中を移動するだけ。おまけに紙パックが破れてせっかく吸い込んだゴミもカーペットの上にこぼれた。以来、掃除機は基本的に何も変わらないままだった。

「フーバー」ブランドが掃除機の同義語となり、ほかの数知れない大企業も掃除機で利益を上げた。仮にこのグローバルな寄せ集め集団に揺さぶりをかける者がいたとして、それは、僕なんかであるはずがなかった。エンジニアの資格もなく、物理のOレベル（英国の中等教育終了一般試験に合格すること）すら持たず、あるのは発明王エジソンのような一瞬のひらめきだけっていう、一人のイギリス人にすぎなかったから。

でも、結局こうなった。紙パックは永久に不要となり、目詰まりしない円筒の中で音速で回転する小型台風に取って代わられた。そして掃除機は、自らの素晴らしい潜在能力をフルに発揮できるようになった。地球をきれいにする準備が整ったわけだ。その技術を独占的に持つ僕は、先進国のあらゆる家庭に入り込むカギを握っていると言えるかもしれない。

一九九三年に発売されたダイソン・デュアルサイクロンは、二百ポンドという店頭価格にもかかわらず、フーバー社やエレクトロラックス社の製品をしのぎ、すでに英国で最もよく売れている掃除機となった。ダイソン製品の売り上げは三億ポンドを超え、ダイソン社は英国で最も急成長しているメーカーになった。それも、すべてがわずか数年のうちに、ごく静かに、ボールベアリングとベアリングス銀行の区別もつかなかった四十人ほどの美大出身者の会社から、始まった。

実は、僕の最初のヒット商品もかなりそれに近かった。車輪の代わりに空気ボールを使った手押し車「ボールバロー」は、設計後わずか三年で市場を席巻した。考えてみれば、簡単な話なんだ。柔らかい芝生にわだちを残さない、ぬかるみにはまらない、何を運んでもバランスを崩さない——そんな手押し車がほしければ、ただ車輪をボールに代えればいい。簡単でしょ。

でも、こいつがそんなに長い間、それほどまでに役足らずだったのは意外ではない。なにしろ、車輪はまったく別の市場向けに発明されたもので、しかも発明者には何らかの独占権があったからだ。

車輪にそれほどの敬意が払われた、おそらくそのことが、手押し車が一度も改良されなかった理由かもしれない。数千年の間に、たぶん何百万もの人がそれを改良するアイディアを思いついたんだろう。僕がしたのは、ただアイディアをアイディアのままで終わらせず、もう少し先に押し進めただけだ。

ところで、アイディアは誰だって持っている。昔から言うように、人は誰でも自分には斬新な考えがあると思っている。たいていの人はいつだったか覚えていなくても、世界を変えるような発明をあれこれ思いついたことがあるはずだ。でも、それはボードゲームであれ、栓抜き、帽子掛け、ハープシコード・ホルダーであれ、「あったら便利だな」って程度から一歩も抜け出していないんだ。

その原因は新しいアイディアへの投資を嫌う悪名高き産業界と関係があるけれど、一方では僕ら自身の情熱のなさからくるともいえる。

でもね。最大の原因は、そもそも「空想をいかに売れる物にするか」という発想がないからなんだ。少し運にも恵まれたけれど、僕の話は、自分の夢が分らず屋の圧力で消えていくのを感じたことのあるすべての人に希望を与えるはずだ。

まず第一に、エンジニアの資格がなけりゃエンジニアリングはできないという考えなど捨てること。パブリックスクール（全寮制の私立中高一貫校）で芸術科目をいくつかかじっただけの僕は、ロンドンの王立美術大学（ＲＣＡ）にこっそり裏口からもぐり込んだ。

大学では家具を専攻し、しばらくは木をいじり回していたけど、やがて、安っぽい素材と見下されていたプラスチックに手をつけ、そしていつしかプロダクトデザインにたどり着いた。さらに、エンジニアリングはひとつのものの考え方にすぎないと確信して、デザイン、設計だけでなく製品の開発までにかかわることを決意し、プロ意識をもってアルバイトを始めた。

製品のデザイン、一つひとつの要素を際立たせるえも言われぬスタイルは、いまも僕が大事にしているものだ。デュアルサイクロンはヴィクトリア・アルバート博物館（Ｖ＆Ａ）の二十世紀ギャラリーに展示されている唯一の家電製品で、ロンドンの科学博物館でもデザイン・ミュージアムでも永久展示品となっている。

でも、美は機能をぎりぎりまで追求することでしか獲得できない。建築・設計技術者のイザムバード・キングダム・ブルーネルは、僕にとって常に最大のヒーローだった。倒立懸垂曲線は彼が設計・建造した橋に欠かせない重要な要素で、その独特のスタイルはいまも見る人を圧倒する。

もし産業界のラッダイト派ともいうべき先端技術嫌いの皆さんや気まぐれな消費者の心をつかみたいのなら、発明は、彼らの言うとおり「使えるもの」に見えなきゃならない。ブルーネルのデザインには、フィリップ・スタルクのような人気優先のデザイナーや建築家には夢見ることさえおぼつかない、機能の追求から生まれる特別の輝きがあった。

僕の成功は、「改良なんてムリだ」と常々思われていた日用品に目をとめて、じっくり観察したからなんだ。進歩は、既成概念にとらわれない水平思考（エジソン流アプローチ）があって、経験を通じて成し遂げることができる。

何かの専門家になりたければ、船の流体力学であれ、掃除機のサイクロン技術であれ、誰でも半年でなれる。アイディアが生まれてから技術を学ぶ時間はたくさんあるんだ。僕はサイクロン式掃除機の最初の試作品を、子ども向けテレビ番組『ブルー・ピーター』（英BBC放送）のグロテスクな宇宙船のように、シリアルの袋とマスキングテープで作った。

でも、サイクロンの機能をきちんと理解したのはそれよりずっと後になってからだった。その最初の「発見」からデュアルサイクロンまでは長く辛い道のりだった。デュアル（二重構造）と呼ばれるわけは、本体の内部に、時速二〇〇マイルの回転で大きなゴミとほとんどのホコリを取り除くサイクロンと、さらにその内側に時速九二四マイルの回転から生まれる強力な遠心力でタバコの煙ほどの微粒子さえも空気からはじき出すもう一つのサイクロンがあるからだ。

とはいえ、野望を抱く発明家にとって最大の教訓はまだこれからやってくる。それは実際の資金調達だ。何か良いことをするまでもらえない分厚い札束が問題なんだ。

「ボールバロー」の成功にもかかわらず、僕は自分の国で資金協力者を一人も見つけられなかった（特許権を個人でなく会社に譲渡してしまったので、あんなに売れたのに手元には一銭も残らなかったんだ。バカなことしたよ）。これは英国の発明家にとって永遠の課題で、自国で生まれたイノベーション（技術革新）の多くが海外で実用化されているのはそのためだ。僕はまず研究、次に生産に必要な資金を調達するため、米国と日本にライセンスを売り込もうとした。今度はしっかり特許を持っていたので、自分の思い通りにできた。

ハイテク家電製品のふるさと日本で、デュアルサイクロンは空前の大成功を収めた。「Gフォース」として知られるそのパステルピンクの掃除機は九一年、東京で国際デザインフェア賞を受賞した。

日本での評判はすこぶる高く、「Gフォース」は贅沢なステイタスシンボルになった。わざわざ家電の本場で苦労した甲斐があり、僕はまさしく大金をがっぽり稼いだ。

米国では、少し話が違った。僕とのライセンス契約を解消した巨大メーカーが、自社ブランドのサイクロン式掃除機を製造し始めたからだ。ここで後に引いたら、世界に一人で挑む男の名がすたる。ただそれだけのために、僕はその巨大企業に対して訴訟を起こし、法廷で五年間も闘った。

この話から学ぶべき教訓は、英国の産業界が自国の企業に十分配慮しないため、結果的に経済的損失を被っているということだ。これはただの警鐘じゃない。短期間で収益を上げることを評価する短期業績志向によって、英国の開発力とデザイン力が実際に損なわれているんだ。

エンジニアリングやデザインはそんなものじゃない。それは長い目で見て、企業、さらには国をより良い状態に再生する手段なんだ。企業は、サッチャー革命で一躍実権を握ったシティーなどの金融界、銀行、ガリガリ亡者からお手この本は、米国のシリコンバレー企業よろしく、急成長して巨万の富をつかむためのお手軽なノウハウ本じゃない。ビジネス書でもない。むしろ、いまあるビジネスに背を向ける本で、世界を役立たずの醜悪な代物や不幸せな人々であふれさせ、国を経済至上主義にしたクズ思想に反旗を掲げる本なんだ。

僕らは誰もが成功を望んでいる。美しい物を作って、少しばかり金儲けもしたいと思っている。誰もがその方法について自分なりの考えを持っている。これから話すことは、たまたま僕の方法にすぎない。

軽な見返りを求められて、より多くの製品を売って売り上げ拡大に走る。製品の改良には手をつけない。そしてすべてを英国流に広告で解決しようとする。でも、それはあぶく銭を手にする方法で、本当の利益にはならない。

ビジネスの理想形は、製品を十分採算の取れる高値で大量に売ることだ。それには、いまある製品より性能も見た目も優れた製品を開発しなきゃならない。その手の投資は長期的で、リスクも高くて、あんまり英国流じゃない。

あるいは少なくとも、ハイリスクな経営方針に見える。しかし、より長期的に見れば、ただ大勢に従うだけの横並び経営のほうが、よほどリスクをはらんでいるんだ。

大事なのはすべてにおいて人と異なること。なぜなら、より良くないとダメだから。

アイディアがひらめいた瞬間から事業経営にいたるまで、人と異なること。そして、すべてを掌握すること。

Book1
Inventing myself

第1部 「僕」自身を発明する

第1章

『ツバメ号とアマゾン号』さながらの少年、砂丘、バスーン

のんびりした田舎暮らし◇父の死◇僕は負け犬◇寄宿学校へ◇バスーン◇ランニングで先頭に立つ◇成績不振で絵をかく◇落第と英国の教育制度の罪◇エンジニアへの弱気な目覚めと水泳への挑戦◇目立っちゃいけないんだ◇僕は不動産業者や医者にはならなかったけど、俳優にはなりかけた◇一九五〇年代の英国◇ロンドンの美術学校と素晴らしき新世界

こうして自伝を書いているけれど、「読者はきっと僕の両親や生い立ち、そしてJ・D・サリンジャーが言うところの『あのデヴィッド・カッパーフィールド式のくだらないこと』について知りたがるはずだ」と思うほど、僕は自分を買い被っているわけじゃない。

仕事はつまずきの連続だった。でも、それはかえって僕のためになった。この本のテーマはその仕事人生についてだけど、やはり伝統にのっとり、「最初から」始めるのがよさそうだ。環境に順応できない性格は、先天的なものでも後天的なものでもない。自然にそうなるんだ。ただ意味もなく人と違っていたい、正しいことをしたいと思いたがる頑固で強情な子どもは、物事を斜めにしか見られない屈折した問題児となり、その混乱をいつまでもひきずることになる。

父がノーフォーク州（イングランド南東部）

にある古い大きなパブリックスクール（全寮制の私立中高一貫校）、グレシャム校の古典の教師だったから、僕ら一家は校庭に隣接するヴィクトリア朝様式のだだっ広い家に住んでいた。そこは、父がよく言っていたように、シーザー支配下の古代ガリアみたいに三つの区画に分かれていて、もう一人の教師の家族と大家であるランサム夫人と娘が住んでいた。

ランサム夫人はなかなか怖いお婆さんでね。僕はアレック・ギネスとジェームズ・メイスン主演の映画『大いなる遺産』を見てからは、夫人をミス・ハビシャム、娘を少女エステラ、自分をあの惑わされた可哀想な老人ピップと思うようになった。

当時のノーフォークは、すべてが牧歌的だった。家々はみな赤い屋根瓦の石造りで、何世紀も昔のままだった。広大な湖沼地帯に中世の教会が点在し、広く印象的な空の下、豊かな自然が何マイルも広がっていた。自然、建築ともに美しく素晴らしい土地に育ったので、僕には少し「ブロンテ」的なところがある。

小学校へは、いつも隣の校舎が見えないほど校庭に霧が低くたれ込めている早朝に自転車で通った。休日は学校の敷地で自由に遊んだ。もう一人の教師の子どもたちとグラウンドでサッカーをしたり、誰もいない夜の暗い寄宿舎で殺人遊びをしたり、音楽室でドラムをガンガン打ち鳴らしたりして騒ぎまくっていた。大きな砂丘を探検したり、小型ボートであたり一帯をくまなく漕ぎ回ったり、アーサー・ランサムの冒険物語『ツバメ号とアマゾン号』のような子ども時代を満喫していた。近頃はそんな世界は作者のあこがれ、空想の産物とまで言われているけれど、すべて目の前にあったんだ。いまではすっかり観光地化したブレイクニー・ポイントだって、当時はただの寂しいひなびた場所にすぎなくて、僕らはよくアジサシやアザラシと一緒に裸で泳いだものだ。

そんな環境にいたこと、とくに学校を自分の手中に収めていたことで、僕はごく幼い頃から「自分はほかの子と違う」という気持ちを抱いていた。その意識は最初、ほんの漠然としたものにすぎなかったけれど、一九五六年に父がガンで他界するとまったくの確信に変わった。当時、僕はわずか九歳、兄のトムは十一歳、姉のシャニーは十四歳だった。父の死をきっかけに、僕はほかの子どもたちに大きな引け目を感じるようになった。自分がいつも何かを横取りされてしまう負け犬、落ちこぼれのように思えたんだ。

幼くして僕は孤独を感じた。当然、調子のいいときにそれは、自分は特別な存在だという思いへとつながる。思春期の少年特有の問題について教えてくれる人もいなかったし、自分の若い頃の経験を話してくれる人もいなかったから、僕は誰もが同じ悩みを抱えるとは知らず、いつも一人で悩んでいた。人生は自分で始末をつけなきゃならないものになった。何もかも自分自身で解決しなきゃならなかった。精神分析学的に乱暴な言い方をすれば、それが僕を闘士、ファイターにしたんだと思う。

家では、母も兄も姉も、そしてほかの子どもたちもみんな僕より年上だったから、取っ組み合いや鬼ごっこなどで遊ぶとき、相手はいつも自分より背が高く体力のある子どもばかりだった。それが僕の基準を引き上げた。いくら一番年下でもそうそういつも負けられない。だからいつのまにか、「自分よりずっと大きなものに挑戦しても勝てる」って意識が自然と身についたんだ。父の喪失と相まって、これが僕をとても闘争的な人間にした。大きい目で見れば、競合相手をつぶそうとして訴訟にいきり立つ大企業も、年下の小さな子どもを力任せに組み伏せる図体の大きい十五歳の少年も、さほど違わないからね。

父の死は僕の性格形成にもう一つ大きな影響を与えた。彼は僕が生まれてからずっと病気がちで、僕が六歳のときからは入院生活を送っていた。父のことで覚えているのは、とても小柄だったこと、あとは熱心なアマチュア俳優兼監督としてよく学校で演劇を上演していたことぐらいだ（手先もそこそこ器用だったらしい。古代ギリシャの喜劇作家アリストファネスの『蛙』を上演するために、自作したカエルの人形数体がまだ家にあるからね)。死ぬ間際、父は放送を開始したばかりのBBCテレビに就職が決まっていた。でも、転職は遅きに失した。

そんな風に、別のことに時間をかけすぎて本望を遂げられずに死んだ父を見て、僕は絶対に同じ轍は踏まないと心に誓った。自分がやりたくないことには引きずり込まれないと決めたんだ。僕も父や兄のように古典学者になるものと思われていた。だから、ラテン語とギリシャ語の授業を放棄したときは、周囲に少なからぬショックを与えた。

でもそれは、父が一時は愛したとしても、死ぬ間際に逃れようとした職業だ。僕にとっては永遠に汚された職業だったんだ。

僕の知る限り、学校から母に年金は支給されなかった。でもロージー・ブルース=ロックハート校長が、僕と兄の学資の半分を学校から援助する段取りをつけてくれた。それについては、一生ありがたいと思っている。

そんなわけで、僕はたったの九歳で寄宿学校に入れられた。こんなときこそ家族は一緒にいるべきだとか、母には自分たちが必要だなんて全然思わなかった。僕自身は、自分の子どもたちとは何があっても離れたくないし、寄宿学校に入れるなんて考えたこともないけどね。しかし、第二次世界大戦後まもない当時の英国では教育がとても重視されていて、中流家庭の子どもにとって私立学校に進学しなきゃならないという重圧はいまよりはるかに大きかったんだ。

母は十七歳で学校を離れて英空軍爆撃司令部に配属され、戦争中はモノクロの戦争映画によく出てくるような作戦本部の一つで、戦況を示す旗の付いたピンを机の上の大地図にさす任務についていた。その後、英文学を学ぶため五十歳でケンブリッジ大学に入学した。つまり、母も学生だったから、僕は生活費を一人で工面しなきゃならなかった。そんなささいなことも、僕の人生に重大な影響を及ぼした。当時、ロトルク・シー・トラックというエンジニアリング会社で初めて働くことになったのは、金に困っていたからなんだ。

アブナイ、アブナイ。このままだと話が最初の発明のことに一足飛びに行ってしまいそうだ。いったん子ども時代に戻って、僕の物語の本質を象徴するようなちょっとしたエピソードについて話そう。それはとどのつまり、自分を譲らないことで、いかにお偉方にはむかって一泡吹かせたかという話なんだけどね。いちいち全部を話すつもりなんかないから、安心してください。日々の出来事をくどくど話して読者が興味を持ってくれると思うほど、自分を過大評価してはいませんよ。それでも、成長期の僕には誰しもうなずかせる変わったところがあると思う。

僕は自分の歯が立たないことにあえて挑むような頑固で意地っ張りな子どもだった。そのきわめつきは、バスーンに手を出したことだ。当時の僕は、もうすぐ十歳の、どう見ても音楽好きの子どもなんかではなかった。ほとんどの時間を、家の周りの野原や川で、オタマジャクシをつかまえてジャムのビンに入れたり、一人にされた少年がしがちなことをしながら過ごしていたからね。ところがある日、校長が朝礼で学校のオーケストラに欠員があると言ったんだ。オーケストラに入るなんて頭をかすめたこともない僕だったのに……。

スコットランド国際ラグビーチームの元メンバーだった校長（ひげそりが下手な人で、朝のお祈りのときにはいつも顔に脱脂綿をあててくるんだけど、それが傷口からの出血でだんだん赤く染まるんだ）は、二百人の少年を前に演台から身を乗り出して「必要なのはオーボエ、クラリネット、バイオリン、ビオラ……そしてバスーンの演奏者です」と言った。

僕は、バスーンだけは聞いたことがなかった。みんなもそうだった。誰もが少し戸惑った顔をしていた。僕は声を潜めて「バスーン、バス～ン、バ～ス～ン」とつぶやいてみた。そして、すごく変わっているとは言わないまでも、興味をそそられる響きだと思った。そこで、僕は手をあげた。

それはまさに大きな転機だったと思う。まったく向こう見ずな行動だったから。安穏と過ぎる人生に、そろそろ何か挑戦するものが必要だとでも思ったんだろうね。その疲れる本能に、僕は以来、繰り返し悩まされることになる。

楽器を見て、ギョッとした。バスーンはたくさんのキーが付いた長さ八フィートの管楽器で、「オーケストラで一番難しい楽器」と言われたからだ。先生役の八十二歳の老婦人ですら、吹き方を知らなかった。

僕は二枚のリード（管楽器の吹き口に付ける薄片）の練習にせっせと励み、バスーン奏者はリードについていつも文句を言うと本で読んでからは、自分もしょっちゅう文句をつけるようになった。で、かなり上手に吹けるようになった。練習中、老婦人はただじっとそばに座っているだけだった。あんまり静かなので、ときには死んでしまったんじゃないかとパニックに襲われることもあった。すると、彼女は突然立ち上がり、「もう少し元気よく吹きなさい（スパンク）」と言うんだ。スパンクには精液って意味もあるから、僕はたまらず噴き出してしまって、もう練習どころじゃなかった。なんせ、十歳の少年だったからね。

僕はただの間抜けだった。思いつきで人と違おうとして、はたと後悔し、いまもこうやってあえて冒険をしている。それは忘れもしない教訓で、ときどき、ふとバスーンと掃除機は似てると思うことすらある。僕は空気をはき出すやっかいな管楽器から、空気を吸い込むやっかいな掃除機に乗り換えただけなんだ。

結局、この頑固一徹で、ある程度無精な性格が、バスーン奏者として開花するチャンスをつぶした。バスーンを一応上手に吹けるようになった僕はいよいよ試験の準備に取りかかった。そう、すべての科目を数値化することで結局は学習を退屈なものにしてしまう、あのバカげた一連の試験のことだ。英国の教育の限界はここにあるんだ。

レベル五までは万事がトントン拍子にいったので、先生（もう八十三歳）は最高レベルの八の試験を僕に受けさせた。試験に受かるにはたくさんの複雑な音階を覚え、クレタ島の迷路を作ったあの名工ダイダロス並みの複雑な指使いを必死で練習しなきゃならない。曲を演奏するのは大好きだったけど、そんな練習はまっぴらごめんだった。

試験の当日、規定の数曲を演奏し終えた僕に、試験官の男の先生は「素晴らしい」とほめてから、こう言った。

「じゃあ、ざっとでいいから音階をいくつか聞かせてくれないか。それで最後だ」

「すみません。音階はひきません」

先生の威勢がいささかそがれた。

「さあ、がんばれよ。少しは知っているだろう？ どんなものでも構わないから」

本気で助けようとしてくれたのに、僕は応えられなかった。一度習ってわずかに覚えていた変ロ音をできるだけ思い出して演奏したけど、途中でチラッと彼のほうを見ると、実に悲しそうな顔をしていた。

先生は僕の音階に二十点満点のうち二点をくれた。いまでもありがたいと思っている。でも結果的に試験には落ちた。音楽の自由な表現を頭から否定する教育行政に幻滅した僕は、バスーンの練習をやめ、ロイヤル・フェスティバル・ホールで演奏する夢に別れを告げた。

最近はバスーンを吹くことも滅多にない。でも製図板に向かっているときや、日曜の午後をうとうとと過ごしているときに、子ども時代の思い出がふとよみがえってきたりすると、洋服ダンスの棚の上から楽器を引っ張り出してケースのホコリを払い、音階をいくつか試してみることはある。

当時あったもう一つの出来事は、自分の足の速さに気づいたことだ。ただ、ちょうど僕が長距離レースで勝ち始めた頃、級友たちはみんな思春期を迎え、体格が良くなっていた。成長が極端に遅かった僕は突然、また自分を卑下するようになった。成績が悪く、友達が少なく、父親がいないことをひけめに感じていたんだ。

で、思春期が訪れたあとにのぞんだ初めてのレースは、思いがけない展開になった。ひどく陰気な十四歳の僕は、ビリを覚悟で参加していた。ところが、レースを三マイルほど走ったあたりで、ほかの連中がみなペースダウンし始めたんだ。これには少し面食らった。僕はいろんなことを考えながら、むしろ走ることを楽しみながら、ただゆっくり走っているだけで、全然疲れてなんていなかったし。みんなが後ろへ走っているような感じがすると思ったら、突然、先頭集団がほんの数ヤード先に迫っていた。そこで意を決して歯を食いしばり、全力を振り絞って彼らを追い抜き、ゴールした。

この優勝は底抜けにうれしかったね。冴えない自分に突然、人をやっつけられるものができたんだから。僕はますます多くのレースに出場し、どれも楽勝した。

このときもバスーンと同様、走り方を教えてくれる人は誰もいなかった。偉いぞとほめてくれる父もいなかったので、僕は一人で走ることにのめり込んでいった。その頃有名な陸上競技選手はハーブ・エリオットだった。そこで彼に関する本を数冊読み、彼のコーチがスタミナと脚力をつけるには砂丘を走るのが一番だと話したことを知った。これは僕にはおあつらえ向きの話だった。未開の地ノーフォークには、何はなくても砂丘だけはあったからね。

僕は朝六時に起き、ノーフォークの自然の中を何時間も走り回った。かと思えば、夜十時に運動服に着替え、夜中過ぎまで走っていた。一人で砂丘を走りながら、こんなことをしているのは自分だけだという快感に酔いしれた。みんなは寮のベッドで眠り込んでいる。まるで開拓者か宇宙飛行士か冒険家になった気分だった。そして、自分を鍛錬しているのは、ほかの誰にもできないようなことをするためだとわかっていた。

ランニングって素晴らしいものだ。互いに依存しあうチームスポーツじゃないから、自分にとって結果は一つしかない。他人より速く走るか走らないか、それだけ。勝負では、結果がすべてだ。僕はいかに何かを行い、目に見える結果を出すかをレースから学んだ。その意味では、後日、自分の絵が誤った主観的基準で曖昧にしか評価されない美術の世界から、良し悪しが単純に決まる技術の世界に移ったときと、とてもよく似た経験をしたと思う。

走ること自体は楽しいものじゃなかった。孤独と苦痛以外の何物でもないからね。でも、大差で勝てば勝つほど、僕はますます走るようになった。自分が強いのは誰もしていないことを砂丘でしているせいだとわかっていたからだ。僕とハーブ・エリオット以外は誰も知らなかった。みんなは羊の群れのようにトラックを何周も走っていたけど、全然速くならなかった。人と異なっていることが僕を一着にしていたんだ。

ランニングはいろんな形で、青春時代を通じて最も重要な教訓を僕に教えてくれた。競争力を維持する身体的、心理的な強さにはじまり、粘り強さ、不安の克服法も学んだ。そして、いつか後ろから追いつかれるんじゃないかと不安を募らせ、先頭に立つためになおさら厳しい鍛錬に励んだ。ほかでもない失敗への恐怖心があったからこそ、僕は今日まで頑張って成功してこられたんだ。もっとも、これはいまだから言える無理なこじつけかもしれないけどね。

読者にしてみれば「走ったり、バスーンを吹いていた。だけど、それが何だって言うんだ。ただのナンセンスな心理学の話じゃないか。掃除機や起業のことはどうしたんだ」と言いたいだろう。ごもっとも。話はこれからそっちに向かうんだ。もっと関係が出てくるんだよ。だって、僕は絵も描いていたんだから。

五六年のことで僕が一番覚えているのは、油絵の具やリンシードオイル、テレビン油の匂いだ。八、九歳ぐらいの子どもにとって、絵は最も自由な視覚表現である。屈託も、てらいも、恥ずかしさもないし、何でも好きなように描かせてもらえるからだ。僕の場合、実際は「何でも」ではなかった。というのは、美術の先生はスチュアート・ウェブスターという楽しく感じのいい人で、素晴らしい水彩画家だったけど、アル中だったんだ。美術室の片隅の床に座って壁にもたれながら、半ば酩酊状態で授業をしがちだった。

僕が人生で初めて賞をもらったのは、九歳のとき、絵画でだった。ノーフォーク州北部のブレイクニー砂州を描いた絵が、五七年度イーグル絵画コンテストの一等賞になった。副賞は当時の誰もがほしがった大きなトランジスターラジオで、僕は成功の旨みを初めて知った。でも、それから暗いトンネルに入った。以後四年間、描く絵の枚数は年々増えていったけど、それは絵を描かなきゃならない、たとえ飲んだくれでも美術の先生の指導には従わなきゃダメだ、って義務感からだった。

十一歳、十二歳、十三歳の僕には個性などまるでなかった。何事にも無精で、成績は振るわず、議論をしたり疑問や興味を持つこともなかった。その年代のほとんどの少年が経験する反抗期を過ごしていたんだ（それは僕の子どもたちにも見られたパターンで、ちなみに『インディ・ジョーンズ―最後の聖戦』でハリソン・フォードの父親役を演じたショーン・コネリーも、同様の指摘をしている）。無為に時を過ごすのをやめ、美術室に戻ったのは、再び自分を取り戻し始めた十五歳の頃だ。

僕は再び、バスーンやランニングのときのように、人と違うことをする自信と愚かさを取り戻していた。カンバス一面に汚い茶色の絵の具を塗りたくり、それを引っかいて日光を描いた。引っかいた線で洞窟や山の尾根などのイメージを生き生きと表現したかったんだ。どの絵も異様なムンク風のものだったけど、少なくとも独自のスタイルと技法を生み出しつつあった。それは自分でもわかっていた。長い間みんなから嫌われていた僕の絵もやがて周囲の人々をひきつけるようになり、腕を上げた僕は各種の美術賞を取り始めた。そんな僕を応援してくれるのは母だけだったが、努力すれば最後は報われると知ったことは、将来の自信につながった。

当時、アートへの評価はあまり高くなかった。僕は古典学者になるか、せめて学問の世界に残ることを期待されていた。祖父はケンブリッジ大学の数学者だったし、父は同大の奨学金優待生、兄は古典学者だったからね。

ところが、僕はOレベル（中等教育修了一般試験）にかろうじて七つ合格しただけだった。

当時としてはいまひとつの成績で、順調なスタートを切ったとはとても言えなかった。ただ、そもそも僕がラテン語やギリシャ語や古代史の授業をとったのは、父と兄のこともあって無理に古典を押しつけられたからなんだ。

そのほとんどに落第したのは、授業中よく居眠りをしていたせいだ。大体いつも朝六時に起き、朝食とラグビーの練習の前に六マイル走る。そしていくつかの授業を受けた後、午後はずっとラグビーにあけくれ、宿題の時間に眠ってから、また夜十時に外へ出て六マイル走る。そんな生活を送っていたから、どんな授業でも居眠りしていただろうけど、古典の授業ほど退屈で無意味なものはなかった。授業中は居眠りし、できるだけ大きなイビキをかくことだけが自分の務めだと思っていたほどだ。寮の勉強部屋では、授業の遅れを取り戻す振りをしていたけど、いつもビバルディかベートーヴェンのレコードをかけるとすぐ爆睡していた。

僕の古典嫌いはいまも続いている。最近、母校のグレシャム校で講演したとき、生徒の前でジョン・アーケル校長から「ラテン語は役に立ちましたか」と聞かれ、何のためらいもなく「全然」と答えてしまった。校長はものすごいショックを受けたようだ。無理もない。教師たちは生徒にラテン語の重要性をわからせようと日々格闘しているんだからね。それに、僕の答えは間違っていたかもしれない。習ったラテン語の半分しか覚えていなかった僕は、読解のとき推理と想像で埋め合わせるしかなかった。それがエンジニアリングへの備えになっていたかもしれないんだ。でも六三年当時、そんなことは頭をかすめもしなかった。

古代ギリシャの哲学者プルタルコスの伝記には堕落した両性愛の政治家アルキビアデスが登場するが、そういう古代の性の話になると、ときどき目を覚ました。でも、ロバに変装して農家の乙女を強姦する男根崇拝のオリュンポスの神々の話にいたっては、まるでちんぷんかんぷん。エンターテインメント誌『ラジオ・タイムズ』の記事をローマの政治家プリニウス風に死語に近い言葉で翻訳したみたいで、何の魅力も感じなかった。ただし、古代史の試験は受かった。自分の周りの小さな世界よりもはるかに壮大な神々や怪物の世界に興奮させられたからだ。美術の試験も受かった。好きだったからね。

少なくとも、だんだん好きになった。でもそれは教育制度のおかげでなく、教育制度にもかかわらず、である。芸術はそれ自体のために学ぶべきものだ。当時の僕は強くそう思っていたし、それはいまも変わらない。しかしOレベルでは、芸術もまた何でも学問の型にはめようとする狭量な俗物根性の犠牲になっていた。

ホント、まったく無意味だったね。僕らは英国の教会について本で勉強し、ロングメルフォードやフロッグボーン・オン・スケルチの教会が初期イギリス様式か、垂直様式か、擬似ゴシックかを試験で答えなきゃならなかった。バカらしいったら、ありゃしない。思春期の性の目覚めから気をそらすためだけに美術に熱中し、膠を塗りたくっているニキビ顔の少年に、そんなことが一体どんな意味があるというんだ？（教会の名前を丸暗記してどんな役に立つというんだ、まったく。建築の強度やモチーフの表現を理解したほうがよっぽどいい）

僕にとって唯一役に立ったのは、行ったことのない町に着く前から、そこにどんな教会が建っているかわかったことだけだね。僕の子どもたちがまだ幼い頃、車で旅行中にたとえばロングメルフォードに近づくと、彼らはそこの教会の建築様式に関する僕の長話を聞きたくないから、耳を手でふさいで後部座席にうずくまったものだ。

芸術を、本来の比喩的な表現として扱うのでなく、記憶を介在させることで「学問」にするもくろみは、木工をもてあそび、創造性のかけらもない哀れな科目に変えてしまう俗物根性と同種のものだ。それでも、僕に何か役に立つことを学校で教えてくれた唯一の科目は、おそらくその木工だったろう。

当時の僕は、古典を重んじる家族の影響で木工をうさんくさく見ていた。木工は、頭の悪い人が粗末な小屋の中でするものだと思い込まされていたんだ。学問の世界には、モノの作り方を知らないこと、つまり自分の手でモノを作れないことを自慢する風潮があったし、いまだにあると思う。ただ僕には、なぜ何かに無知なことがそんなにほめられることなのか、まったく理解できない。

僕は人文科学系の人間で、自動車やテレビの仕組みなどに興味を持ってはいけなかった。だから、世界を変えつつあった技術革新とも縁のないまま、ノーフォークという片田舎でひたすら自分の夢の世界に浸っていた。

僕がエンジニアリングに、あるいはモノづくりに最も近づいたのは、毎年二週間ほど、ケント州（イングランド南東部）トンブリッジのマイケル・ブラウンという友達の家に滞在するときだった。彼の父親トニーは印刷工房の経営者で、とても手先の器用な人だった。僕の父だったら、と思わせるタイプの父親だったんだ。彼は自宅裏の作業場で、息子と二人してよくガソリンエンジンや小型の蒸気エンジンを作っていた。そこは、のちにデュアルサイクロンの開発をした僕の自宅の仕事場がまさしくそうだったように、一風変わったパラダイスだった。でも、ブラウン親子は掃除機を作っていたわけじゃないよ。作っていたのは、列車やボート、そして地上から伸びる二本のワイヤーで飛ぶ小型エンジン付きの飛行機だった。

興味はあったものの、僕はなぜか参加してはいけないと感じていた。不器用な人間だと言われ続けてきたせいもあるが、いざ実際にマイケルと一緒に作業をしようとしたときは、むしろ自分を無力に感じた。僕は旋盤の扱い方など誰からも教えてもらったことがない。一方で父親から教わって知っている子が目の前にいるんだ。以来、自分の子どもたちにはそうしたことをしっかり教えてやれたけど、自分自身は不器用な手つきで試行錯誤するしかなかった。うまくいくこともあれば、いかないこともあった。

ノーフォークに戻ると、いろんなモノの製作に挑んだ。熱意は二、三週間は続いた。庭の投光照明システムも作ってみたけど、結局自分や何人かの友達を感電させただけだった。とはいえ、励ましてくれる機械好きの父親なしには、サマセットシャーで過ごした記憶も薄れる。夏休みの終わりが近づくにつれて熱意も次第に冷め、あとには自分が分解した機械の部品だけが残った。

トニー・ブラウンが説明してくれた発電機や電気の接続について思い出そうとしたけど、技術者の緻密な方法でなく、芸術家らしく後先も考えずに無我夢中で分解したため、ボルトを全部締め、スプリングを全部取り付けても、自分が殺した金属の怪物を生き返らせることはついにできなかった。

そこで僕は木工の先生に最後の希望を託した。でも、それはデザイン意識のかけらもない元軍人の男で、芸術性の追求どころか、授業では何年にもわたってぐらついたマッチ箱ホルダーの作り方しか教えていなかった。しかも、指示に従わない生徒の耳をクリップで挟んだりしたんだ（木工の授業はいまはもう様変わりしていることを付け加えておく。現在は工芸デザイン技術＝CDTと呼ばれ、学校はデザインに関して国内のどこよりも進んでいる）。当時は、少しでも美学に興味を持つ生徒には間違っても立体なんかに手を染めさせないため、美術か木工のどちらかを選択させた。そこで僕は、人文科学か自然科学かというもう一つの大きな選択と同様、何となく木工より美術を選んだ。

まだ物事の判断がつかない年齢の子どもにそんな決定をさせるのは、わが国の教育制度の罪だ。僕が人文科学に進んだのは、自然科学がどんなものかまったくわからなかったからだ。しかも卒業後は、夢見がちな芸術家から科学者に変身を図るだけでなく、生徒にそんな選択を迫る教育制度の過ちをののしりながら人生を送ることになるんだ。それは「よし、君は正しく字を綴れるから芸術家になりなさい。君は眼鏡をかけているから科学の授業を受けなさい。そして、おい君は頭が悪いから木工に進むんだな」と言うのとまったく同じことだ。だけど、レオナルド・ダ・ヴィンチはそう考えなかったし、フランシス・ベーコンもトーマス・ブラウンも、トーマス・ホッブズも、ミケランジェロもそうじゃなかった。ところが近頃は、文化の復興に必要な開かれた知性を持とうとする人なんていないんだ。

こうして、学問で個性を発揮することに最初から挫折した僕は、ほかの手段を考えざるを得なくなった。そこではなはだ恐縮ながら、若き日のダイソン少年について、一、二のエピソードをここで話したい。

毎年恒例の水泳大会のシーズンがやってくると、陸上トラックの成功に元気づけられた僕はここにも栄光の匂いをかぎつけずにはいられなかった。水泳大会は人気のある催しではなかった。ノーフォークはひどく寒いのに、プールは屋外にあったからだ。競争相手がいないので、これはまたしても勝つチャンスだった。ただし、千メートルのレースを、カエルみたいに平泳ぎで、まるでアルキメデスの悪夢さながら鼻先まで水につかってバタバタ泳ぎ、途中で息を切らすような真似などしない。

まさか。かつて「イングリッシュ・クロール」と呼ばれたサイドストロークで泳ぐんだ。しかも、水に入ったらすぐ。理屈は簡単だ。ざぶざぶと上下に激しく体を動かすのでなく、水面をすべるように静かに泳げば、体が水中に沈むレベルは一定で、水や空気から受ける抵抗は少なく、使うエネルギーも少なくてすむからだ。

実際には、僕の原理は二つしか当てはまらなかった。鼻先まで水につからなかったことと、息切れしなかったことだ。結果的に、ゴールラインを見ると、実験の失敗は明らかだった。どのレースも終わり、誰もが体を拭き、お茶を飲みに行ってしまった後も、僕だけはまだ自分のレーンで体を上下に揺らしながら泳いでいたんだよね。

で、水泳パンツをあきらめ、俳優になった(いまの僕があるのは、結局は演劇があったからだ)。

舞台の床のきしる音! 油性おしろいの匂い! シェイクスピア、マーロー、モリエール。『テンペスト』のトリンキュロー役もやったし、シェリダンの『批評家』の的外れだが残酷な批評家ダングルの役もやった。演劇は僕の意固地な性格にまさにぴったりだったね。ここまでせっせと書いてきた三十ページやそこらでよくおわかりだと思うけど……。

演技に決まりはない。オセロはローレンス・オリビエ風に演じるべきか、それともオーソン・ウェルズ風、あるいはローレンス・フィッシュバーン風？　安易な質問だね。演技に「べき」などないのだから。誰かに教えを乞うこともできない。自分なりの演じ方を見つけなきゃならないんだ。タイツ姿で舞台に立っても、オリビエの真似をするわけにはいかない。そんなことをしたらバカに見えるだけだ。だって、オリビエじゃないんだから。僕は、これまで何でも最初からやりすぎたように、大げさな演技から始め、やがて、その後のすべてにおけるように、演劇が思ったより手ごわいことに気づいた。

でも、僕の創造に対する幼い衝動が最も強烈に刺激されたのは、舞台美術だった。六四年、寮ではシェリダンの『批評家』の上演が予定されていた。いつものように舞台美術を引き受けた僕は、変わり映えのしない学校劇に少し新鮮な演出を加えたかった。ふと上演プログラムのことが頭に浮かんだ。いつもは地元の印刷所で製作したA4折りの安っぽい貧弱な代物だったんだ、これが。

十八世紀後期の新古典主義の復活といった感じで、上品で古風な模造羊皮紙の巻物にすれば、もっと良くなると思った。そこで手書きのイタリック体で古風なデザインを考えた。自転車に飛び乗って町の印刷所に駆けつけた僕は、開演の夜のどよめき、あの古色蒼然とした制服姿の生徒や着飾った親たちが、リチャード・ブリンズリー・シェリダンが期待したであろうかしこまった態度で、巻物のプログラムを手に劇を鑑賞する光景を想像し、胸をワクワクさせていた。何といっても、彼は十八世紀演劇界の偉大な興行師であり、セールスマンでもあったからね。

開演の二日前、巻物の入った箱が納品された。寮監のポール・コロンブは僕を事務室に呼びつけ、半月形の眼鏡越しに横目でにらんだ。顔は怒りで真っ赤だった。

「これはなんだ！　まったくみっともない。学校劇の偉大な伝統をこんな、こんなバカなもので傷つけるなんて」と声を張り上げて言った。

彼としてはそれが精一杯の罵詈雑言だったろう。僕は言い訳した。

「でも、このほうが時代が感じられていいと思ったんです」

「ダイソン、プログラムというのは地味でなくてはいけないんだよ」

そう言うと、彼はあわてて印刷所まで行き、印刷代金を帳消しにして、A４の紙で従来通りのローマ活字体で、教師や後援者へのお決まりの謝辞も入れたプログラムを大急ぎで印刷するよう頼んだ。

これは、やっぱり大人は正しい、若気の至りでスミマセン、なんて問題じゃなかった。僕はただ良いものを作りたい一心で、それまでになく現代風で、独創的で、理にかなっていると思ったことをしていたんだ。ところがこのとんでもない数学教師ときたら、「プログラムは地味でなきゃならない」ってだけの理由で、僕が間違っているとのたまう。間違っているのは彼のほうだと思った。いまもそう思ってる。こうして芸術がわからずそろばん勘定だけの経理屋から拒絶された僕は、それ以降、新しいことや変わったことは何でも拒む保守的人間に対して反発を強めていった。

ただ当時は、腹立ちまぎれに弁論のほうに気を向けた。そしてまたもや叩かれた。演説の日に「十戒」を朗読するよう言われて、文章をはっきり区切って朗々と読み上げれば原文が生きるかもしれないと思いついたんだ。十七歳になり、車の運転を習っていたので、十戒と交通規則が非常に似ていることに気づいていた。そこで、どんな規則がどんな社会から生まれるかを唱えるため、十戒の各項を交通規則風に読み上げることにした。僕はその類推を誰もが面白がると思っていた。

同じ寮監。同じ表情――。

「面白くも何ともなかったよ、ダイソン」

結局、古くさい規律をあげつらった僕は面目を失い、神を冒瀆したという汚名を着せられた。

学校生活は反抗を繰り返すうちに終わりを迎えていた。僕が英連合将校養成隊から除名になったのは、それからまもなくのことだ。理由は馬巣織（ホースヘア・クロス）の軍服の下にTシャツを着ていたから。実は、前日に砂丘を走り、日焼けして痛かったんだ。せっかく合格確実な唯一の生徒だったのに。Aクラスの有能な少年兵だった僕は（いつも最初に突撃コースを終わらせていたことが僕の大きな強みだった。もっとも六〇年代半ばに差し迫った核戦争の脅威の前では、たぶん何の役にも立たなかっただろうけど）、練兵場で行進する少年兵たちを怒鳴ることしか能のない上級曹長にこう言われた。「ひでえ坊主だ。英国陸軍のことなんかてんで気にしないんだから」

こうして可能性の芽を早々と摘まれた僕は、職業指導教官に呼び出された。彼は上級曹長と同じカイゼルひげをはやしていたから、さぞかし実り多い面会になるだろうと思った。

教官はランニングやセーリング、ラグビーと書かれた僕の「その他趣味」欄を見ながら、「君は屋外が好きなようだね。不動産業に向いていると思うよ」と言った。

そこで何人かの不動産業者に会いに行った。ノーフォークのある業者から結構面白い仕事だと言われると、若者らしい浅はかさで「これもいいか」なんて思った。

次にケンブリッジの業者に会いに行った。雑談中、その男からどんな絵を描いているのか聞かれたので、かなり良い絵だと答えると、彼はいかにも不動産業者らしい即断即決で画家になったほうがいいと言う。僕に芸術家になるべきだと言ったのは、不動産の売買で食べているこの男が初めてだった。

これはカイゼルひげには受け入れられなかった。僕がひどい坊主なのは承知のうえで、「大学へ行かない人間は落伍者だと思われる。そうは思われたくないだろう？」と言い、もし普通の大学がどうしても嫌なら、医学部へ行ったらどうかと勧めるんだ。

人体を切り刻むのは面白そうだったから、外科医になろうと思った。当時は職業の選択に際して、Aレベル（教育終了一般試験で、大学進学への基準資格）の試験にどの科目で合格したかはあまり問題ではなく、病院のラグビーチームにどれだけ貢献できるかのほうが重要だった。でも、セントメアリ病院とセントジョージ病院の面接で、僕が英語、古代史、美術、ラテン語、ギリシャ語をとっていたことを話すと、病院側はさすがに戸惑いの表情を見せた。それでも、どういうわけか僕を受け入れてくれた。

ところが、面接した医師の一人が後で僕を脇に呼んでこう言ったんだ。美術が好きならそれを追求すべきだ、きっと手術よりそっちのほうが面白いと思うよ、と。それが美術界と医学界のどちらを案じた発言なのかは定かじゃないけど、彼が正しいことはわかっていた。

さて、問題は家族や学校の説得だ。なにしろ、古典の学位以外は、僕の将来に弟アベルを殺害したカインの行いに等しい汚点を残すと思い込んでいる相手だから。考えあぐねていた僕は、シェイクスピアが言ったらしい「稀人きたる」という、滅多にお目にかかれない啓示の一つを得て、意志を固めた。その啓示をもたらしたのは、確かにシェイクスピアだった。

だって、僕は少なくとも彼の戯曲『テンペスト』の登場人物トリンキュローを学校劇で演じていて、なぜか観劇に来ていたボルティング・ブラザーズの一員に見いだされたんだ。終演後、彼が楽屋を訪れ、製作中の映画のオーディションを受けにロンドンまで来ないかと言ったんだ。どうも『蝿の王』に関するものらしかった。

いいかい、当時の僕はノーフォークという片田舎でずっと暮らしてきた無骨者で、近代生活とはほとんど無縁な男だったんだよ。ロンドンへは五〇年代の終わりに母と一緒に何度か出かけたことはあったけど、いつも「トール・ガールズ」というLサイズ専門店でのショッピングにつきあわされただけだったから、若者らしい都会への夢を持つことなんてとてもできなかった。これが首都への初の一人旅だった。六四年のことである。

ロンドン行きの列車に乗り、快晴のリバプールストリート駅に降り立った僕は、ミニスカートや人気車のモリス・マイナー、先のとがった靴をはいた男たち、テレビやファッショナブルな服であふれかえったショーウィンドウに見とれながら、ずっとウェストエンドまで歩いた。途中のカーナビー通りでベルボトムの綿ビロードズボンを買った後、ソーホーのパブに入ってビールを一パイント買い、店の外で日差しを浴びながら立ち飲みした。

オーディションそのものは無惨な結果に終わった。ロンドンの喧噪に酔いしれ、映画スターになることを夢見て、ハリントンプレイスSW七番地の小部屋に立った僕は、まるでアルバート・ホールでマイクなしに話しているかのような大声を張り上げた。「もっとリラックスして静かに話してよ」と何度も言われたけれど、相手役の背が高く日焼けした脚の長いブロンドの美少女をバカみたいにただ見つめていた。その白いブーツとミニスカートはいまでもしっかり覚えている。そして、オーディションで台詞を絶叫しているうちに、やっと自分は俳優にはなれないことを悟った。

その瞬間、ロンドンは僕のすべてになった。

ノーフォークに戻った後は、自分の決断を伝えさえすればよかった。ほかの連中はみんな大学へ進学するか、海外協力隊に入って赴任地で何かを一つ、二つ教える仕事についたが、そんなのは古くさい世界に属するもの、消滅した帝国を維持するようなものに思えた。

僕は、美術学校へ行くんだ。

「どこの美術学校？」校長は尋ねた。

「ロンドンの美術学校です」僕は答えた。

まもなく、母に校長から六五年五月五日付の手紙が届いた。

*****

親愛なるメアリー

ジェームズと別れるのは残念です。彼は頭は悪くないはずですから、きっとどこかで何らかの形で才能を発揮するでしょう。

敬具

ロージー・B・L

僕がその激励の言葉に感謝する返事を出すと、彼は次のような手紙を九月二十四日付で送ってきた。

*****

親愛なるジェームズ

微力な僕らに感謝してくれて本当にありがとう。大学は重要だと口では言っていましたが、実はそう大きな問題ではないのです。学位を取るためにたくさんの退屈な授業を受け、机上の学問に追われることもないので、かえっていいでしょう。美術学校での健闘を祈ります。

敬具

ロージー・ブルース＝ロックハート

*****

グレシャム校から二百マイル離れた素晴らしい新世界の王立美術大学には、自らを「教授」と呼び、絵画の修士号を授けるスモックにベレー帽の男たちがいることは、さすがに言うにしのびなかった。

これが当時の僕が育った世界、英国がまだ悠然とトップに座っていた頃の世界だ。少なくとも当時の僕らはそう感じていた。ラジオやテレビのニュースの意味をやっとわかり始めたばかりの少年の目には、周囲で起きている出来事から、世界には成功物語が限りなくあるように映ったんだ。

エリザベス女王の戴冠式があった。英国隊がエベレストを征服した。英国はクリケットの英豪戦で勝利を奪還し、国際クリケット優勝決定戦では各国チームを破った。コンコルドが一マイル四分という音速の壁を破った。大英博覧会開催百周年を記念する英国フェスティバルがあり、モリス・マイナーは世界中に輸出されていた。それは子ども心に、「英国は宇宙の中心で、君も世界を征服できるんだ」というメッセージを伝えた。最近生まれた人たちは、誰もが英国の非力さを感じながら成長するんだろうけど。

そして、戦争。僕らは戦争を直接経験せずにすんだ世代だ。でも、その影響は国民の心に深く刻まれていた。突然、すべてが可能になった。多くの子どもが戦争で殺されたため、子どもは大事にされ、教育に金がかけられた。僕ら子どもは、自分が必要とされ、大事にされ、保護され、世界の中心にいると感じていた。

どんな漫画を読んでも映画を観ても、まるで取り憑かれたように英国の勝利をこれでもかと再現していた。英国がドイツ人や日本人をこてんぱんにやっつける話ばかりだったよ。ところで、僕は主戦論者じゃないし、大英帝国のことを鼻にかけたりこうした人種差別的発言にくみする人間でもない。けれど、いざ世界の産業リーダー、つまりドイツと日本に挑むとなると、僕のものの見方は、「弱かったのは僕らでなく彼らだ」と信じていた子どもの頃の影響を、半ば無意識にしっかり受けていることは間違いない。少なくとも僕は、英国産業界のように、勝算がない戦いをわざと避けたり、成功した手法をマネたりするような、無様な敗北主義に陥ってはいないからだ。

僕がこの世界を離れて、ホンダ50に乗った現代のディック・ホイッティントンよろしく成功するためロンドンに旅立ったのは、六六年のことである。無邪気な父なし子で楽天家だった。いまだに『ダン・デア』（五〇年代に英国で発売されたSFコミック）を未来の夢だと思い、すでに過去の夢になっていたことを知らなかった。もういっぱしの大人のつもりでいたし、世界を変える心づもりはできていた。

ただ、世界はすでに変わりつつあることを知らなかった。

第2章

六〇年代末のロンドン、夢見ることを学ぶ

デビューの喜び◇形の本質◇初恋◇裏口から王立美術大学へ◇僕の神様、バックミンスター・フラーとブルーネル◇店舗設計◇遊び場◇空港ロビー◇現代のブルーネルとの出会い

一九六六年六月、最初の面接を受けるため、僕がケンジントンのバイアム＝ショー美術学校の正門に車で乗りつけると、ホールにはすました服装の大柄な女の子たちが期待とあこがれに満ちた目でたむろしていた。本当は場違いなところに来てしまったことにそこで気づくべきだった。

そこはもともと、初心者向けの美術学校だった。そのせいか、当時もまだみるからに初心者の女の子が大勢いた。これにはちょっと失望したね。だって、そうでしょ。僕は芸術家志望のとんでる若者集団に仲間入りしようと意気込んで、母の白いミニ・カントリーマンのトランクと後部座席に自作の大きな茶色の絵を山ほど積み、ノーフォークからの曲がりくねった幹線道路をぶっ飛ばしてきたド田舎の若造だったんだよ。あとから考えれば、講座内容も僕にとって本当に役立つかどうかまゆつばものだった。な

にしろ、デッサン、油彩・水彩、版画の授業しかなかったから。でも、面接後すぐに入学を許可されてしまったので、この年は、僕にとって二つのことで記念すべき重要な年になった。

まずは、校長のモーリス・ド・サウスマレ。彼は教師として優れていたうえに、才能ある人たちとも幅広い親交があったので、六〇年代前衛美術の一つ、オプ・アートの代表的画家だったピーター・セズリーとブリジット・ライリーの二人を同校に招いていた。僕はものの形をどう見て理解し、絵にするかを彼らから学んだ。ただ輪郭をスケッチするだけでなく、対象の本質や機能を、紙の上に線で表現することをね。たとえば、モデルを使った授業では、モデルの輪郭を線描することは許されなかった。それだと対象を平面でしか考えなくなるからだ。同じことは山積みのイーゼルでもやらされた。いつも山の輪郭でなく、中央部からスケッチするんだ。

ほかにも、巻き貝の模型をマッチ棒で作ったり、二人のモデルが八の字状に歩いているところをデッサンしたり、クイーンズ・アイスリンクでスケートしている人たちをデッサンするなど、変な課題がたくさんあった。それを一回に九時間、十時間とやらされたものだから、僕はいつのまにか初めて、時間がたつのも忘れるほど一日中何かに没頭していた。

こうして形を理解する目を養ったことが、ほかでもない、僕をデザインへと、そして結局エンジニアリングへと向かわせたんだ。年とともに、モノの形を単に観察し表現することから、モノそれ自体にどんどん深く入り込もうとしたんだと思う。

これだけでも僕の人生に重大な影響を及ぼしたのに、バイアム=ショーは気前よく妻まで紹介してくれた。一学年三十五人ぐらいのクラスだと、ランチやパブへ連れだって行くグループがいくつか自然にできる。たまたま僕のグループにディアドリー・ヒンドマーシュという名前の女の子がいた。彼女はほかの女の子とずいぶん様子が違っていた。ほかの子たちは母親のイメージ通りに育てられた良家のお嬢さんだったけど、ディアドリーはそんな雰囲気をまったく感じさせないツィッギーのような子だったんだ。『欲望』のヴァネッサ・レッドグレーヴが扮したキャラクターみたいだった。

僕は初め、ディアドリーをオーストラリア人だと思った。ロンドン訛りなんて聞いたことなかったんだ。彼女はやさしく、開放的で、飾ったところが全然なかった。伝統に縛られることもなく、気軽に仲間に入って笑うその姿は、チアガールみたいに気取った大柄の女の子たちのなかでひときわ目立っていた。髪は長く美しいとび色で、顔はダイアン・キートンにそばかすをつけた感じ。体はスリムで均整がとれ、六〇年代の若い女性ファッションであるストラップの付いた先細のスパッツをはいていた。彼女は僕らと違って卒業後すぐに入学したのではなかった。建築会社で二年間、秘書として働いた後、ド・サウスマレ校長のために毎日少し秘書の仕事をする条件で奨学金をもらったんだ。

僕らは二人ともロンドン東部に住み、僕はハーンヒル、彼女はフォレストヒルとキャットフォードの中間から通学していたので、やがて毎朝サークルラインで落ち合うようになった。初めて手をつないだのはロンドン動物園へデッサンをしにいったときだと思っていたけど、彼女に聞いたら、当時は僕のことなんかまるで意識していなかったと言われてしまった。

まもなく、僕らはケンジントン・チャーチ・ストリートにある「ジ・アーク」というビストロで初めてデートした。そこは当時流行の新しい居酒屋の一つで、セルフサービスで安かったから貧乏学生にも手が届いたんだ。僕は、エンジンがなかなかかからず、いつも坂の上で立ち往生するようなポンコツのミニ・カントリーマンで彼女を拾い、奨学金が一気に半分消え失せてしまうほどの勘定を払った。

以来、のぼせ上がった僕は、二人してよくノーフォークの海辺の小村クライ・ネクスト・シーにある母の生家へ行き、一緒に過ごした。それは海沿いの小さな家で、僕らはよく浜辺を散歩し、サムファイヤ（海藻）を拾っては持ち帰って料理したものだ。いまやサムファイヤはグルメに人気でレストランのメニューにもよく見かけるようになったから、見るとつい山盛りを注文してしまう。

サムファイヤにはひょっとしたら不思議な媚薬効果があるのかもしれない。だって、その年が終わらないうちに僕はプロポーズしちゃったからね。

ま、言ってみればバイアム＝ショー美術学校は、第一印象が悪かった割にはいまの僕が持っているほとんどすべてを与えてくれた。人生を共にするだけでなく、自分の仕事をすべて可能にしてくれ、何年もの苦しい闘いを頑張り抜く強さを授けてくれた女性と巡り会ったのだから。

モーリス・ド・サウスマレ校長から初めて自分の将来に目を向けさせられたのは、その年も終わりにさしかかった頃だった。僕は異性とのつきあい、ロンドン、芸術への目覚め、六〇年代を満喫していた。けれど彼が知りたかったのは、次に何をするつもりなのかということ。学校に残ってさらに絵画の勉強を続けるのか、それともほかに探求してみたい分野があるのか。

ほかの分野？

僕はずっと自分は画家にならなくちゃと思ってきた。ところが、やせっぽっちで日に焼けてハゲ頭だけど、子どもっぽい一途さのあるこの男が、何やらわけのわからないことを突然言い出したんだ。まごついている僕にも「彫刻家……グラフィック・デザイナー……写真家……映画製作者……家具デザイナー……」といった言葉はかすかに聞き取れた。そして、若者らしい単純さで家具デザインも面白そうだなと思った。椅子については詳しい。何しろたくさん座ってきたんだし、壊したことも、接着剤で修理したこともある。で、こう思った。

「よし、じゃ、ちょっと立体をやろうかな」

ところで、僕のキャリアの基礎を築いてくれた母校、ロンドンの王立美術大学（ＲＣＡ）は大卒だけを対象にした大学院だった。単に一年間、絵を描き散らし、女の子を眺めていただけの僕は、美術の学位を持っていなかった。ただ、僕が新たな方向を模索中だったまさにそのとき、たまたま同校は反エリート主義教育の実験を行っていた。つまり、学士号を持っていない新入生を毎年三名入学させていたんだ。

幸い、試験では家具の詳しい知識は必要なく、代わりに素材の用途について直感的な発想を聞くなど――たとえばコンクリートは何に使ったらいいか、ガラスやプラスチックのほうがいいのはどんな場合か――、架空のデザインプロジェクトに関する理論的な質問に重点が置かれていた。数時間にわたる冷や汗ものの試験だったけど、僕の心はもうデザインに強く傾いていた。

そして、いつのまにか時代の先端をいく専門集団に強引に割り込んだ僕は、入学当日、裏口入学したほかの二人の男子学生と一緒に、自分のモリス・マイナーでRCAに乗り込んでいた。イートン校出身でのちに彫刻に転向したリチャード・ウェントワース＝スタンリーは、名前も昔のリチャード・ウェントワースにすっきり変えた後、現代を代表する偉大な革命的彫刻家の一人になった。家具にとどまったチャールズ・ディロン、のちのディロン卿は、やがて照明に興味を持ち、カイト照明の原型を発明した。

最初は気後れしましたよ、そりゃ。だってほかの学生はみんな大卒で、少なくとも三年多く経験を積んでいたのに、僕ら三人はたった一年で追いつくことを期待されていたんだから。でも、RCAはたまらなく面白いところでもあった。僕らはポップアートのデヴィッド・ホックニー、漫画家ジェラルド・スカーフ、カリスマ・ファッションデザイナーのオジー・クラーク、さらにはスリラー作家レン・デイトンといった諸先輩のあとを追っていた。さながら六〇年代の大物が全員集結していたかのようで、RCAは流行の最先端とハプニングの場所として名高かった。

インテリア、家具、プロダクトデザイン、陶芸などのデザイン学部は、アルバート・ホールに隣接する新館にまとめられ、多くの超有名人たちが教えていた。由緒ある大学に感じられる堅苦しさなどみじんもなかった。しかも、周りの誰もが「ここで一旗あげるんだ。偉くなってみせるんだ」と思っていた。ホックニーが在学中に有名になったことから、学生の成功にかける意欲は強く、また多くがそうなった。とても実りある時期だったと思う。少し前、ＲＣＡが創立百周年を記念して現在活躍する卒業生の作品展を開催したとき、展示作品の約七五％は僕と同世代のものだった。

一年目は準備段階で、バイアム＝ショー校で教わったやや生かじりの基礎を、本格的に学んだ同級生に追いつくため肉付けした。僕はＲＣＡのさまざまな学部を数週間ごとに体験して映画製作や彫刻、工業デザインなどをひと通り学び、ＲＣＡの学生と懇談しにきたり、ただランチを食べにきて校内をぶらついたりしているいろんな有名デザイナーに出会った。

一応、将来は家具デザイナーをめざしていたけど、実際に興味を引かれたのはインテリアデザインの講座だった。少なくとも、それはインテリアデザインと呼ばれていた。当時ですら突飛だけどファッショナブルなところのある室内装飾、六〇年代に誰もを興奮させたあの「デヴィッド・ヒックス」タイプのナンセンスに聞こえるが、実際は建築室内設計学の講座だった。

美術品まがいの非実用的なものしか作らせない家具の講座に比べて、こちらは実践的だった。建築家ヒュー・カサン卿が自動車や船、飛行機、レストランのインテリア設計を教えるこの講座で、僕は急速に変化する実社会のものをデザインする面白さを知った。

なかでも重要だったのは、ウォータールー駅の設計者で、過去三十年間で最も影響力があり、実験的で、野心的な構造工学者アンソニー・ハントが教える構造工学の講座だった。橋梁の建造や片持ち梁、構造理論について話すハントはデザインにも関心が高く、構造の機能も美学も同じ熱意で語ることができた。僕は釘づけになった。

で、またもや宗旨替え。いくら先端のインテリアデザイン学校だろうが、その伝統主義にはイライラしていたんだ。どんなにプラスチックやステンレススチールを扱いたいと思っても、木のほうが重要だといって受け入れてもらえなかったからだ。最新の素材を扱うのは若いデザイナーの役目じゃないか。そう思っていた僕は、いわば木の壁に頭をぶち続けるより、むしろエンジニアリングに横滑りすることにしたんだ。先生たちが気づいていたように、僕はあの小学校から高校時代の、ほとんど生まれついた瞬間から芸術家と科学者を区別したがるでたらめな悪習から解放され、新しい学部を経験するたびに日増しに「芸術」から遠ざかっていた。

そして、バックミンスター・フラーだ。アンソニー・ハントはこのアメリカ人エンジニアのことをよく引き合いに出していた。僕はもちろん一度も会ったことはないけど、その名前には開拓精神を高らかに歌い上げているような響きがあった。ハントに自分の無知をさらしたくなかった僕は、ロバート・マークス著『バックミンスター・フラーのダイマキシオンの世界』を自分で探しだし、珍しくすべてを忘れて読みふけった。

バックミンスター・フラーは二十世紀最大の夢見る人として描かれていた。最初、この言葉を僕は批判的に受け止めた。僕にとって夢見る人とは、超俗的、理想主義的、怠惰、ロマンチック、そして何より行動家とは正反対の人——車や家の作り手にはほとんど見られない特性を持つ人のことだったからね。

ところが、それは大間違いだった。彼はいまだ存在しない世界について洞察し、あまりにも先を見つめていたので、その思索は既存の物事と関連づけられることがほとんどなかった。だから、夢見る人だったんだ。その意味で、夢見ることの価値は、僕がフラーから学んだ最初のことである。

フラーの一族は一世紀にわたり誰もがハーバード大学を卒業していた。そんな旧家で初めて大学を卒業しそこねたフラーは、技術の専門教育をまったく受けていなかった。しかし第一次世界大戦中の海軍勤務で、さらに建設会社における何年間かの下働きで、機械について少しずつ学んでいった。彼の最初の画期的な成果は、ダイマキシオン（ダイナミック、マキシマム、イオンからとった造語）として知られた、未来を予見するような涙のしずく形の車だった（フラーはヘンリー・フォードを熱烈に崇拝していたんだ）。これは流行らなかったが、その原理を応用した鋼鉄とジュラルミン、プラスチックでできたダイマキシオン・ハウスは、同時代の人々の興味を引き、三〇年代を通じて大量生産の未来を象徴するシンボルとなった。

とはいえ、これらは理論的な功績にすぎず、フラーは五〇年代の「ジオデシック・ドーム」でやっと商業的成功を収める。五四年に特許を取得して以来、それはスポーツドーム、亜熱帯住宅、南極の恒久的な米国基地などとして世界三十万カ所以上に建設されている。フラーのアイディアが最も良く表れたのは、おそらく「センターパーク」というレジャー用ドームだろう。一般の住宅建設をなくし、人類をより経済的で環境にやさしいドームという新しい家に住まわせたいという、フラーの大きな夢を思い起させるものだ。

ジオデシック・システムは最小の材料を使って最大の体積を包み込むように、表面の構造が均等な三角形の集まりでできている。同種の三角形を使うことで建設がしやすくなったうえ、強度が等しく効率的に分配される非常に強固なドーム形が生まれた。

卵の殻を考えてみてくれる？　とても弱い素材でできているのに、卵の形をしているときは驚くほど強度が高いでしょ。さらにマッチ箱と比べたらどうか。ずっと厚い素材でできているのに、立方体だから形がすぐゆがんだり曲がったりしてしまう。

フラーは、この球面に固有の高い比強度の原理を生かして、巨大なクリアースパン（内部支柱のない構造によって囲まれる、または覆われる空間）を建設した。当初、これはツェッペリン型飛行船を使って設置するように考えられていたんだけど、結局ほとんどヘリコプターが使われた。しかも、それが半端な大きさじゃないんだ。米バトンルージュのドームは直径一一六メートルあったし、米セントルイスのプロジェクトは直径一キロ近かった。

若いときに何度も挫折を味わったバックミン

スター・フラーは、正真正銘の突破口を開く唯一の道とは、どんな批判を浴びようが、自分の夢を強い意志でひたむきに追い求めることであるとよく知っていた。物事を変えようとすれば、既成の体制を脅かすことになるんだ。発明にいつも中傷が伴う理由はそこにある。

僕は当時、バックミンスター・フラーみたいになるには、つまり僕らの暮らし方を本当に良くするには、デザイナーであるだけでは足りないと思っていた。エンジニアでもあるべきだと思ったんだ。そして初めて、創造的なエンジニアリングというものは、技術的に画期的なビルや製品だけでなく、エンジニアリングに忠実に従うことで、そして時代を一歩先んじることで、視覚的にもワクワクする、優雅な、長く残るビルや製品を生み出すことがどれほどできるかを知った。

フラーは僕の頭から酔狂なデザイナーになる考えを永久に追い払った。つまり、馬に逃げられてしまう欠点があることを知りながら、馬小屋のドアをわざわざきれいな紫色に塗るようなデザイナーには金輪際なるまいと思ったんだ。バックミンスター・フラーは初めて僕に理想的なデザインの夢を抱かせてくれたけど、やっぱり僕が敬う神様の中では二番手に位置する人だ。

僕はボックス（地名）にある偉大なトンネルの加護を受けながら発明人生を送ってきたんだ。それは、かつてダニエル・グーチがもたらした蒸気機関車「ロード・オブ・ジ・アイル」や「タイフーン」が、ローマ時代からの都市バース（イングランド南西部）に向かって陽光を浴びながら力強く走った線路の上にそびえる、巨大な古典的前廊を持つトンネル。しかも、トンネルはただの地中の穴であってはならない、古代ローマの都市を称える凱旋門でなきゃならないと見抜いた男の記念碑である。

おまけに、アーチの設計は素晴らしく野心的だ。両端から弧を描きながら真ん中でわずか三インチだけずれて交わり、ブルーネルの誕生日にはちょうどその中心から日が昇り、日光が差し込むようになっているんだ。小さい発想ができなかったイザムバード・キングダム・ブルーネルには、障害は何もなかった。

何もしなきゃ何も生まれないという単純な事実は、ブルーネルにとって、できないことは何もないということだった。この無気力な時代に、想像を超える強靭さと信念を内に秘めた人だったんだ。僕にそんな才能があるとはとても言えないけど——自国の政治体制を表す名前はもちろん、ミドルネームすらないんだから（ジェームズ・デモクラシー・ダイソンという名前だったら、すごかっただろうね）——彼のように自分のビジョンに自信を持とうと努めてきた。そして、困難に出会ったり自己不信に陥ったときには、自分に活を入れるために彼を見習った。

莫大な借金を背負い、デュアルサイクロンが設計段階の夢で終わるかもしれないと思えたときは、テムズ川トンネルの開掘が失敗しそうなときに借金が返済できず刑務所に入っていた、彼の父親マーク・ブルーネルのことを考えた。すべての権利を譲渡し、つまらないコンサルタントになろうかと考えていたときは（おいしい買収話はいくつもあったんだ）、ブルーネルは決してそんな妥協はしなかったぞ！ と自分に言い聞かせ、次のような彼の言葉を思い出した。

コンサルティング・エンジニアという言葉はとても曖昧なもので、実際は金のために自分を売ることしか考えない人間を意味するものとして使われすぎてきた。私はいま、監督のもと、エンジニアリングに全責任を負い、管理を任される立場のディレクティング・エンジニアでなければ、エンジニアリングの仕事に関わるつもりはない。だからこそエンジニアなのだから……。鉄道工事にはエンジニアリングの仕事しか必要ない。だから実際にはエンジニアが一人だけいればいいのだ。

僕は、新たな技術を未知の方法で用いるブルーネルの夢に自分なりの方法で近づこうとしてきた。彼は人と異なっていることや人を驚かすことを決して恐れなかった。投資家とも真っ向から闘ったし、自分のアイディアに対するすさまじい抵抗を克服しなきゃならないこともあった。世界初のスクリュー式大西洋横断汽船を設計したときなんか、人を満載した小型ボートにスクリューを付け、実際に航海させたんだ。僕は自分の発明をせっせと売り込んだことはあっても、中に入って浮かんでくれと頼んだことまではさすがになかった！

そんなわけで、僕はいままでにないものを作りたい信念でひたすら独創性を追求してきた。たとえ、それがありきたりの市場を再定義するためであってもね。そして、人が僕のアイディアを変えようとするたびに、自分にこう言い聞かせてきた。グレート・ウェスタン鉄道だって、たった一人の男がまさに執念にほかならぬ一徹さでビジョンを追い求めなきゃ実現しなかったじゃないか、と。

ブルーネルもほかのデザイナーやエンジニアもやっぱり自分と同じだったんだ、同じ試練を経てきたんだとわかったことで、僕は自分の仕事を大局的に判断し、成るように成ると思えるようになった。それを示すため、これからも随所で彼らの話に触れようと思う。

僕はこれまで狼狽させたり怒らせたりした多くの人から、不遜、無礼、強情、自己中心的とみなされてきた。いまになってみれば、自分は正しかったんだし、こうした欠点もたいしたことはないと思える。あるいは、それが「ビジョン」というものなのかもしれない。万事うまくいったときでないと、支配勢力からバカにされ続けても自分を貫いた男が「ビジョンを持っていた」と言われることはないんだろうね。

でも、逆境にくじけてしまえば、空想家は自分のアイディアを試すチャンスもなくなり、夢はけなされたままで終わる。ホイットコム・L・ジャドソンがいい例だ。自分の将来は圧縮空気で動く鉄道をミネソタ州に建設することにあると信じ、ファスナーの特許を譲渡してしまったんだから。

僕が思うには、発明家の場合、「ビジョン」は「頑固さ」と置き換えられるかもしれない。この本で夢を語ったり、傲慢そうな口をきいたりしているときの僕は、いつも強情な自分をほめているんだからね。それは忘れないでほしい。頑固者にだって長所があることを言いたいんだから。

ブルーネルの強い決意は、一定の条件付けからきている。彼の父親は息子に匹敵する壮大な夢の持ち主で、初めてテムズ川の下にトンネルを開掘したり、英仏海峡の下にもトンネルを掘ろうとしたエンジニアである。イザムバードには、父を感心させ、また負かしたいというあの相反する願望、エディプス・コンプレックスがあったんだ。それは文芸評論家ハロルド・ブルームいわく「影響の苦悩」であり、独創性や天才が生まれるには、「殺される」べき人物の存在が最も必要になる。

僕の父は死んでしまったし、どうせ古典学者としての業績しかなかった。僕には父親とみなせる外部の人間が必要だった。だからジェレミー・フライという男が、ヒュー・カサン卿やアンソニー・ハントがあれほど重要になったんだ。でも、彼らを打ち負かせてからでないと、自分が前進することはできない。さらに先へ進みたければ、新たな父親が必要になる。そう、だからバックミンスター・フラーであり、ブルーネルなんだ。

僕の夢は、現代のイザムバード・キングダム・ブルーネルになることだった。もちろん、大それた考えだよ。バカげているかもしれない。でも、別にいいじゃない、彼を発奮のネタにしたって。というのは、僕らエンジニアには、現在に最大の信頼を置くべきだ、そうすることが人類の未来の姿を決める、そんな思いがあるからなんだ。小説家や画家、詩人は現在を懐疑的に捉え、そのイメージを固定化し、記憶の形で未来に伝えている。

でもエンジニアや発明家は、未来がどうなるかを決めているんだ。『虚栄の市』や『グレート・ギャッツビー』などの小説が過去の地図だったとすれば、ブルーネルの橋梁、あるいはバックミンスター・フラーのジオデシック・ドームは未来の地図だった。こんな風にもし機械工学に美を見いだす目があれば、エンジニアを芸術家と呼ぶのはフェアなことだと思う。自分をいまだにエンジニアと呼びたがっている僕なんて、まだそんな資格はないけどね。

ブルーネルの吊り橋が芸術作品なのは、見た目が良いからでなく、自然界の数学の法則を忠実に表現しているからだ。それはバチカン宮殿にあるシスティナ礼拝堂のような美しさじゃない。なぜなら、できうる最高の方法で造られているからではなく、できうる唯一の方法で造られているからだ。それは、芸術とは違って、数学と同じく必ずゼロに還元できる美しさなんだ。

あるいはそれが、芸術の道を歩んでいた僕を、自分の図面の良し悪しがより明快に、より純粋に評価される分野に向かわせたのかもしれない。芸術における評価は、人の判断と鼻持ちならぬ取り巻き、人間の過ちと弱さに翻弄される。エンジニアリングやデザインにおける評価は、自然の法則(物理)と市場(開発資金と製品に対する反応からもたらされる収入)だけに委ねられる。それらの要求は厳しいが、少なくとも目に見えるものではある。芸術家も同じように市場の奴隷だ。ただし、企業家の反応はもうちょっと正直である。

方向転換したもう一つの理由は、もちろん金に決まっているじゃない。何たって僕は学生時代に、銀行の預金残高ってものが、数学とは違って、ゼロに還元できるどころか限りなくマイナスになることを初めて知ったんだからね。

そう、僕の夢はブルーネルになることだった。でも、もはや発明の時代ではなかった。巨大な独占企業が、もう進歩は終わったんだと一方的に指図できる時代だった。しかもそれは、企業が自社製品に満足したときでなく、市場を支配したときに行われた。一般大衆は広告を鵜呑みにし、変革を受容する力は衰えていった。そのうえ、「発明」はいまや一般の人々でなく多国籍企業にのみ許される特権なんだ。現代のライト兄弟はどこにいるんだろう? エジソンはどこへ行った? ヘンリー・フォードは?

そんな連中はもういないんだ。新たなフロンティアは切り開かれた。でも、当事者の名前はどこ? スペースシャトルを発明したのは誰?

原子力潜水艦は？　風力発電基地は？　どんなに壮大な計画を持っていても、支援を得るには独りじゃダメで、集団に属さなきゃならない。そこにどんな楽しみがあるっていうの。

金は王様だよ。自分のアイディアを開発、実現するために、いくら時間や金を惜しみなくつぎ込んでもいい。だけど、支援者になってもらえそうな銀行や企業は、手持ち資金がどれだけあるかということしか聞いてこないはず。金は支援しても、発明は支援しないんだ。財務屋、会計士、広告宣伝マン、スーツでめかし込んだビジネスマン（僕が自社からは遠ざけている人種）の世界では、人に秘められた創造力というものをいまいち信じ切れず、ますます及び腰になっているんだよね。

そんなわけで、僕は時期が来たら自分の夢を――それが何であれ――すべて自力で実現できるよう、エンジニアリングだけでなく、プロダクトデザイン、財務、マーケティング、経営の知識まで身に付ける必要があった。新しいタイプのイザムバード・キングダム・ブルーネルでなきゃいけなかったんだ。前にもまして荒っぽく、タフで、抜け目なく。でも、僕には技術があった。彼を再構築することができた……。

ところで、その話に入る前に言っておくけど、ブルーネルと肩を並べたいというこの夢には具体的な根拠があってね、単なるたわ言だけではなかったんだ。ブルーネルとフラーを発見した頃、僕はちょっとしたセミプロの仕事――外の海や湖で自分がどれだけよく浮かぶかをテストすること――に手を染めていたからだ。

それまでに手がけた事業といえば、友人がスペイン南部のタラゴナから輸入した安ワインを売ることぐらいだった。英国では六〇年代後半にワインが流行し、このノーブランドの安ワインは芸術家崩れの連中の間で一定の人気があったから、それを学生会館や職員にケース単位で売ってそこそこの小遣いを稼いでいたんだ。僕はこの仕事できわめて重要なビジネスの鉄則を学んだと思う。つまり、真に利益を上げる唯一の方法は、実質的な面でも現代の消費者が求めるスタイル面でも価値があり、ほかでは手に入らないまったく新しいものを提供することであるというもの。

ロンドンのヴィクトリア・ストリートにあるピーター・ドミニク酒類小売店にいた僕に、初の就職話が舞い込んできたのはうれしい偶然だった。いまでいうインターンシップだね。六八年の夏休みのことだ。コンラン・デザイン・グループは、当時かなり新進で、いまでも英国随一のデザイン・コンサルタント会社だけど、僕はそこで十二週間、ロドニー・フィッチの指導を受けながら働くことになった。講座仲間は誰もが何らかの仕事を斡旋されていたけれど、英国初の真の「デザイン人」であるコンランの会社に就職し、週十二ポンドもらえるとはずいぶんラッキーな話だった。

僕らデザイナー志望の学生は、ある店舗の改装についてアイディアを出すよう言われていた。ところが、たまたま日中からみんなとパブで飲んでいた僕は、店に着いた頃には珍しくすっかり酔っぱらっていた。そして、千鳥足で店内に入ると、勢い余ってビール缶のピラミッド型ディスプレイに頭から突っ込み、倒れ込んだ。ポンポン、シューシューと音を立てながら崩れ落ちるビール缶……。でも、僕はちっともひるまなかった。

「さあ、常識を捨てよう」と、革命家さながらに腕を変な格好で振り回しながら言った。

「一階の床を引きはがして地下から吹き抜けの部屋を造るんだ。そこには店の入り口から階段で降りるようにする。そして、広い壁にワインラックを天井までびっしり並べ、店全体を巨大なワイン図書館のようにするんだ」

自分がタラゴナから輸入している安ワインのボトルがずらりと並んだ図書館を半ば想像していたんだ。もしそのデザインが気に入られていたら、僕は二十代そこそこの若さで英国のアルコール王になり、掃除機の欠点に気づくこともなかっただろうね。

でも、そうはならなかった。次の瞬間、僕は床にひっくり返り、地下室でゲーゲー吐いていた。計画はそのままお蔵入りし、世界は僕のワイン革命を置き去りにして否応なく先へ進んだ。そして八〇年代には、マジェスティックやビバンダムのような似ていなくもないレストランが出現した。

次のヒースロー空港ターミナル1プロジェクトではもう少し運があった。僕は空港内託児所用のフォームラバー製子供椅子をデザインした。馬やバイクのように乗ってもいいし、椅子同士を連結してジャングルジムのようにも使えるものだ。そのほかにも、いまやどこでも見られるバンケット（レストランなどの壁際に置かれる上張りした長椅子）やヘッドレストのデザインにも取り組んだ。どれも採用されたんだろうけど、完成品にはついぞお目にかかれなかった。

コンランでのアルバイトは、デザイン・コンサルタント会社の仕事を学生のうちにかいま見るにはいい経験だったけど、僕は早くから自分の性には合わないと思っていた。他人が創造したものに手を加えるだけじゃつまらなかった。自分でモノを作りたかったんだ。

その一年ほど前、僕はあるプロジェクトでもっと刺激的なことに出会い、はるか昔の学校時代のように演劇への興味がぶり返していた。『素晴らしき戦争』を製作した演劇と映画のプロデューサー、ジョーン・リトルウッドだ。彼女はクラーケンウェルのあちこちのパブをたまり場に、芸術家気取りの雑多な連中が集まって思い思いに議論を交わす自由奔放な集会を開いていた。僕は友人を通じてリトルウッドと知り合い、そうした集会に出席するようになった。彼女は燃えるような情熱と元気のかたまりで、芸術や「まったく別の」新しい文化について過激な発言をしていた。人の過去になど関心がなく、伝統にとらわれず、既存の価値を嫌っていた。僕がただの学生でも全然気にしなかった。業績なんてものには一切目もくれなかったので、僕はそのワクワクする世界をとても身近に感じた。

彼女はロンドンのイーストエンドに住む貧民の支援にも力を入れていた。六七年二月のある集会で、ロンドン東部の貧しい子どもたちを文援するチャリティ・イベントを開催すると聞いた僕は「イタリアのタイヤメーカー、ピレリが合成ゴムから開発したエラスティック・ウェビング（伸縮性がある革ヒモ）とフォームラバーについてよく知っている」と言って――会話のきっかけづくりには、かなり効果的な切り出しでしょ――、会話に割り込んだ。

そして、この巨大なゴムバンドから弾力性のある壁やふかふかした一種の原始的な城を造り、そこに巨大な女性バーテンダー、カバ、ハロルド・ウィルソン首相の人形を付けて固定し、子どもたちが人形をポカポカ打てるようにする、そんなアイディアを話した。どの人形もクッションのくずを詰めて同じく巨大な仕掛けにする。女性バーテンダーの乳房にはキーキー音を出すものを入れ、さあ、そんな小粒のどんぐりから、いかに……。

壁は地元の子どもたち数人の手を借りてタワー・プリーシンクトの柱の間に張られ、大成功を収めた。BBCラジオのニュース報道番組『トゥデー』のティム・マシューズも取材に来て、僕にインタビューしたほどだ。

こうして、創造の喜びに満たされ、何の変哲もない素材から美と機能を生み出す自分の才能に自信をつけた僕は、何でもやれそうな気分だった。そこでジョーンが「ストラトフォード・イーストに新しい劇場を建てたいわ」と言ったとき、僕はつい「お願い、先生。僕に、この僕にやらせて。僕がやります、やります、やります」ってモードに入った。

「そう。じゃデザインしてみたら」と言われ、まだバックミンスター・フラーの影響を楽しんでいた僕は、さっそくトリオデシック・システムで知られる接合具にアルミニウム製の棒をはめ込んで建てるマッシュルーム型の劇場をデザインした。

ジョーン・リトルウッドは気に入り、設計は許可された。唯一の問題は資金調達だった。僕はまず、ブリティッシュ・アルミニウム社を傘下におくヴィッカース社に目をつけた。建物全体にアルミニウムを使うから、自然な選択のように思えたんだ。電話をかけ、アポを取り、英国産業界と初めてのサシの対決に備えた。そしてヴィッカースの圧倒するような巨大オフィスのあるミルバンクに着いた。エスカレーターで最上階に行くと……。

まさか。相手は大笑いだよ。さらに悪いことに、金は一銭たりとも出してくれなかった。

では何をしたかというと、映写機を持ってきてバースにある自社工場の映像を見せたんだ。工場の平らな屋根は、僕が資金援助を求めているトリオデシック劇場のまさにそのシステムを使って建てられていた。映像では、シャツの袖をまくり上げた、黒い巻き毛の背の高いやせた男が、ゆらゆら揺れる壁の上でロープを持ち、滑車を使って地上で組み立てられた屋根全体を空中高く吊り上げていた。財布のヒモが堅い僕の話し相手が言った。

「あれはロトルク社の社長、ジェレミー・フライだ。彼に会いにいったらどうかね?」

当時、ジーンズをはいてロープで屋根を引き上げている大富豪の実業家なんて、どこを探し

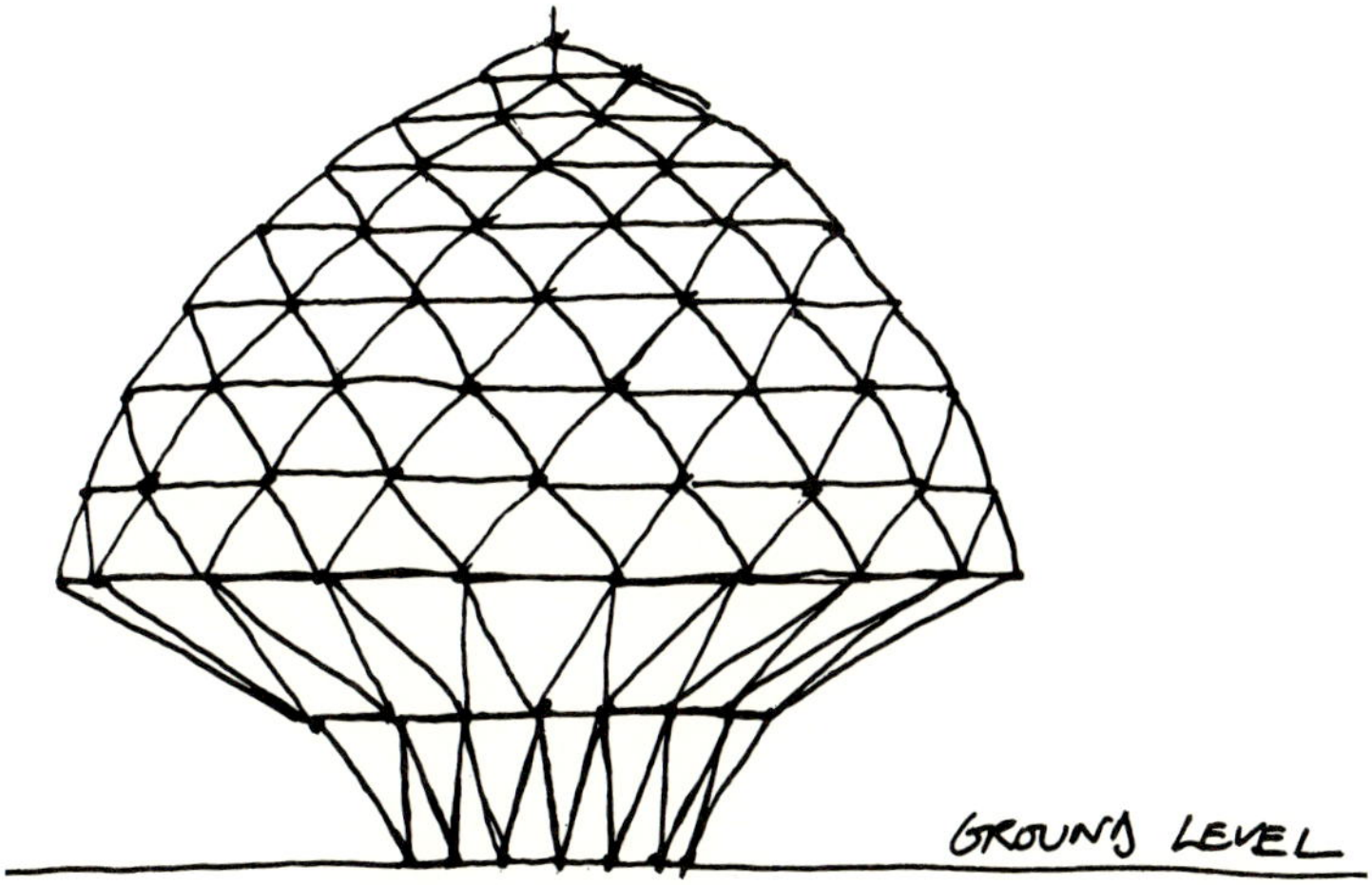

マッシュルーム型劇場のイメージ

てもいなかった。だから僕はもうかなり感動していた。バースにある彼のジョージ朝時代のパラディオ式邸宅は、床に皮革が敷き詰められ、壁には銅板がはめ込まれ、白い室内にモダンな家具――そこに僕は、プロとしての信念を自宅のデザインにまで貫いている、現代のブルーネルを見た。

訪問の理由を聞かれた僕は、彼の工場を見たいこと、劇場の模型を見てほしいこと、アルミニウムについて話したいこと、そして、若干の資金援助を期待していることを伝えた。で、僕の計画について、バックミンスター・フラーについて、そして僕のアイディアや将来の抱負について語り合った。夕暮れが深まるにつれ僕の気分はますますくつろぎ、快適な椅子にもたれてウイスキーをちびちび飲んでいると、これが自分のしたかったことなんだという実感が湧いてきた。アイディアやデザイン、素敵なモノを作る方法について語り合いたかったんだ。ラッキーだったと思った。

だって、ヴィッカースと面会した後、僕はただ番号案内に電話してジェレミー・フライの電話番号を教えてもらっただけなんだから。それなのに、電話に出た彼は、自宅の夕食に招いてくれた。それは大きな意味を持つもう一つの旅、ガタのきたミニ・カントリーマンで行くもう一つの旅、そして、僕が以後三十年暮らすことになる都市、バースへの初めての旅だった。

旅の未来を予言するもう一つの要素は、最終的に資金援助を断られたことだ。僕が見せた劇場の模型を、フライは金をくれるほどじゃないにしても、少しは気に入ってくれたと思う。でも、実際に持ちかけられた話のほうが、長期的にはるかに有益だった。将来にわたる数多くの共同制作の第一号だったんだ。

実際、彼の念頭にあったのは、別の劇場の仕事だった。友人の演出家・映画監督トニー・リチャードソンが、ニコル・ウィリアムソン主演の『ハムレット』をロンドン北部にあるラウンドハウスで上演することになっていた。ところが過去百年間、機関車の操車場だったその建物は大改造が必要な時期にきていた。そこで僕にたというわけ。
も観客席と座席のデザインの仕事が降って湧いたというわけ。

マッシュルーム型劇場は必要な資金が集まらず実現しなかった。傷心はまだいえてなかったけど、僕はラウンドハウスの構造から、完全な円形劇場を造れそうなことに気づいた。円形舞台の下には、どんな自動車修理工場にもピットがあるように、蒸気時代に機関車の底部を保守点検していたピットがあった。僕の計画は、俳優も観客もここから出入りさせて、舞台と客席を一体化した劇場を造ることだった。

僕は計画を手に急いでロンドンに舞い戻ったが、時すでに遅し。とんでもなくバカな現場監督が数日前、ピットに瓦礫やコンクリートを詰め込んでしまっていたんだ。そこを再度片づけるのは資金的に不可能だったので、劇場に革命をもたらしたかもしれないその計画は途中で挫折した。

最初の夢は構想段階で挫折したけど、僕は夜も週末も休暇も惜しんで観客席のデザインの仕事に没頭し、初演の夜に間に合わせて観客席を完成させた。座席はデザインを仕上げる前に資金が底をついてしまったため、あまり意欲的でないかなり安めのものが使われた。それは現在も残っている。

初めて委嘱された仕事が機関車操車場のリデザインであることに、僕は不思議な縁を感じた。僕を感化した最大の人物ブルーネルは、生涯をこの島国の鉄道建設に捧げた。けれども僕は、機関車の衰退で無用となった建物の新たな利用法を、デザイナーやエンジニアが考えなきゃならない時代に生まれついた。百年前なら、蒸気機関車相手の仕事をしていただろうが、僕のプロとしての初仕事はそれらが残した軌道を磨き直すことだった。

こうして、ジェレミー・フライとのつきあいが始まった。彼は僕にとって過去のどんなエンジニアリング・ヒーローにも負けないくらい重要な人生の師であり、生きたお手本であり、とりわけ僕の才能を熱心に引き出してくれた。

実際、六八年頃の僕は、学外の先生を切実に必要としていたんだ。自分はインテリアデザインでなくインダストリアルデザインを専攻すべきだと思って授業を覗いてみたけど、そこには熱い革命の息吹などみじんも感じられなかった。

初めて顔を出した授業では、学生は全員、あちこちにかたまって、ちょっと流行を取り入れたアスコット社製ヒーターをいじり回していた。その学期の課題は、アスコット・ヒーターの普及版の型を作り直すことだったんだ。みんなが基本的に同じものを少しだけ変えるだけだから、機能や操作性、技術、考え方に本質的な違いはなかった。

次の学期もちらっと覗いたけど、今度は洗濯機のダッシュボードを使ってまったく同じことをしていた。何か、デザイン版の怖ろしいカフカ的悪夢を見ているようだったね。ただ、他人のためにデザインするとは一体どんなことか、その暗い未来を人生の早いうちに見せてくれた。朝、会社に出勤して「このヤカンだけど、ちょっとデザインを変えてくれないかな」と言われることは、まさにバックミンスター・フラーやブルーネルとは正反対のものだと思えたんだ。

ブルーネルだったら、朝起きて自分にこう言い聞かせただろう。「世界初のプロペラ式外洋汽船を設計したい。見た目も効率も良く、世界を変えるはずなんだ」。絶対に「馬の餌にもう少しカラスムギを混ぜて、荷車のスピードが上がるかどうか見てみよう」なんて考えなかったと思うよ。

ジェレミー・フライもそうだった。彼は僕をフランスへ連れて行き、最初に水上自転車、次に自分の娘に水上を歩かせることのできる浮き具をデザインさせた。新米デザイナー、何事にも新米の人間は、先生や手本を見習って何でも吸収するスポンジのようなものだし、フライには僕が吸収すべき豊かな経験があった。ブルーネルと同じく、彼も経験にもとづいて考えた。他分野の専門家のことなんて意に介さなかったし(必要とあれば、常に何でも独学したからね)、デザインが良質で洗練されたモノを作ることに関心を持つエンジニアだった。

いざ世界最速の合板を作るとなると、それはかなり重要なことだった。

Book2
First Bites

第2部

最初のひとかじり

第3章

世界最速の合板で結構な荒稼ぎ

六〇年代を泳ぐ◇より良い水上スキー方法◇「専門家なんて知るか。ただやるだけさ」◇セールスとセーリングから学ぶ◇エジプト、イスラエル、スーダン、マレーシア、リビアへの世界ツアー、ワイロとより良いボート◇渇望を満たす

王立美術大学（RCA）の最終学年にはなったけど、僕の頭の中では就職なんてまだ遠い先の話だった。

だって六〇年代末だよ。いまベビーブーム世代がメディアで盛んに当時を懐かしんでいるのを見てもわかるけど、美術学校にいるにはまさにうってつけの時代だったんだ。ほかのどこにいるよりおそらく一番良かったんじゃないかな。活気があって華やかな時代だったから、未来もそうだと頭から信じ込んでたしね。

だけど最近の学生は、大学を卒業するとすぐ就職の心配をしなきゃならない。就職活動は卒業前から始まり、早まる一方だ。いまや青春時代の幻想をうち砕くのは最終学年の会社説明会だけじゃない。就職支援のために「職業」をテーマにした科目が一年生のときから授業に組み込まれているからね。しかも、さらに悪いことに、大学入学時、あるいはAレベル（教育終了

一般試験で、大学進学への基準資格)、早くはOレベル(中等教育修了一般試験)の時点から、就職を念頭に進路を決めなきゃならない。思春期から先は、たった一つ動きを間違えただけで、すべてがフイになり、未来ははかなく消えてしまうんだ。

六九年にはそうじゃなかった。就職の不安は全然なかったし、画一的なキャリア教育に従わないと一生仕事には就けないなんて心配もまるでなし。僕らは、学生時代から車を所有し、避妊を行い、自分たちの文化を持った最初の世代なんだ。あらゆる意味で流動的だったから、自分たちをすっかり新人類だと思っていた。社会に順応しないことが積極的に評価された。

僕は絵画から家具、インテリアデザイン、エンジニアリングへとコロコロ専門を変えたけど、ちっとも問題にならなかった。みんなと同様、僕も自分が一番ワクワクすることをいつも探し求めていただけなんだ。キングスロードは世界一面白い通りで、ホックニーはRCAを卒業したばかりだったし、ワインもレストランも海外貧乏旅行もあった。ファッションや髪型や音楽で大人に衝撃を与えることもできた。その結果、自信満々で、歩けるようになる前から走ろうとする世代が生まれたんだ。

逆に、少なくとも僕にとっては刺激的だったけど、プロダクトデザインは沈滞していた(むしろインテリアで有名なテレンス・コンランとハビタットを除くと)。

五〇年代は空前のプロダクトデザイン最盛期だった。英国フェスティバルが大きな刺激となって、モリス・マイナー、モーフィー・リチャーズのトースター、フーバー・ジュニアとフーバー・シニアなど、かつてなく美しい製品が店頭を飾った。どれもこれも、ジャガーの高級スポーツカーXK120やEタイプを思いついたウィリアム・ライアンズ卿、フード・ミキサーを最初に考案したケンウッド社のケン・ウッドのような男たちが抱いた一種純粋な夢から生まれたものだ。

やがて、いくつもの理由で状況は悪いほうに向かい始めた。一つは、多くの想像力に不可解な影響を与えた破滅的なデザイン理論、完璧なデザインをもたらすカギはシンプルさにあるという理論だ。すなわち、それはスカンジナビア・デザインの時代、バウハウスへの関心が再燃した時代、製品はすべてつや消しの黒で箱形でなきゃならないと決めたブラウン社のディーター・ランズのような男の時代だった。デザイナーは流行の型を追い、その猿まねをした。それはデザインの大量殺戮に等しかった。

続いてもちろん、これまでさんざん耳にした大量消費時代が出現した。資本家なら六〇年代の消費ブームを歓迎するかもしれないが、残念なことはたくさんある。テリー・トマスのようなタイプのセールスマンが増えたことは大きな不幸だった。ただ店頭にあるから、新品がほしいから、何か買いたいからという理由だけでモノが売れるようになると、エンジニアでなくセールスマンや会計士が実権を握り、企業は彼らが定めたルートを進む。すると、リスクはなくなるが、それとともに実験も試行錯誤（エジソン流の進歩の核心）も差異も美も問題にされなくなる。

また、六〇年代末から七〇年代、八〇年代にかけての暗い時代を決してプラスチックの脚のせいにしてはいけない（プラスチックに脚はあるかって？　あると思うよ。そもそもの性質からして、好きなように成形できるんだから）。プラスチックを現代の弊害すべての元凶にするのはよくある反応だ。でも、プラスチック自体は問題じゃない。問題は、それを間違った人々が扱ったことなんだ。

プラスチックの先駆者たちが最大のミスを犯した理由は、ひとえに考え方が間違っていたからだ。だって、鋼板に代わる素材のプラスチックをわざわざ鋼板らしく見せようとして、鉄とまったく同じようにプラスチックを扱い、新素材の素晴らしさは軽さと安さにあるっていうんだから。結果として、波形プラスチック板、メラミン樹脂加工の食器棚、プラスチック製便座など、不快で安っぽい代物が生まれたんだ。

でもプラスチックは、広くて平らな表面にはまったく用をなさない。曲げてカーブを付けたときだけ、驚くほどの強度を持つ。そこにこそプラスチック特有の可能性と、この素材の美しさが、機能に忠実なことから生まれる完璧な美があるんだ。銃規制反対論者は「人は人に撃たれるのであって、銃によってじゃない」と言う。まったく同じ理由から、デザイナーが勝手に犯した憎むべき犯罪をプラスチックのせいにしてはいけない。

このすべてから二つのうれしいことが偶然に同時発生した。すなわち、自分は何でもできると思わせる時代、そしてとりわけ僕の能力が必要となりそうな時代の到来だ。僕はやりたいことをまだできていなかった。産業革命の初期、ブルーネルもまさにそんな気持ちだったに違いない。大英帝国の拡大によって、僕らが六〇年代に短いながらも抱いたのと同じような国民的自信が生まれ、新技術が新たな世界を切り開きつつあったからだ。

ブルーネルは思索するエンジニアとして、橋や船、列車、トンネルなど、自分が心を向けたものは何でも設計できると思った。そして僕は、一般的な意味の自由よりはもうちょっと狭いけど、自由な何かをつかむことができると思った。何かできることはきっとある、と思ったんだ。これは、少なくとも夢だった。ジェレミー・フライはそれを実現し始めた男だ。彼は僕がラウンドハウスでやった仕事に気をよくしたらしく、まもなく別のプロジェクトを持ってきた。

ジェレミーは、自分で発明したパイプライン用電動バルブアクチュエーターで富を築いた。でも、デザイナーの僕はそんな製品に興味がなかったので、大きな仕事で協力することはなさそうだった。ところが六八年一月、バースにあるジェレミーの自宅に滞在中、僕が彼のために作ってやった水上自転車と浮き具のことがたまたま話題にのぼった。全然売れそうにない製品だったけど、そのとき彼はボートの製造を考えていたんだ。僕は驚いたね。彼にとってはまったくの新事業だし、そんなことはこれっぽっちもやったことがないんだから。なのに、ソファに座ったジェレミーは、ボートをやってみたいんだと事もなげに言った。

「まあ、いまのところはまだベニヤとフォームの合板よりましな程度だけどね」

そして、僕はハマった。

アイディアは息子と水上スキーに行ったときひらめいたそうだ。息子が片足のスキー板を脱ぎ捨ててモノスキーに切り替えたとき、スピードがかなり落ちたのに気づいた。はて、こんなはずはない。水の摩擦抵抗を受ける部分が少ないのだから、息子のスピードは上がらなきゃならないはずだ。

興味をそそられたジェレミーは、岸に戻ると大きなベニヤ板のエンジン・カバーを外し、その上に娘を乗せてボートで引いてもらった。思った通り、娘は水面を水上スキーの息子より速く滑った。不思議だった。なぜ大きな平面の板が水上スキーより速く水面を滑るんだろう？答えに気づいた。どんな重さのものでも、それを支える面積が広ければ広いほど、水面の抵抗は少なくなるため速くすべるのだ。

自説を確かめるため、彼は地元の材木屋から買ってきた八フィート×四フィートのベニヤ板に娘を乗せてボートに引っ張らせ、それがなおさら速く滑るのをじっと観察した。これは摩擦と流体力学に関するあらゆる法則に反するように見えた。後日、僕らはそれが実は最も効率的な浮上性船体だったことを本で発見したけど、フライはこの段階で純粋に経験から学んで先へ進んでいた。自ら思いついた船のアイディアが実現可能なことを、自分自身の目で確かめていたんだ。

僕が加わったのは、この時点だった。「これは作業船になると思うけど、問題は木製じゃ売れないことなんだ。グラスファイバー製じゃないとね。君がデザインしてくれないか」

ところで、グラスファイバーは卵の殻のようにきわめて薄手の素材で、曲がった構造で素晴らしい強度を発揮し、表面を平らにすると壊れやすい性質がある。これは通常の船体を建造するには理想的な素材だが、彼が考えているランチ（港や沿岸で用いる大型ボート）のようなものにはどう見ても不向きだった。

リーダーは発案者のジェレミーだったけど、

見習いに毛の生えた程度の僕に大きな責任が託された。ほとんどの仕事は自分でやったからだ。僕はグラスファイバーや流体力学の本を読みあさり、本で得た知識を精いっぱい実践に移した。二つの相反する要求を満たす十字形の構造を考えつくまで、その年はほとんどこの仕事にかかりっきりだった。

この時点まで、ブルーネルのことはただの夢物語、エンジニアリングの歴史に触発された美大生の向こう見ずな空想にすぎなかった。ところが突然、それを実行している男が目の前にいるじゃないか。自分は素晴らしいモノを作って世界を変え、世間をアッと言わせたいんだ。大学でそう気づいた僕は、それが本当にできることをにわかに知った。

確かに最初は、フライをただの富豪の実業家としか見ていなかったし、それだけでも十分興味があった。でも、彼の自信とおおらかな態度にだんだん引きつけられてい

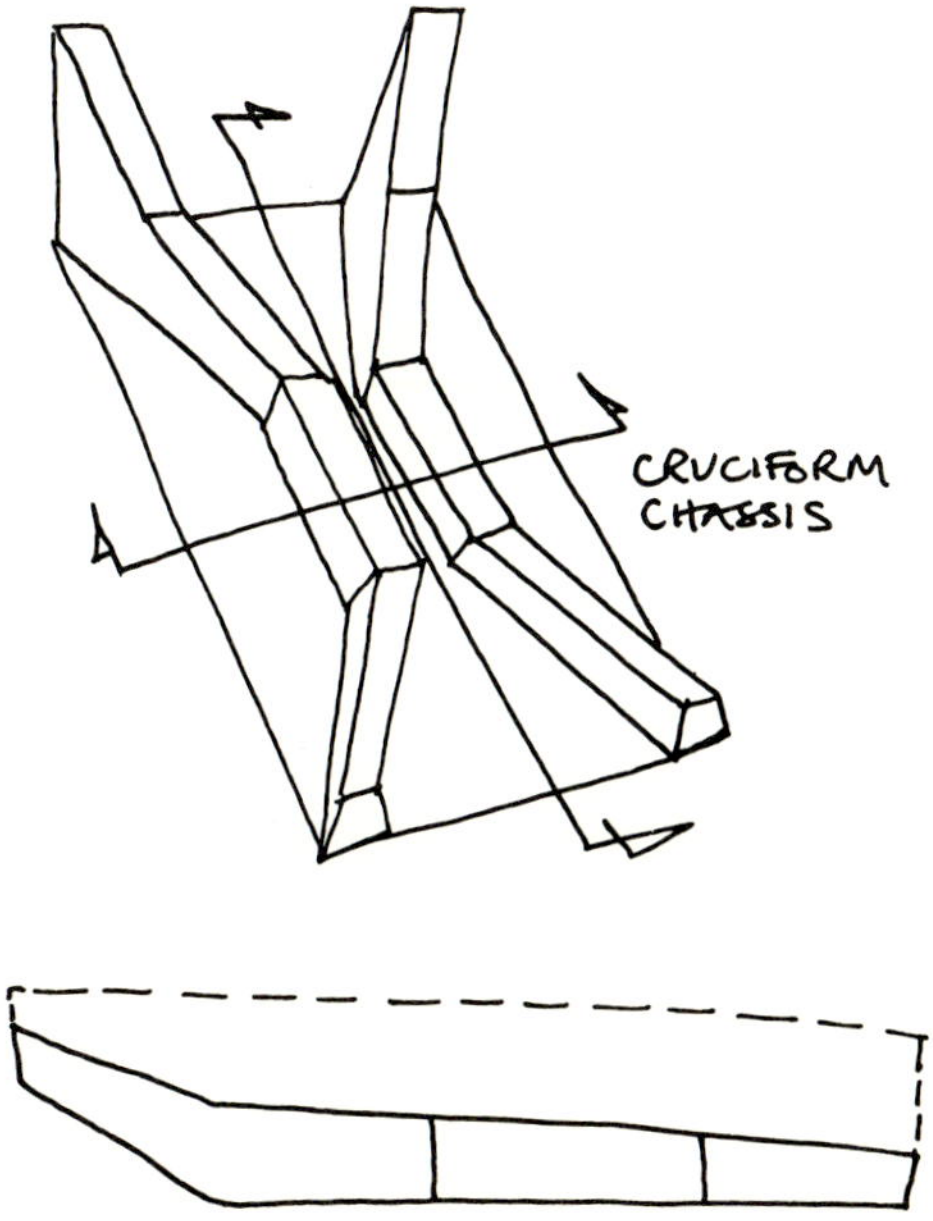

十字形の船体構造

った。専門家に興味のないこの男は、僕に会って「頭がいい子だな。雇おうじゃないか」と考え、そうする。でも、あえて最初から多くを得ようとはしない。それはいままさに僕がダイソン社で実践していることだ。未熟な新卒を採用し、彼らが経験を積んで羽ばたく準備ができるまで、若者らしいアイディアをとことん出させるんだ。

しかも、それは僕だけじゃなかった。ロトルクの販売部長アンディ・ガーネットは、教養もあり頭も良いけど、ただの芸術家気取りの男にすぎなかった。でも、ロンドン中を飛び回って、耐熱性合成樹脂塗料フォーマイカで表面加工した製品をコーヒーテーブルとして売っていた。そこでジェレミーは彼を輸出責任者に抜擢した。素晴らしい業績を上げた彼は、僕と同時期にロトルク社を去って自分の会社を設立し、最近それを三千五百万ポンドで売却した。

フライの考え方すべてにこの姿勢が貫かれていた。ブルーネルと同じく、彼も、アイディアを思いつくと机に向かって延々とコスト計算する、なんてことはしなかった。誰にも相談することもなかった。ただ作りに出かけた。だから、その夏、シー・トラック相手に奮闘していた僕が、「アイディアを思いついた」と報告に行ったときも、彼は「工房の場所は知っているだろ。行ってやってこい」としか言わなかった。僕が「でも、これには溶接が必要なんです」と言い返すと

「なら、溶接機を手に入れて溶接しろよ」

たとえば流体力学について誰かに相談すべきじゃないかと聞くと、こう答えるんだ。

「すぐそこに湖もランドローバーもあるじゃないか。湖に厚板を持っていってボートで引っ張れ。何が起きるか自分の目で見るんだよ」

これは僕がいままで出会った仕事のやり方じゃなかった。大学では専門家や専門スキルが大切だと教わったけど、フライはそれを笑い飛ばした。情熱と知性があれば何でもできると言うんだ。すごく衝撃的だったね。調査も計算もしない、事前の下絵もない。ある方法でうまくいかなかったら、うまくいくまでほかの方法を試

すだけ。ところがそのうちに、物事がスイスイはかどってることがわかってくる。彼の手法を観察すればするほど、僕は魅了されていった。あとから登場するボールバローの開発は、まさにその方法でやることになる。

根本原則は、物事を自分の方法で行うことだ。他人がどうやったかは問題じゃない。もっと良い方法があったかどうかも問題じゃない。ボールバローは泥にはまらない唯一の方法じゃないが、一つの方法ではある。要は他人のやり方を気にしたり、計画を始めてもまだうじうじ悩んだりしないこと。機能性があり、ワクワクするものなら、人はついてくるんだから。

フライはブルーネル流のこうしたやり方で前へ進んだ。自分のやり方のほうが良いと確信したら、それをやった。彼にとってはそれだけで十分なんだ。

フライだってときに間違うこともあった。ビジネスでは、間違う確率は大体半々だ。大事なのは、間違ったらそれを認め、誤りを正すこと。その際、自分の判断が正しいかどうかなんて心配はご無用。シー・トラックだって最高の水上移動手段とはとても言えない。海や湖が荒れていれば乗り心地は悪いし、水面にぶつかった衝撃で人のカツラなんか吹き飛んでしまう。でも、そうした短所を補ってあまりある長所というか、不思議な魅力があるんだ。

製品の持つこの不思議な魅力を決してあなどっちゃいけない。デュアルサイクロンの透明なゴミ収集ビンを見て、誰もが「絶対に売れない」と言った。「自宅のカーペットのゴミを見たい人なんかいないから」ってね。英国最大の百貨店ジョン・ルイスは「頼むから半透明にしてくれ」と言ってきたし、日本ではいまだにそう言っている。確かに、それは潜在的なマイナス要因である。競合他社は「気持ち悪い」と言う。セールスマンは、店頭にはピカピカの掃除機ばかりが並んでいるのに不潔に見えて損だと考える。だけど、まさにその短所が、不思議な魅力を与えるんだ。だって、人はそれを見てこう言うんだから。

「わぁー、吸ってる！」

フライがそんなに天才なら、なぜ僕を必要としたんだろう？

読者はきっとそう思うよね。実は、彼にはモノを美しく創る能力が欠けていたんだ。芸術家になる教育を受けていなかったから、彫刻家のように魅力的にデザインする才能は持っていなかった。だけど、彼はいつもこう言っていた。僕は見た目のいいモノの作り方を知っている、と。だから仲間に入れたんだ。シー・トラックは美しくデザインするにはなかなかの難物だったけど、建築やインテリアデザインの手法を総動員することで、最後には結構うまくやり遂げたと思う。

科学は独学で学ぶことができる。言い換えれば、芸術は必ずしもそうじゃない。レオナルド・ダ・ビンチはヘリコプターを作ろうと思って作ることができた。ヘリコプター製作者は、一般的な成り行きとして、『モナ・リザ』を描こうと思ってもできない。ところで、これは類推であって、優劣の比較ではありませんよ。

こんなちょっとした才能があるんだったら、ひょっとして僕は工業製品よりも見た目が問題になる消費財をデザインすることを考えるべきじゃないかと気がついた。この気持ちは、ボールバローにはけ口を見つけるまで何年か僕の中でくすぶっていた。

六九年にシー・トラックの試作品を作るまで八カ月かかった。作業はセブン・ブリッジに近い小型船造船所で行われたが、僕は現場を監督するためRCAの授業を抜け出しては足繁く通った。でも決して先生の目を盗んでずる休みしていたわけじゃない。ヒュー・カサンは僕がシー・トラックに入れ込んでいることについて、少しも口を挟まず、監督者のもとで研究中の学生として扱ってくれた。とどのつまり、それが高等教育というものなんだよね。

六九年末には、特許を申請するところまできた。ロトルクはデザイン料として僕に三百ポンドを支払い、シー・トラックを製造販売するための子会社設立の準備を整えたが、僕が大学を卒業する九カ月後までわざわざ待ってくれた。

そうして七〇年六月、僕は六六年から在籍して一年間を家具、三年間をインテリアデザインを学んで過ごしたRCAをめでたく卒業した。軍の攻撃用船艇と思われていた、風を切って走る四〇ノットの高速艇のおかげでね。諸般の事情を考えると、RCAがともかくそれで学位をくれたのは、ずいぶん寛大な措置だった。でも当時の僕は、自分の卒業製作に市場性があるのは明らかなのに五段階の四しかもらえなかったことに、はっきり言って腹を立てていた。これは学生によってデザイン、建造されて、工業製品として売り出される予定のボートなんだぞ！といっても、僕は専攻が「インテリアデザイン」だったので、ヒュー・カサンほど寛容な人物がいなかったら、とっくに学校を追い出されていただろう。

ついに、僕は教育を終えた。社会に出ていくのが待ち遠しくてたまらなかった。就職の誘いは、すでにコンランを離れて自分でデザイン・コンサルタント会社を始めていたロドニー・フィッチからも、またヨットデザイナーのジョン・バネンバーグからもあった。でも、すでに手がけていたシー・トラックを完成させるつもりだった。これまで、ずいぶんいろいろ話してきたから、読者はきっと僕が考えをコロコロ変えるわがままな学生だったと思っているかもね。

けど、それは大違いなんだよ。僕は六〇年代の典型的なとんでる若者なんかじゃなくて、退屈きわまりない学生だったんだ。煙草もドラッグもやらなかったし、アルコールもあんまり飲まなかったから、結構規則正しい生活を送っていた。休暇中だって自分が関わったプロジェクトの仕事を夜更けまでしていたし。変な花柄のシャツを着て、長髪だったのは、そのほうがカッコいいと思っていたからだけなんだ。

僕はいま、ある意味では後悔している。自分の息子が大学生活を思いっきり楽しんでいたのを見たから。クラブ活動や飲み会ばかりで、先のことは何にも考えないし、仕事もギリギリまで片づけない。そうしなかったことだけは、後悔しているよ。若者文化全盛の六〇年代に学生だった僕のほうが、九〇年代の彼より楽しむ機会はよっぽどあったのに、皮肉なもんだね。

といっても、息子にはもちろん安心できる家族がいた。万一こけても支えてくれる安全網が。しかも、ロンドンに自宅があった。ところが僕とディアドリーの場合は、それぞれがもらう年間三百七十ポンドの奨学金を分け合って暮らさなきゃならなかった。しかも片方の奨学金は一年分の家賃に丸々消えていたんだ。「子どものときの苦労は買ってでもしろ」なんて言うつもりはないが、ノーフォーク育ちの田舎者にとって、ロンドンは見知らぬ大都会だったから、生きていくのが精一杯で毎晩外へ繰り出す余裕なんてなかったんだ。結婚もしていたし。

僕は息子の生活態度にいちいち干渉したことはない。「若さの浪費」を通して、僕自身もさまざまなことを追体験できたと思うからね。自分があんなに超真面目な学生だったのは、普通でない家庭生活、寄宿学校、貧乏に根っこがあるかもしれない。大学でいつも大きな不安を感じていたのは、子ども時代に学校から落ちこぼれとみなされていたせいだと思うよ。

もしかしたら、僕はただ成功して金持ちになりたいから頑張ったのかもしれない。だって、ほかの学生に比べてもう異常なくらい頑張ったからね。でも、やっぱりあの走ること、最先端を走って後ろを振り返りたくないという気持ちにもっと関係があったと思う。いずれにしても、僕の子どもたちには、いい仕事についてほしい(親の「あとでありがたいと思うはず」という典型的言い訳)と期待して、自分を昔もいまも駆り立てている「失敗への恐怖心」を味わわせることなど、絶対にさせたくない。

ああ。またくどくなってしまいました。全部関連してるんだ。さあ、これで読者は数ページ分飛ばせるし、僕も自分がなぜそんなに実社会に出たがったのか説明できた。

学位を無事に取り終え、競争社会にエイヤと飛び込んだ僕は、好スタートを切った。シー・トラックのために新設された海洋事業部を立ち上げ、軌道に乗せるため、年間千五百ポンドの報酬と車一台をあてがわれて、すぐさまロトルクで働き出したんだ。
仕事が決まったので、フラムにある三寝室のテラスハウスを五千五百ポンドで購入した。元手は祖父からの遺産千ポンド、義兄からの借金千ポンド、そしてかなりのローンだ。ここに妻と子ども（僕らは六八年十二月に結婚。そして七一年二月、僕が若干二十三歳のときにエミリーが生まれた）を連れて移った僕は、少し広いスペースを確保しようと十三枚の内壁を取り壊しにかかった。当時は何でも自分で改造する風潮が強かったからね。でもその直後に一家でバースに移ったから、その家にはがれきを残しただけで一度もまともに住むことはなかった。もったいないことしたと思うよ。

僕の仕事ぶりも、かなり当時に特徴的なものだった。自分がデザインした船の販売に全面的な責任を負ったんだ。テムズ川で試乗するためパットニーに船室のないデモ用モデルを置いていた僕は、主な市場は石油会社か造船会社、あるいはスコットランドの地主たちだろうと考えていた。また、軍も市場になるかもしれないとも思っていた。

最初、売り込みは苦戦の連続だった。当時の価格で五千ポンドもしたのに、船にはまだキャビンも付いてないし、僕はといえば、ぼさぼさ頭にテイク・シックスやジャスト・メンで買った花柄シャツという格好で商談に行ったから。全然ビジネスマンらしくなかったんだ、当時は（正しくは、いまでもそうです）。

国家の防衛予算に何とか食い込みたい僕は、「演習用にシー・トラックをお使いになりませんか」と、チャタムの海軍工廠（しょう）で口ひげをいじりながら話をしている大佐に尋ねた。「君、われわれは演習などしておらんぞ。戦争をしているのだ！」と彼は怒鳴った。

かなり長い間、外国の軍隊や石油会社にシー・トラックを売り込んでは、その都度「とっとと出ていってくれ。あんなの、食器棚が水に浮いているようなものじゃないか」と言われ、失敗を繰り返していた。で、とうとうロトルクの取締役会に泣きついた。船室がなくては売りようがなかったんだ。そこで「水上トラックなのに、船体の一部しかない未完成品に見えてしまう」と言って説得しようとした。

これにはまだ多少の投資が必要だったが、僕はそうすればきっと成功する、うまく軌道に乗ると思った。

「十台売れるまで、船室は付けられない。シー・トラックが確実に売れるかどうか知りたいんだ」と財務部長は言った。

「一カ月に二台売れたら、船室に投資しよう」それが唯一の譲歩だった。

しかし、現状ではそれはいつまでたっても実現しないだろう。

「ダイソンさん、もしあなたが何としても月二台売らなきゃ、会社は二カ月でシー・トラック部門を閉鎖しますからね」

そこで、僕は闘いを続けた。販売開始から九カ月後、初めて一台目のシー・トラックをボスポラス海峡で橋梁工事を行っているクリーブランド・ブリッジ・アンド・エンジニアリング・カンパニーに売った後、売り込み先を徐々にスコットランドの地主たちに移して数台をさばいた。僕はしばらく月二台のノルマを何とかこなし、再び取締役会に「船室を付けてくれ」と談判した。

「気の毒だがダイソンさん、月四台売れるかどうか見たいんだ」

それも何とかこなすと、彼らはまたノルマを上げ、月六台の販売を要求した。僕は近視眼的な商売の壁に頭をぶつけ血みどろになっていた。この〝ダモクレスの剣〟（身に迫っている危険）を僕の頭上に吊すことで、役員たちは、僕の危機感をあおって必死に販売させようとしたんだ。さらなる投資が必要だという主張にはおそらく全然動じずに。僕は若いし経験もないし、おまけに変な服装だったから、無理もないかなと思う。でも、この件で僕は人生で最も重要なビジネスの教訓の一つを得た。つまり、初期段階での投資を惜しみ、中途半端な製品を売ろうとすると、どんな事業も必ずスタートからつまずくということだ。

結局、船室は付き、販売は上向いた。スコットランドの地主たちはもうシー・トラックに夢中だった。岸辺に上陸できたので、羊や石炭、食料など何でも望む品物を、島から島へと波止場がなくても直接、運搬できたからだ。彼らにとって、それは沈まない私有フェリー以上の価値があった。

急に景気づいてきた。ただし、問題は、スコットランドの地主の数がそう多くなかったことだ。市場を拡大する必要があった。だけどね、実は船室だけでは不十分だったんだ。

僕は大きなミスを犯していた。どの顧客にも同じ船を見せて「お客様のニーズに合わせて改造できます」と言ったことなんだけど。潜水作業用ボートをほしがる客には、空気圧縮機やヒーター、超低速のディーゼルエンジンを取り付けられると言い、作業員運搬用ボートをほしがる石油会社には座席と高速エンジンを取り付けられると言った。軍隊には、船の両脇とエンジンに防弾処理を施すと言い、橋梁建設用のタグボートを探している建設会社には「特殊な緩衝装置？　高速エンジン？　問題ありませんよ」と答えたんだ。

僕は客を一人も説得できなかった。みんな万能型など求めていない。ハイテクの専門性を求めているのだ。で、モジュール式の万能船はやめて「お客様におあつらえのボートがあります。潜水作業・タグボート・攻撃用船艇・その他用途向けに建造した船が……」

どの船のパンフレットもディアドリーがデザインし、船は売れ始めた。ここですべてを悟った。そうなんだ。何か新しいものを売るときは絶対にメッセージを混同してはいけない。どんなに素晴らしくても、新しいアイディアとなると消費者は一つだってなかなか満足に消化できない。ましてや二つ、あるいはそれ以上なんてとても無理。万能さなんてどうでもいい消費者に、「これは何にでも使えます」なんて言う必要はない。デュアルサイクロンを発売したとき、ドライクリーニング機としても使えることを積極的にうたわなかったのは、同じ理由からだ。「これは世界最高の掃除機です。だけど全然違う用途にも使えますよ」と言っても、一般の人に信じてもらえるはずないもの。

そんなわけで、僕はまずまずの製品を本格的に売るため、世界へ旅立った。その間、デザインの仕事から離れることになったけれど、自分が作ったモノを売ろうと努力し、消費者の問題と製品の欠陥にきちんと対処して初めて、本当に自分がしてきたことを理解し、自分の発明により愛着を持ち、それを改良できることを、僕は何よりも教わった。逆に言えば、もちろん、そのモノを世に生みだした人だけが、偉そうにそれを他人に押しつけ、喜々として高値を要求することができるというわけなんだけどね。

七三年初め、僕は二十五歳で株式公開企業の取締役になっていた。長髪で滅多にスーツを着ない学生っぽい若造だったけど、どうしても世界市場をこじ開け、シー・トラックを成功させたいと思っていた。販売についても急いで学ぶ必要があった。販売技術そのものに特に興味があったわけじゃない。ただ自分がデザインしたこいつを大成功させたかったんだ。当時、世界情勢は不安定だったけれど、熱意に燃えた僕はそのどさくさに紛れて多くのおいしい話をまとめた。

第四次中東戦争中、シー・トラックに新たな市場が出現したことでいくつか重大な問題が生じた。フォードはイスラエルに車両を供給したとしてブラックリストに載せられ、アラブ世界に自動車を一台も売ることができなくなっていた。僕にはそんな危ない橋を渡る余裕などとてもなかった。

そこでロンドン駐在のイスラエル海軍武官に売り込みを始めた。彼はとても感じの良い男で、こちらの窮地を察していた。というのも、僕はすでに、小国ひとつを相手にするよりはるかに儲かるアラブ諸国と取り引きしていたので、イスラエルへセールスに行く考えなど持っていなかった。そんなことしたら、アラブ世界へ行けなくなってしまうからね。そこでイスラエルとはロンドンだけで取り引きし、潜水作業用ボート四台、合計三万ポンドの商談をまとめた。

そこにエジプトが現れた。英国海軍がシー・トラックに興味を持っている(悲しいかな、まだ実際に購入するまでには至っていなかった）という話をかぎつけ、興味を示したんだ。試しに一台購入し、大満足した彼らは、「いくつか改造したい点があるから本国に来てくれ」と言ってきた。ところで、これは、前の中東戦争でこてんぱんに叩かれたアラブ諸国がイスラエルに対抗できるなんて、誰も思っていなかったときのことだ。

七三年一月のむせかえるような暑い日、僕はカイロに到着した。ま、あっちでは毎日がそんな暑さだから、どうってことないけど。さて、と僕は思った。お客さん、どんな改造を望んでいるんだろうか。たぶん、装甲を施す？　「まさか、そんなことしませんよ。兵士を一人シー・トラックに乗せ、海を走らせ、何時間も銃撃したけど、一発も命中しなかったんです。ボートが水中に沈むように走るので、命中させられなかったんですよ」

いやあ、この答えは勉強になったね。

だって愉快な話だし、イギリス人がいかに思考停止状態に陥っているかをつくづく思い知らされたのだから。わが国の海軍はシー・トラックを自らのニーズに合わせようと、二年間もかけて装甲と特殊なディーゼルエンジンに大金をつぎ込んだ挙げ句、僕のかわいい上陸用水艇を時速一〇マイル以上は出せない巨大な鉄の塊にしてしまったんだ。他方、エジプト人の試行錯誤は、純粋にエジソン的だった。彼らはさらに、防弾装備のない軽いボートのみで出力を発揮する船外機のほうが、戦闘状態ではずっと役に立つことを発見した。もしモーターが切れたり、弾が命中しても、すばやく水中に捨てて取り替えることができるからなんだ。

数カ月後、僕はこれらの実験結果を手に、この外国軍隊の有益な極秘情報を話せば、自分も少しは母国のお役に立てるかもしれない、などと思いながら、再び海軍を訪れた。すると大佐は素っ気なく言った。

「エジプト人？　奴らが戦争に勝ったことがあるかい？」

あいにく、それはそう遠くない日に起きた。改造はもう一つあった。シー・トラックを砂漠で猛スピードで牽引するための車輪を一組、船体の脇に付け、海上に出たらすぐ船内に収納できるようにすることだ。そこで僕はエジプト特別小艦隊のアリー・ナセル連隊長とともに一週間をナイル川で過ごした。四分の三トンの重量、そしていままで見たこともない銃を載せたきわめて特殊なスピード実験に携わっていたんだ。「何をしているのか」という僕の素朴な質問には、当然ながら、いつも「トップ・シークレット」という答えしか返ってこなかった。そして、ボートの水上スピードを時速約五八マイルまで出すことに成功したとき、エジプト人たちは「いいぞ、まさに望みどおりだ」と言って、僕らをすぐ帰国便に乗せた。ところで、ナセル連隊長は、僕がイスラエルと取り引きしていることを気にしていないようだった。僕らがそれを公言しているため、彼も知らざるを得なかったのだけど、ただこう言うだけだった。「それについては君たちがあまり大きな声で言わない限り大丈夫だ。もしそうしたら、私は君たちから買わせてもらえなくなるからね」と。

二週間後、エジプト軍はこのボート五隻で紅海を渡り、シナイ半島を急襲。イスラエルが半島沿岸に配備した火炎放射器を攻撃不能にするため、その銃口めがけて一分で乾く速乾性のフランス製セメントを撃ちながら上陸した。

そして、最大の皮肉は？　イスラエルが沿岸配備した火炎放射器の砲座にはロトルク製のバルブアクチュエーターが使われていたことだ。イスラエル軍がロトルクから売られた防衛設備を破壊するため、エジプト軍はロトルクから売られたボートを使っていたんだ。

ずいぶんいかがわしい商売をしたものだと思われるかもしれないけど、実は自分の商売相手である軍隊がどんな作戦を立てているかなんて全然知らなかったんだ。いい？　僕は二十五歳の美大生だったんだよ。実際、この仕事はものすごく面白かった。エジプト軍が持ちかける無理難題をできるだけ早急に解決しなきゃならないから、僕は頭をフル回転させていたし。

彼らはイスラエル軍が対岸から自国軍の動向を監視していることを知っていた。そこで敵軍が事態を察知する前にすばやく海を渡って上陸する方法が必要だったんだ。僕はそんなこと知る由もなかった。僕らのボートは銃を持つ兵士をたびたび運びはしたけれど、船体に銃は装備されていなかったので、厳密に言えば、それを攻撃の武器と思ったことは一度もなかった。また、自分のしていることがとくに有害だと考えたこともなかった。軍隊に売り込むことが単純に楽しかっただけなんだ。用途が面白くてきわめて特殊だったし、機能と性能にしか興味を示さなかった。費用も度外視したからね。若いデザイナーやエンジニアにとって、夢のような環境だったんだ。

僕にモラルが欠けていたわけじゃない。経験を積み、取引相手の意向がその場ですぐ判断できるようになると、僕らと異なる文化を相手にするときは、自分の価値観を大切に守った。たとえば、ワイロは絶対に受け取らなかった。ところが、これがいろいろ面倒な問題を引き起こした。ナイジェリアの首都ラゴスで会った大臣のことはいまでも忘れない。執務室に入ったとたん、まだ椅子にも座らず何の売り込みにきたのか話もしないうちに、「私へのみやげは何かね」と聞かれたのだ。

「何もありません」と僕は答えた。

「なるほど、ではさっさと帰りたまえ」僕はそうした。

そうして僕は多くの商売を逃した。アフリカだけでなく、ワイロが避けがたい現実で、むしろ商売に欠かせないマレーシアでもそうだった。それはまったく正直さ、単純さの問題だった。僕にはワイロの複雑さがどうにも理解できなかった。自分のデザインに無邪気に惚れ込んでもいたしね。ワイロをあげたからでなく、良いボートだから買ってほしかったんだ。

僕はボートの利点や技術、デザイン、特徴の売り込みに夢中で――その時期はいわば「陶酔状態」にあった――、商売の糸口をつかむためにワイロが必要なこともあるとは考えもつかなかった。実際、そうして商売を逃すことに満足していた。帰国後、ロトルクの経営陣に、ワイロを用意しなかったので大きな取引を失ったとうれしそうに報告したほどだ。僕は、シー・トラックが最高のボートであることを潜在顧客に納得させられず商売を逃した、と報告することだけは嫌だったんだ。

物事を単純にという僕の主義も願いも、リビアで最大の試練を迎えた。

七三年九月のある朝、ロンドンのリビア大使館からシー・トラック購入に興味があるとの電話が入った。大使館に着くと、口ひげを生やした品のないオマー・シャリフ風の海軍武官オルフィ中佐が、ダンサーらしいグラマーな女の子と一緒に豪華な執務室で待っていた。

「おたくのボートを十隻ほしい」と彼は物憂げなゆっくりした口調で言った。

「ただし、私は紹介することしかできないから、あとは君が自分でリビアに行って取引をまとめるんだ」

そこで、僕は出かけた。

テレックスで予約しておいたホテルに着くと、予約は入っていないし、満室だという。僕は抗議しようとしたが、追い出された。同じことはナイジェリアで経験ずみだったので、あまり慌てはしなかった。英国大使館に着いたとたん、「どのみちホテルの部屋はすべて盗聴されている。会話や商談をするのに安全な場所は路上しかない。ホテルが見つかるまで最初の夜は大使館で過ごすべきだ」と言われた。

ホテルの部屋が取れた後も、事態はいっこうに好転しなかった。僕は契約できるかもしれないというひと言だけで、何の保証もないままここにやってきた。日がたつにつれ、五人の男が接触してきた。いずれも、自分は代理店だ、自分を通さなきゃ契約はとれない、と言い張った。

こんなことは誰からも聞いていなかった。僕はすでに購買省を訪れ、その要望を聞き、大臣と契約する手はずを整えていた。交渉を進めるうち、取引は金額とまったく関係ないことに気づいた。話し合いはしても、実際には何も起こらなかった。僕は自分の胸一つで金額を見積もる権限があったから、英国の自動車用品販売店クイック・フィットなら二十九ポンドで買えるような予備電池を三千九百ポンドで見積もり、大臣がそれを受け入れても、契約はちっとも成立しない。あの五人の男――実際はたぶんそのうちの一人だけ――が何らかのカギを握っているのは明らかだった。でも僕にはどうしていいかわからなかった。考えあぐねた僕は正攻法でいくことにし、最終ユーザーである海軍提督のところに行って五人の男の話をした。

「五人の男たちが私に接触してきて、彼らを通さないと……」と言い始めると、提督は途中で僕を遮った。「しぃーっ。そんな話をここでするわけにはいかないんだ」と声を潜めて言った。それでおしまい。

僕は再び購買大臣のもとを訪れ、直談判した。「あのー、どうすればいいかわからないんですけど。手元にいま五つの見積もりがあるんですが、どれも違う代理店からのものなんです。あなたがたはボートがほしいんですよね、いつもそう言っておられますから。僕もぜひお売りしたいんですけど、誰が本当のことを言っているのかわからないんです。誰を通して売ればいいいのか、僕は何をすればいいのか、全然わからないんです」

その間ずっと、彼はただニコニコしながら、一度に何週間分も沸かして大量の砂糖を入れる、あの見るのも嫌なアラブ・ティーを僕に何杯もついでよこすのだった。僕はひたすら断り続け、水を頼んだんだけど一度も出てこなかった。

やっと大臣が口を開いた。「ダイソンさん、あなたが私の出した紅茶を一杯飲めば、五人のうちどの男が適切な販売業者か教えますよ」

まるで聖書のような奇妙な謎解き、あるいは移動遊園地でよく見る、一粒の乾燥豆が三つのエッグカップのどれに入っているかを当てる手品みたいだった。何か見落としていることはないかと、僕は自問し続けた。

正解はあるんだろうか？

「答えは、さようなら、交信終了です」とか「必要は発明の母ですから」とか、僕もわけのわからないなぞなぞで答えるべきなんだろうか？

ところが、彼はさらにお茶をついだ。僕がそれを飲むと、誰が正しい男か教えてくれた。そして、僕らは何百万ポンドもの契約を交わした。それだけのことだった。

当時のリビアで物事を慎重に進めないとどうなるかを、まざまざと見せつけられたのは、ちょうど僕が出国するクリスマス直前の日の空港でのことだった。その日、リビアとエジプトの間で激しい戦闘が勃発し、僕の乗る便はエジプト航空機と同じ時刻に出発することになっていた。空港は閉鎖され、誰もが外に出ようと列をなした。数分後、すぐ前に並んでいた男が一室に連れて行かれたので、僕は列を一歩前に詰めた。五分後、その部屋のドアが開き、たたきのめされた男の体が床に放り出された。

僕は結局、およそ三時間後にブリティッシュ・カレドニアン航空機に搭乗した。機内はクリスマス休暇で帰国する石油会社の幹部たちで満席で、何カ月かぶりのアルコールを口にした太ったビジネスマンたちが、通路のあちこちで酔いつぶれていた。でも周囲を一番驚かせたのは、ワインを四本、ウオッカを半本飲み干した僕だった。

当時、僕は自分が売り込むものを信じていたから、売るのはまったく楽だった。何を売る場合もそうだけど、それはシー・トラックがどう顧客の生活に適するかを考えることであり、どんなに素晴らしいかをペラペラしゃべることじゃない。同じことは、デュアルサイクロンにも当てはまった。客が何を望んでいるかわかって接客すれば、売り込むまでもなく客はすぐに買ってくれるんだ。それは言葉で飾り立てることでも、売り口上を大声でまくしたてることでもない。ニーズを見つけ、満たすことなんだ。

ところで、それは多くのマーケッターがしているように、ニーズをつくることじゃない。僕は自社の多くのセールスマン（元セールスマンと言うべきか）が、企画会議で、バイヤーに興味を持ちそうにないものを見せたり、彼らをかもられているような気にさせたりして、すべてをおジャンにしてしまうのを見てきた。僕は苦労して教訓を学んできた。相手のニーズを見つければ売り込んだりしなくても簡単に買わせることはできるんだよ。テムズ川の実演現場に革ジャンで現れたギャングらしき男と僕のこんな会話を聞けば、その意味はよくわかるはずだ。

「一体、それはどのくらい速いんだ？」と彼は車を急停車させて聞いた。

「どんな積み荷を運ぶんだい？」と彼は車をボートに乗せると、また急停車させた。

「すごい。岸辺も走れるかい？」

「試してみたら」

彼はそうして、岸の近くから戻ってきた。

「すごい。できるだけ大きいエンジンを二つ付けてもらおう」

「気に入ってもらえてうれしいよ。何に使うつもり？」

「それは秘密」

「どこから来たの？」

「スイス」

「支払いは？」

「現金」

彼は五万ポンドを一括払いした。

確かに僕は販売その他もろもろを面白がっていたし、シー・トラックや自分自身のこと、そして販売とデザインとの関係について、とてもたくさんのことを学んだ。でも当然、一つひとつのシー・トラック（あるいは売るものが何であれ）を自力で売ることができないときはやってきて、代理店を探さなきゃならなくなった。

最高の代理店とは、例外なく、ボートの用途を理解し、それに愛情を持つ人たちだった。ビジネス感覚や金銭感覚はまったく関係なかった。市場に精通して注文が多そうな大手販売業者を代理店にしたい気持ち（そして経営陣からの圧力）はあったけど、僕はボートに惚れ込んだ人を選ぶことにした。まったく新しいコンセプトを売り込むには障害や困難がつきものだけど、それを乗り越え、本物のビジネスに育てられるのは、そんな人たちだけだったからだ。

とくに、毎年一台の購入を約束しない代理店とは契約しないことにした。会社が一台も注文しない業者との契約に多くの時間を無駄にしていたのを見て、代理店が実演用の現物を一台持っていれば、パンフレットや口先の説明だけより売りやすくなるし、しかもそれが自腹を切って買ったものなら、売る気も二倍強まるだろうと気づいたんだ。

もちろん、代理店にはそのコンセプトが確かなことは説明したけど、実際はやる気の問題のほうが大きかったね。これと、メディアの報道が増えて世界中の販売業者から何百件もの引き合いがあったので、新市場を開拓するだけでいい商売になることがよくわかった。

軍への売り上げが悪い月に、代理店への売り上げで救われたことは何度もあったし、事実、売り上げが落ちると、僕らは単純に新しい市場を探し始めたものだ。

まあ、とにかくこれは申し分のない話だった。だって、水浸しのベニヤ厚板から高性能のポリウレタン製上陸用高速艇を開発し、二百五十台売って何百万ポンドもの売り上げを上げたんだからね。でも、僕は製図板からあまりに長く離れすぎていた。まさしく満たすべき渇望があったんだ。

大学を出てロトルクで販売した四年間、自分のもの、すべて自分のものにできる何かを待った四年間。いつの日か「車輪以来の独創的なものだった」と言われるだろう何か、あるいは、それよりもっと独創的な何かを……。

第4章

車輪を超える有史以来の発明?!

ポーズをとる◇車輪以来の最高のもの?◇過去と決別◇ボールを忘れない◇家を建てるには最低の道具◇もっと良いもの◇命綱を断ち、いざ偉大なる未知の世界へ◇ボールバローを売り込む◇ミス英国の支援◇ボールバローはかなり大成功したけど、ウォータローラを発明して後悔する◇例のごとく、借金から抜け出す道を探る

さて、ここでどんなポーズをとったら一番いいんだろう。僕はときどき、やたら高慢な天才を想像する。自分はたぶんタキシードの上にビロードのケープをはおっている。周りには流行の新製品とかの話をしている人間の一群。一人の男が、その製品を「車輪が生まれて以来、最大の発明」という聞き飽きた決まり文句で説明している。

僕は、月光に照らされてキラリと輝く牙を見せながら、せせら笑って尋ねる。「車輪？ 一体、車輪のどこがそんなに素晴らしいんだ?」ここで、酔っぱらった船員がやるように、手をテーブルにたたきつけ、大きなワイングラスをガタガタ揺らす。そして、こう叫ぶ。

「車輪には欠陥があるんだよ。わかるか？ 欠陥、欠陥、欠陥があるんだ！ だから、この俺様、ジェームズ・ダイソンが車輪にまさるものを作ったんだ。諸君、……ボールバローに乾

杯！」

そこへ僕の助手、スケルチ（相手を黙らせるの意）という名前のせむし男が、ボールバローを押しながら部屋のなかに入ってくる。一瞬、稲妻が光り、時計が十二時を打つ。僕の顔に満月の光が一筋、さっと当たる。とたんに、僕はヴィンセント・プライスみたいなどでかい笑い声をあげる……。

といっても、ほとんどの時間は、何もかも偶然がうまく重なっただけだと認めているけどね。まあ、ちょっとできすぎかな。でもやっぱり偶然の一致であることに違いはない。

実際、三つの偶然が重なった。まずは、セールスマン生活に飽き飽きし、自分で作れる何かを探していたこと。次に、シー・トラックを改良する最終段階でちょっと面白い一連の出来事があって、それが将来必要となる素材と技術を与えてくれたこと。最後に、もうロンドンに戻らないと決めた僕とディアドリーは七二年、コッツウォールド丘陵にある古い農家と一・五エーカーの土地を購入したこと。僕が「これだ！」と叫ぶほどの発見をしたのは、このまったく異なる三つの状況が重なったからなんだ。

一つ目はもうご存じだから、あとの二つを順に説明しよう。それで、運命の女神の助けが少々あれば、家庭生活のどんなにささいなことからでも大きな技術的飛躍が生まれるってことが、よくわかってもらえるんじゃないかな。

さて、シー・トラックの悲しい真実は、誤った使い方をされていたことにある。事実そうだったように、喫水（船が水に浮かんでいるときの、船の最下面から水面までの距離）が六インチと非常に浅かったので、どんな状況でも絶対に水底に触れて壊れたりしないと思い込まれていた。その結果、岩にぶつけられることも多く、ダメージを受けやすかった。

前にも言ったように、グラスファイバーは卵の殻のような素材だ。世間ではその強度がもてはやされているけど、それって、張力のことなんだ。だから、ステッキで突っつけば、穴があいてしまう。

僕らはデザイナーだから、製品を強化するには穴があかないようにするしかないとわかっていた。そのためにまず、ハンマーでたたいても割れない太いプラスチック送水管を考えた。たとえば洗い桶のようなプラスチック（または低密度ポリエチレン）は、薄板で使うには曲がりやすくてダメだけど、管には理想的なので、そうした非常に頑丈な素材を使って筏を作ってみることにしたんだ。

いわばポリエチレン管でできたコンチキ号だね。管にはプラスチックのサッカーボールのようなものを詰め込み、鉄の骨組みを付け、筏の先端は波を分けて進めるようわずかに上に折り曲げる。僕らはもちろん、流体力学的にどんな性能になるかは知らなかった。最も効果的な船体の形を横断面で表せば、下の図のようになるだろう。

がっしりした太い管を三本使うべきか。それとも細い管を十本使うか。

同じような疑問はたくさんあったので、僕は七三年暮れに助手と家族を連れて——

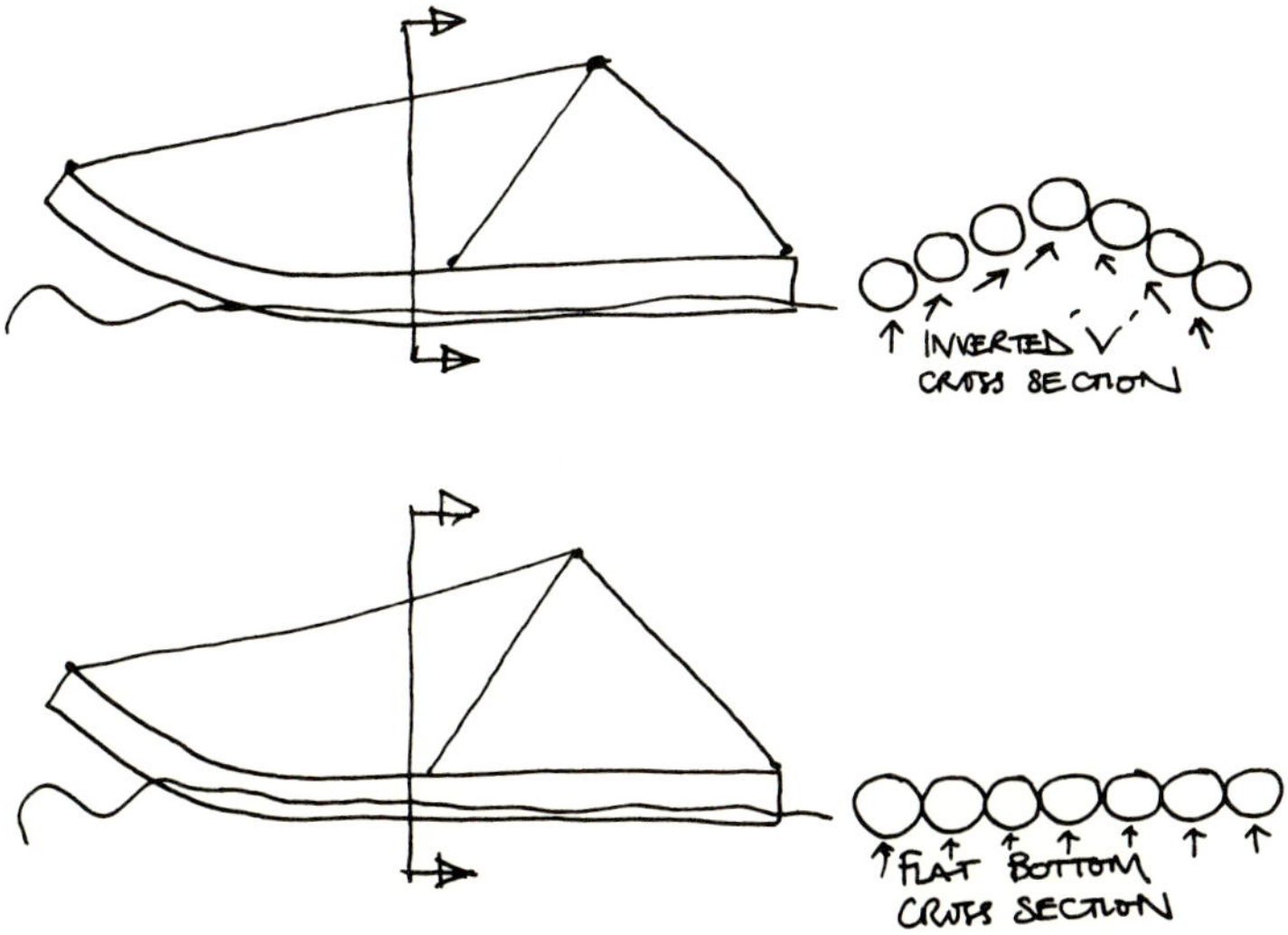

効果的な船体の形

このときは僕とディアドリー、エミリー、ジェイコブの四人になっていた――、仏オート・プロヴァンスの小村にあるジェレミー・フライ所有の家に移り住んだ。しばらくビジネスの現場から離れられるのがとてもうれしくて、貯水池でボートを徹底的にテストしながら、素晴らしい八カ月を過ごした。

テストは八フィートの模型を使った独創的なものだった。英国立研究開発公社（ＮＲＤＣ）の研究所で使われているタイプの長い水槽だと、上部のフレームに沿って水中の模型ボートを一定の力で引っ張れたけど、そんなものを買う資金はなかったし、飲料用の貯水池だったから、模型を別のボートで引っ張ることも模型にモーターを付けることもできなかった。代わりに、ロープの一方に模型ボートを付け、もう一方の端はガソリンエンジンで動く大きな円筒形の容器に巻けるようにした。

模型は湖の真ん中まで手で漕いで運び、そこで放した。ついでながら、湖は片側が切り立った崖に、片側がエンジンを固定した岸に面していて、そこからの景色はものすごく美しかった。エンジンが円筒形容器にロープを巻き始めると、ボートは岸に向かって勢いよく走る。僕らは船体の効率を測定するためひたすらワイヤーの抵抗を測った。

頭いいでしょ？ そして、テストでとくに最適な管の本数やより効率的な形状を確認し、ボートの強度を保つ鉄製の上部構造（どのみち、エアマットに毛の生えたようなものだったけど）を完成させると、フルサイズの試作品を作るため英国に戻った。

でもね、それは一度も生産されなかった。試作品を製作中に、僕の関心がボールバローに向いてしまったからなんだ。それ自体は何の問題にもならなかったはずなんだけど、困難な問題が起きると、ロトルク社はすべてを棚上げにしてしまった。デザイナーが自分のプロジェクトを離れると、よくそうなるんだよね。苦しい時期を乗り切り、前進するだけの信念がないからなんだ。

もし僕がチューブボートを続けていたら、きっとうまくいったんじゃないかな。いままでのプロジェクトだって、僕がかなり深入りするまで成功しなかったんだし、やっぱり自分が発案したものでないと成功を確信することはいまいちできないからね。自分が手放したものが挫折し消滅したのを見ると、もう一度自分の手でやり直したい思いにかられる。

でも、そうはしない。だって、僕はもう新しいことに関わっていたから。ロトルクはいまも底が平らなシー・トラックを製造し、順調にやっている。ただ、チューブボートなら岩にぶつかっても無傷で跳ね返るだけの壊れにくいものになっていただろう。ちょっとくどいけど。

いまさら僕は何もできない。過去は繰り返せないんだ。『グレート・ギャツビー』の最後にこんな文章がある。

> こうしてぼくたちは絶えず過去へ過去へと運び去られながらも、波にさからう舟のように、力のかぎり漕ぎ進んでゆく。
>
> (野崎孝訳　新潮文庫)

過ぎ去ったことは変えられないのに、なおそれを追い求める様子を描いたものだけど、シー・トラックのたとえにピッタリでしょ。

ところで、ボールのことは絶対に忘れないでね。完璧な筏にするために管に詰めたサッカーボール型のプラスチック栓のことだよ。チューブボートはダメになったけど、僕は少なくともプラスチックを球体に成形する方法、つまりポリエチレン製空気ボールの作り方を学んだ。そして、これをやっている最中に、ある日ふと思ったんだ。「あら、これで僕の問題は解決できるかも」。その問題とはこうして起きた。

七一年、僕らはコッツウォールドのバドミントン家の領地にある大きな農家を購入し、壁を壊したまま日の目を見ずに終わったフラムの家から引っ越した。ホント、そこはどんな都会人も一度は住みたくなる夢のような農家だった。大都会の刺激や華やかさに僕は興味が薄れていたんだ。やはり根っからの田舎者なんだね。

ゆうに築三百年以上たったこの農家にはずっ

と小作人が住んでいて、改修も現代風の改築も一切されていなかった。購入金額を甘く見て予想以上の借金をした僕らには、プロを雇う金などなかった。そこで、自分たちで改築に乗り出した。

空積みの壁を築き、排水溝を掘り、セメントを混ぜるのに、もちろん手押し車とは長時間つきあうことになった。そして、毎日つきあっているうちに、それがいかにくだらない代物かわかった。しかも、これは普通の家の庭で使う、園芸用品店にあるような手押し車じゃなかった。建設業界で使われているれっきとした土木工事用の手押し車で、プロの諸君からは、業界用語で「タフな奴」と呼ばれていたものだ。いやはや、もう欠陥だらけだった。

①車輪は

(a) パンクしやすかった

(b) 重い物を運ぶと不安定になった

(c) 通常の使用環境である泥土などの軟らかい地面に食い込みやすかった

(d) 芝生にわだちを残しやすかった

②細いパイプ状の脚は、軟らかい地面に食い込み、芝生を傷め、転倒する原因となった

③折りたたみ式の鉄製の本体にも四つの欠陥があった

(a) 角が固く鋭いので、使う人の脚をしこたま打ったり、戸口を通るときに木の脇柱にぶつけて壊した

(b) セメントを入れると、わずかなすき間からセメントがもれ出した

(c) 残ったセメントが鉄の側面にこびりついた

(d) 口が広くあいているので、セメントを満杯にして運ぶと外にこぼれた

要するに、石器時代の人間が物を運ぶのに使った、木の棒に車輪を一個付けただけの手押し車からほとんど変わっていない、驚くほど原始的な代物に思えたんだ。それが初めて考案され

てから数千年の間、誰も「僕ならこれをもっといいデザインにできる」と思ったことがなかったんだね。

理由は単純だ。建築業者は戸口の脇柱を壊しても気にしない。だって、自分の家じゃないから。セメントがこぼれたって、軽くなるだけだし、セメントがこびりついても、自分の手押し車じゃないから平気だ。もちろん、他人の芝生にわだちができても気にするもんか。

そこで、セメントや石を一日中あちこちへ運ぶといった、単純な反復作業の多い力仕事を楽しくするために、これを改良しようと決心した。

まず地面に食い込まないようにもっと脚を太くする必要があった（そもそも山羊は砂漠に住んでいないし、ラクダも山には住まないでしょ）。同じ理由で、車輪ももっと太くする。本体は膝やドアを強く打たないよう柔らかい素材にし、中身が簡単にこぼれないよう、もっとダンプカーの荷台やバケツのような形にする。理想的には、セメントがこびりつかないよう、くっつきづらくて壊れにくい素材を使うんだ。

僕はバドミントンの家を買ってから一年ほど、こんなことばかり考えていた。ただこの段階では、自分の生活をもう少し楽にしたかっただけで、製品の特許を取ることなどまったく頭になかった。

チューブボートをテストするためフランスへ旅立ったのは――ここでやっと話が追いついたぞ――その後のことだ。現地でポリエチレンの管に栓をしなきゃならなくて、僕はパンクしない低密度ポリエチレンを球体に成形する方法を学んだ。そして、ちょうど最初のプラスチック球を手にしたとき、何が起きているかわかったんだ。

「これこれ。これが僕の問題すべての答えだ」

僕は、画期的な車輪となる球の成形法を学んだだけでなく、本体のデザインに役立つ、フジツボがくっつきづらくて壊れにくい素材の利用法も学んだ。これはとことんいける、と思ったね。

手押し車市場は当時の僕にはとても魅力的に映った。地味な市場だから、たとえば家電製品のように巨大企業との競合はない。要するに、もっと優しく穏やかな市場だと思ったんだ。さらに、一万年以上もの間（掃除機は百年以上変わり映えしなかったけど）、新しいものが生まれてこなかったということは、大きくデザインを変えた新製品を出せばものすごいインパクトを与えることになる。

そこで、まだフランスでチューブボートに取り組んでいる間に、僕は建設業界にいる旧友に話をした。彼もすっかりボールバローのとりこになり、いまの仕事をやめて何か新しい面白いことをしたがっていた。二人で会社を設立することにし、僕はごくごく「最初の」おおまかな試作品づくりに取りかかった。ハンドルなしの本体をグラスファイバーで作り、市販のサッカーボールに密着させたものだ。これがめざす球だという手応えがあったわけじゃなかったけど、感触はつかんだし、球であろうがなかろうが、軟らかい地面でおおむね車輪よりも効果的なことがわかった。

七四年八月にフランスから帰国後すぐ、僕はジェレミー・フライに会いに行き、会社を辞めることを伝えた。自分は卑劣だ、バカ者だ。そんな思いで頭の中が真っ白になった。

辞表を出したことなど一度もない僕が、いまこうして、年俸一万ポンドに専用車付きの世界一恵まれた仕事に別れを告げようとしている。ロトルクで五年間、事実上一人で働いてきて、自分の成果がほとんど株主の利益になるのを見てきたし、そろそろ自分自身のために何かしたいと考えていた時期でもあったんだ。振り返ってみれば、それは愚かな決断だった。まだ多額の住宅ローンが残っていたし、二人の子ども、エミリーとジェイコブもまだ幼かったからね。でも、ディアドリーの励ましには本当に感激した。すべてを失う恐れだってあったのに、彼女はまったく冷静だった。

「万一すべてが失敗したって、私は絵を描いて売ればいいし、あなたは職業訓練を受けて家具を作ればいいじゃない」

そう言ってくれたんだ。

自分を卑劣と感じたのは、ジェレミーのもとを去ることと関係があった。あんなに若造だった僕に最初のチャンスをくれ、以来ずっとあんなに良い友達だったのに。彼が教えてくれたことすべてに深く感謝していたから、心の奥深くで彼を裏切っているような気がしていたんだ。しかし、長い間偉大な男のもとで働いてきた僕にも、ついに一本立ちするときが来た。

案の定、ジェレミーは最初、ショックを受けたが、やがて、いつもながらあっぱれなことに、資金援助しようかと言ってくれた。僕は礼を言い、断った。自由になりたかったし、すでに支援者もいたからだ。

いや、そう思っていた。ところが残念なことに、僕が英国に帰ってまもなく、例の建設業の友人から電話があり、会社の業績が悪化したからもう一緒にやれないと言ってきたんだ。こうして、僕は大学を出てから初めて、再び独りぼっちになった。

でも実際はそう心配していなかった。ディアドリーが僕をしっかり支えていてくれたし、以前の経験からビジネスがどんなに不安定で予測不能なものかよくわかっていたからだ。二人の子どもに多額の債務、もっと多額のローンを抱えていても、僕らは二人とも不思議なほど落ち着いていた。そして信念を貫いた。フライがきっとまた支援の話を蒸し返してくるだろうとは思っていた。それでも、自分がもう巣立ちできることを証明したかった。

七四年十月、僕はグラスファイバーの試作品を車に積み、ウェリン・ガーデンシティーにある英国最大の総合化学会社インペリアル・ケミカル・インダストリーズ（ＩＣＩ）へ向かった。最初は、自分に必要なものを成形できるか、その実現の可能性、どんな方法が一番良いか、どんな素材を使うべきかについて話し合うためだった。でもまた、ＩＣＩが事業に興味を持って資金参加してくれるかもしれないというバレバレの考えもあった。どのみち、プラスチックはそこから買うことになるんだし。

「できません」と彼らは言った。

「そのボールは実現不可能です。プラスチックを完全な球体に成形することはできないんです。万一できたとしても、車輪代わりの空気ボールとしてはきっと無理でしょうね」

例によって、これで僕の決意は固まり、絶対に彼らが間違っていることを証明してやるという気になった。僕は自分で会社を設立するつもりで、義兄（僕の姉の夫、スチュアート・カークウッド）の友人であるアンドリュー・フィリップスという弁護士に会いに行った。彼は弁護士として優秀なだけでなく、BBCラジオ2の『ジミー・ヤング』でアドバイスするコーナーを持つほど頭の切れる男だった。フィリップスは会社の設立を手伝ってくれたうえ、ボールバローに惚れ込んで、義兄にも投資するよう説得してくれた。

これはすごいグッド・ニュースだった。スチュアートは、五〇～六〇年代に急成長した鉱物採掘会社RTZの元会長カークウッド卿の息子で、現カークウッド卿である兄とともにかなりの遺産を相続していたんだ。金はいくらあってもいいからね。

僕ら二人は各自一万二千ポンドの債務の保証人になり、五〇％ずつ出資してカーク＝ダイソンという名称の新会社を共同経営することにした。僕の場合、そのためにバドミントンの家を担保にする必要があった（本当は社名をダイソンにしたかったけど、なぜか登記所は認めてくれなかった。これは僕とスチュアート・カークウッドの名前を単純に組み合わせたもので、僕はわりと気に入っていた。カーク・ダグラスを思わせる響きが、頑丈で実用的で角張った手押し車にいかにもふさわしく思えたから）。

七九年三月までにまともな試作品ができあがった。僕らはそれを持って、回転成形の第一人者といわれたフレックスタンク社のダフィン氏に相談を持ちかけた。彼はこの手押し車はいけると信じ、ポンティカムリの自社工場で金型を製造することに同意してくれた。そこで僕はデザインを完成させ、フレックスタンクは僕の思いどおりバケツと集草箱の延長部分を超低密度ポリエチレンで製造した。確かに、それはほとんど壊れなかった。

ＩＣＩは大間違いだったけど、ボール自体はビニールを添加した同類のプラスチック、エチレン酢酸ビニルから作られた。これはスペースホッパーに使われるのと同じタイプの素材だが、はるかに堅かった。完全密閉の球体として成形されたそのボールに穴をあけ、バルブを取り付けると、世界初のプラスティック製空気車輪となった。

鋼管のフレームはバーミンガムで製造し、ボール内の軸受けはケアフィリの射出成形業者によるもの、そして手押し車は最終的にバドミントンのわが家のあばらや（不動産業者は馬小屋と呼ぶ）で、数人のアイルランド男の手で組み立てられた。

最初のアイディアでは、手押し車は回転ハンドルでダンプカーのように傾けて中身を投げ捨てられるものだった。でも実演用の試作品ができあがってみると、アイディアとしては面白いけれど、ダンプカー機能があるとかえって顧客を混乱させそうなことに気づいた。いいかい、本質はボールとダンプカーの荷台の形にあるんだから、あとはみんな蛇足にすぎないんだ。これはとても重要な原則だ。

シー・トラックの本質が底の平らな船体にあったように、そしてデュアルサイクロンの本質はサイクロン方式にあるように、ボールバローには新しさ、優秀さ、そしてきわめて実用的なシンプルさがあった。余分なものを付け加えれば、顧客に「なんだ、いつものやつにちょっと手を加えただけじゃないか」と思わせかねない。そこですぐダンプカー機能と回転ハンドルのないデザインに変え、新発売の準備は整った。

ところが、こういう投機的事業では、たとえ第一人者といえども頭から信じてはいけないんだ。生産開始から六カ月後、あの成形王は、もう工場での生産は限界だと言い、値段をつり上げようとした。

そこで、僕は別の成形の大御所を見つけた。でもフレックスタンクに工賃を払って解雇し、ウェールズから金型を全部引き上げるために、とてつもない金がかかった。そんな混乱は二度とごめんだと思い、新規の成形業者には価格を一年間据え置くこと、一定の生産量を確保することを確認させた。これに対し、業者はみるからに愛想よくうなずき、手をすり合わせながら同意した。

一カ月後、また同じ話の蒸し返し。生産低下と価格つり上げの動き。事業をひとりで成功させるのは無理だから早くしっぽを巻いてロトルクに退散しろ。この連中はよってたかって僕にそう言ってるように思えた。でも、こんな扱いを受けて頭にはきたけど、あきらめるつもりはちっともなかった。金利が最高二五%もした時期にさらに四万五千ポンドも借金し、英国にはまだ一台もなかった新型の回転成形機を米国から購入した。僕らは自分たちでそれを組み立て、操作法を学ばなきゃならなかった。その機械に詳しい人なんていなかったから、もう大変だった。

五月、僕らは「カーク＝ダイソン・デザインズの手押し車」を発売した。まあ、「発売」はちょっと大げさかもしれない。でも、少なくとも製造を始め、自宅のあばらやで一日十台から二十台を組み立てていた。

「発売」と言い切れなかったのは、自分が何をしているのか全然ピンとこなかったからだ。ロトルクは資本財の売り方は教えてくれた。けど、デザインとエンジニアリングはさておき、あとの部分は勘だけで無謀に突き進んだ。事業計画もなかった。僕はただ馬小屋の内部を合板で仕切ってオフィスにし、ディアドリーに「時間があれば仕事を手伝って」と頼み、配送車の側面に「ボールバローあります」とペンキで書いただけだ。でも、あとはどこから手をつければいいのか、皆目わからなかった。

最初にやったことは、ほとんど笑い話に近かった。ほとんど？　いや、当の本人たちは大まじめだったけど、もう笑ってしまうようなドタバタ騒ぎだったんだ。少なくとも、通常の販売戦略からすればね。僕にはバドミントンで知り合ったジル・テーラーという女友達がいた。彼女はたまたま六四年のミス英国で、ブロンドで魅力的、曲線美の典型的な「世界を回って慈善活動する」美人コンテストの女王だった。定職を持っていなかったので、イングランド西部地方の園芸用品店を回ってボールバローを売り込む時間的余裕もあった。

ある日気がつくと、彼女の友達が一人、同じことをしたいと言って僕の「オフィス」に現れた。そして、一人また一人と、いつのまにか僕には、英国の園芸用品店に押しかける、三十歳前後の魅力的な中流階級のご婦人がたの一大営業部隊ができていたんだ。

あいにく、押し売りはまったくの不発に終わった。

成功しなかったのは、「美女軍団」のせいじゃなかった。ただ園芸用品店がこのおかしな格好の代物を買おうとしなかったからなんだ。ご婦人たちが実演用のボールバローを持って現れると、みんな頭から冗談だと思った。そこで、がっかりした彼女たちはあきらめたというわけ。

なぜ冗談と思われたのかはいまでもよくわからない。でも、よくよく考えてみると、ボールバローがなぜ最初は人気がなかったのか、理由はいくつか思い当たる。たとえば、色だ。手押し車本体は緑色、ボールはオレンジ色だった。なぜそうしたかと言うと、(a) 鮮やかなオレンジ色のボールは建設現場でより目立つため、JCB（前方にショベル、後方に掘削機のついた建設機械）にひかれて壊される恐れが少なくなる。(b) 消費者への主なセールスポイントはボールなので、店頭で目立つことがきわめて重要だから。そして (c) だが、これはちょっとバカげた話だ。

ボールのデザイン認証を得ようと、僕が初めて英国デザイン・カウンシルに認証のマークである三角シールを申請したとき、色が庭に合わない、緑に変えるべきだ、という理由で申請が却下されてしまった。唖然としたね。この連中はデザイナーじゃない、たまたまデザインを評価することになった、ただの公務員じゃないかって。その瞬間、僕はただ彼らに嫌がらせをしたい一心で、ボールを思いっきりけばけばしいオレンジ色にしようと決めたんだ。

大人でしょ？

ところが、小売店をしり込みさせたのは、色だけじゃなかった。建設業界向けにはもう少し大型の手押し車を製造していたんだけど（ボールの直径は一般の二五〇ミリに対し三五〇ミリ）、これが業界から一斉攻撃を浴びたんだ。俺たちは手押し車を一日中使っている、しかも何年もだ。そこにのこのこ現れ、こんなに長年使っている道具を役立たずと言うなんて、一体お前は何様のつもりなんだ、一体何を知っているというんだ、ってね。

何を、とは恐れ入った。業界人のほうが一般消費者よりよほどガードが堅くて、抵抗も強いんだ。それは心理学的に興味深い教訓だった。なぜなら、建設業者は僕が前に話した多くの長所も、園芸愛好者に評判がいいことも、まるで認めようとしないのだから。

そんなわけで、僕らは建設業界のことは一切忘れ――これは残念だった。もし進めていれば、何かが変わっていたかもしれないのに――、中流階級のご婦人たちもあきらめた。やけくそになった僕は新聞に注目した。ボールバローの小さなイラストを描き、育毛剤や失禁漏れを防ぐズボンの広告に交じって、「カーク＝ダイソン・デザインズのボールバロー、十九・九五ポンド」という電話販売の広告を出した。

BALLBARROW
is here...
Tough, rust-proof non-stick barrow riding on a unique E.V.A. ball. Rides easily over ruts and broken ground. Leaves no marks on lawns — even fully laden. Massive grassbox extension available.
WATEROLLA- rust-proof garden roller. You decide the weight (from 10 to 210 lbs) Maintenance free.
Send for brochure & prices: Dept. 4
Kirk-Dyson Designs Ltd.,
Badminton, Avon tel 045-421 425

そしたら、小切手がどんどん入り始めた。

これには驚いたね。貧弱なイラスト入りの小さな新聞広告を出しただけで、現物をじかに見ることのできた建設業者や小売業者から門前払いされたものが、名前も知らない会社に二十ポンドの小切手を送ってくる一般市民に買われているんだから。

もう夢みたいだった。『サンデー・タイムズ』や『サンデー・テレグラフ』の広告でいい客層を獲得しつつあったので、一日の製造・郵送台数は最高三十台に達し、事業は次第に利益を出し始めた。ここから事態は雪だるま式に急展開した。いや、むしろボールバロー式かな。

広告を見た『サンデー・タイムズ』のグラハム・ローズという園芸欄担当記者から、実物を見せてほしいという電話がかかってきたんだ。自宅はそう遠くないアフィントンにあるというので、僕はボールバローを車で運んでいった。彼はそれを見て、気に入った。

まもなくビジネス欄裏面の「プルーフロック」欄に「見事な球体で大成功」という見出しの記事が載った。そこには、自宅の裏に山と積まれたがらくたの上にベルボトム姿で立っている長髪の僕の写真が、かなり理想化された紹介文とともに掲載されていた。

有望な発明をいつも真っ先に見抜くのは、意外なことに、本質的には営利志向の人種でないジャーナリストらしい。それはまた、一般消費者を説得するまさに最高の方法でもある。一つの好意的な記事は千もの広告の価値があるんだ。世間の人は、自分の代わりに何かを試してくれた誰かのほうがよほど信じられるらしい。しかも、それをしているのはジャーナリストだと思い込んでいる。以来、そしてデュアルサイクロンを発売するため悪戦苦闘していた間もずっと、僕は新聞や雑誌の記事を広報活動の基本にしてきた。

「チェルシー・フラワー・ショー」に出展したことで、ボールバローへの関心はさらに高まり、『ホームズ&ガーデンズ』などの雑誌に記事が相次いで掲載された。そうして一般的な人気が高まったところへ、スコットという男が現れた。

ボブ・スコット、正確にはスコットケードは、タワー・ポッツ・アンド・パンズで働きながら、焦げ付き防止加工を施した鍋やコードレス・アイロン、やかんを世に出した男である。彼はアメリカ人で、ベトナム戦争真っ只中の六〇年代にヨーロッパへ渡り、新聞の全面広告で商品を記事風の短い説明文と目立つ写真で紹介するダイレクト・マーケティング事業を始めた。

彼もまたボールバローを気に入り、自社広告に掲載すると言ってくれた。ただ、その目的は数を売ることでなく、本人いわく「自社の旅行用時計ではなかなか開拓できないより良い客層、中流階級の園芸愛好家を引きつける」ことだった。

スコットにはもう一つ巧みな商法があった。顧客リストを活用したカタログ通販事業だ。カタログ通販は新聞紙面を買い取る必要がないため、毎回膨大な利益を上げた。それは僕らの基準からすれば巨大事業だったので、注文がどんどん入り始めた。でもスコットが購買者の住所ラベルを送ってくれたため、僕らはただ梱包した手押し車にラベルをペタッと貼って発送し、請求書を彼に送るだけでよかった。実際は受注生産だったので、どちらも在庫を抱える必要がなく、余分な諸経費をかけずにすんだ。

三月までに、僕らは五〇%の市場シェアを獲得し、年間四万五千台のボールバローを売り、年間総売上高は約六十万ポンドに達した。僕らはもう一つ別の新製品まで発売し、やはり五〇%の市場シェアを達成していた。ちょっと脱線するけど、その話は十分する価値があると思う。

ボールバローと同時期にデザインされ、特許を取った「ウォータローラ」(姉妹品と言ってもいい)の話は、とても面白いんだ。というのは、一つの商売の原則を異様な形で示しているから。ウォータローラは、製品を良く作りすぎた完璧な例として、デザイン史にその名を残すだろう。もしも残るとすればね。

ウォータローラは庭用ローラーだけど、通常のコンクリートを詰めた大きな金属製の円筒形胴体の代わりに、中が空洞の大きなプラスチック製の円筒形胴体を持っていた。これだとボルボの後部座席に放り投げて家に持ち帰ることができた。芝生を地ならしするときに中に水を詰め、重くする。つまり、どこかへ運搬するときは水を抜き、地ならししたい場所で水を詰めればいいんだ。旧式のローラーだと、どうしても一生同じ庭を地ならしするしかないでしょ。

それは素晴らしかった。一時は市場シェアが九〇％に達したと思われる時期すらあった（世界最小の市場だけどね。だって、庭用ローラーを買う人はそんなにいないもの）。やがて、売り上げはストンと激減。それもあっけなく。終わった。もう売れない。一巻の終わり。

なぜかって？　そうねえ、市場は小さいけど、昔は一つほしいという人は誰でも自分で買っていたんだ。親のところへちょっと行って、半トンもの鉄とコンクリートの固まりを借りて来るなんてとうてい無理な話だからね。あいにくウォータローラは借りるのにもってこいだった。人なんてケチだから、近所の誰かがウォータローラを持っていたら、みんなそれを借りるだけで、誰も買おうとしなかったんだ。

最大の、しかも唯一のセールスポイントが結局それを売れなくしたんだ。要するに、僕らは庭用ローラー市場に参入し、撤退し、前進を続けた。それだけのこと。

さて、ボールバローがメディアで盛んに取り上げられると、ついに小売店での需要が高まってきた。新たな販売方法に移行するときがきて、取締役会は卸売業者や小売業者を担当するセールスマネージャーを雇うことを決めた。

そのセールスマネージャーはジョン・ブラナンといった。紳士用小物業界の出身で、この業界での経験は乏しかった。が、最低なのは、とんでもない卑劣漢だったことだ。

僕はその言葉を軽々しく使っているわけじゃない。ブラナンの最悪な点はこれからでてくるけど、彼のアドバイスに従って直販をやめ、卸経由で小売店に売ったため、僕らは成功の基盤である消費者との接点を失い始めた。ボールバローもデュアルサイクロンと同じなんだ。口コミで顧客基盤を確立してこそ、製品は長い寿命と完全性を保つんだ。一種の「賢者は岩盤に家を建てる」原則みたいなもの。そして、そのつかみどころのない消費者の心を見失ったこととはまったく別に、卸売業者にマージンを払うことになり、利益は半減。会社の資金繰りは悪化し、いつのまにか借金がふくらんでいった。

取締役会の反応？　業務拡大ですよ。

「ほう、ずいぶん順調じゃないか。きちんとした工場を持って、手押し車を射出成形しよう」というわけ。ところで、僕は射出成形には基本的に賛成だった。回転成形より安いコストで、より良い品質の製品ができ、生産量も増やすことができたからだ。ただ、製法を転換するには五万五千ポンドの費用がかかった。

何も言えないでしょ。新しい設備の経費とコーシャムに借りた新工場の負債は大変な重荷だったけど、取締役会もそれなりに野心と自信があってのことだろうと思ったし、僕だって期待に胸をふくらませていたんだから。

問題は、それをすべて借金でまかなったことだ。ヒース首相、ウィルソン首相と続いた政権で金利が急上昇したのに、僕らはすでに十五万ポンドの債務を抱えていた。新たな投資者が必要だった。僕らの株主としての影響力が弱まるのは必至だった。

ジョージ・ジャクソンはサイレンセスターの不動産開発業者で、僕らが自社株の三分の一を約十万ポンドで売却した相手だ。僕はこれで、ジャクソンや義兄と同様、カーク＝ダイソンの株を三分の一しか保有しない小株主になった。そのうえ、自社製品の発明者であり現場に関わる唯一の人間、そして取締役会で唯一の産業人でありながら、ますます発言権を失っていった。

精神的な支えがほしかった僕は、父の旧友であるロバート・ベルダムに取締役会に加わってもらった。英国産業連盟の中小企業部局長だった彼の存在は、口にこそのぼらなかったが、取締役会にちょっとした波紋をもたらした。でも、僕は少し気が楽になった。

七六、七年を通じてボールバローは小売店や園芸用品店の人気商品になった。手押し車の統計数字はないけれど、僕らはたちまち七〇％ぐらいの市場を押さえた。通常のブリキ製手押し車の三倍もする二十五ポンドで売ってそれだから、上々だよね。ただ、輸出は考えていなかった。かさばるから運送費が高くついて、低価格品としては割に合わなかったんだ。たとえばフランスやオーストラリアで国内生産された手押し車と比べると、価格は十倍以上になったはずだから。

さて、目先の問題。従業員三十人余りの会社はそこそこ健全だったものの、これだけの借金を抱えながら事業を続けるのはとうてい無理な話だった。金利二五％、借金十五〜二十万ポンドだよ。年に五万ポンドもの利息を返済しなきゃならないんだから、元金の完済なんて夢のまた夢。カーク＝ダイソンはそんな返済にはとても耐えられなかった。

必要なのは、大金を注入すること。それも早急に。輸出はあてにならなかったので、できることは一つしかなかった。海外にライセンスを売るんだ。最大かつ参入しやすい市場は、もちろん、米国。

第5章

ボールをめぐる裏切りと挫折と嫉妬と

アメリカ——自由の国◇汚い奴にだまされる◇裏切り者との関わり◇侮辱的に会社を追放され、創造力への嫉妬を学ぶ◇会社は売却、僕は逃げ出せてよかった

そうそう。米国は英国と違ってバッファローがのし歩き、威勢のいい言葉が飛び交い、空もカラッと晴れてるんだ。

まあ、威勢のいい言葉ってのは本当だけど、これは必ずしもいいことばかりじゃない。実際、ときには威勢のよすぎる言葉が問題になることもある。ボールバローのときがそうだったし、デュアルサイクロンのときもそうだった。問題はずいぶん違っていたけどね。

この本で僕が言いたいことの一つは「コントロール」についてだ。もし自分が思いついて、デザインした製品なら、詳しい知識もあるから売ることも改良することもわけはない。だからこそ、他人に製品の良さをわからせ、開発に全力を注がせることもできるし、製品を本来あるべき最上の姿にするまで粘り強くがんばることもできる。完全に成就するまで、と言ってもいい。ここまでで言いたかったのは、そういうこ

となんだ。

これはカーク＝ダイソンでは起こらなかった。自分自身の手で何かをしたいという夢があった僕は、徐々に他人を巻き込み、ときに傷つけられ、結局は取締役会とのあつれきを生み、自分の発言権や影響力を弱めていった。

そこまでは話したよね。残念ながら、この過程は最後の最後まで、最終的にプロジェクトが損失をこうむるまで続くことになる。

七七年十月、いよいよ米国でライセンスを売れるかどうかを試すときがきた。この、どんなコンシューマ・プロダクトの将来にとっても大きな意味を持つ瞬間がやってきたとき（どんなポップグループ、小説家、俳優、映画監督にとっても、米国で「成功する」ことは大きな意味を持つ）、僕は忙しすぎて自分で売り込みには行けなかった。

最初は、自分の自慢の種を最後まで育てたいという思いから、すべて自分で仕切ろうとした。だって、誕生からワクチン接種、幼稚園、義務教育まで見てきたんだから、大学進学だけを他人に任せることはないよね。そこで3M、プラスコー、グラスコ・プラスチックスなどに話をしてみると、各社ともボールバローに強い興味を示したので、訪問する価値のありそうな企業五社を最終的に絞り込んだ。

ただ、実際の企業訪問はセールスマネージャーのジョン・ブラナンに任すしかなかった。ところが、五社を徹底調査するため十一月に米国へ送り出された彼は、二社訪問しただけで数日後には戻ってきてしまった。

「グラスコ社で決まりですよ。あそこは完璧です。しかも驚いたことに、私に働かないかと言うんです」

「ほかの三社はどうしたの？」僕は聞かずにはいられなかった。

「ええ、素晴らしい申し出があったんで、もう続ける必要はないと思ったんです」

取締役会はこのブラナンの背信行為にショックを受けて少し動揺した。でも、僕はそうでもなかった。彼のことをずっとうさんくさく思っていたから。このとんでもない裏切り行為で一つだけ驚いたのは、彼がリストアップしたほかの三社に行かなかったことだ。ひょっとしてもっといい申し出があったかもしれないのに。

そこで、結局僕が行かざるを得なくなった。全社をよく調べてみると、シカゴのプラスチックメーカー、グラスコ社は全然合わないことがわかったので、ニューヨークのプラスコー社に的を絞ってライセンス契約の交渉を始めた。

一方のブラナンは、表向きは英国企業に転職したと言いながら、実際にはボールバローを数台買ってシカゴの新しい雇用主のところに持ち込み、コピーを作り始めていたんだ。僕らは特許と商標を保有していたから、こんなことが起こりうるとは思いもしなかった。たとえその動きを事前に知っていたとしても、ね。

ところが、僕がそれを初めて聞いたのは、プラスコーとの交渉の最中だった。ボールバローがすでにシアーズで売られているというんだ。

何だって？

グラスコは「ボールバローあります」という僕らの宣伝文句を盗み、色も緑の本体に赤いボールとそっくり同じだった。ロゴも盗んだし、カーク＝ダイソン・ボールバローという名前まで使用していた。プラスコーを出し抜くために、急ごしらえで売り出したんだ。

だけど、なんでパンフレットまで僕らと同じなんだよ！

一つだけ違っていたのは、製品を押している女性の写真がディアドリーでなかったこと。しかもブラナンまで写っているじゃないか！

このとき、一つだけ救われたのは、プラスコーの社長スタンリー・ロスが人格者だったことだ。ブラナンの盗作が明るみに出たからには、プラスコーは当然、ライセンス契約の条件を再交渉してくるはずだ。普通はそう思うよね。ところが彼は絶対にそんなことはしなかった。これほどの窮地のさなかに真の人格者に出会えたことは、僕にとって大きな心の支えとなった。

僕はこの時点ですでにかなり落ち込んでいた。しかし、そんな仕事上のショックも、プラスコーとの交渉の終盤で起きた、悲しくも予測できた出来事によって彼方にかすんでしまった。六カ月間、末期の肝臓ガンで闘病生活を送っていた母が死んだんだ。父も二十年前に同じ病で倒れているので、運命のむごい巡り合わせを感じた。わずか五十代半ばで子どもや孫たちの成長を見ることもできなくなるなんて、残酷すぎる。母が闘病中、ディアドリーのお腹にはサムがいた。死の直前に生まれた孫を抱きしめていた母の姿を僕はいまでも忘れられない。

たった一人の親を失った精神的打撃は、何よりも大きく重かった。僕のそんな気持ちをよくわかっていたプラスコーの顧問法律事務所は、ニューヨークにあるガンのチャリティ団体に母を偲んで献金してくれたんだ。感動したよ。

だが、ビジネスは進めなきゃならない。当然ながら、カーク＝ダイソンの取締役会はグラスコを提訴すると息巻いていた。僕は訴訟にあまり乗り気じゃなかったけど、最初は彼らの意向に応じ、カール・ゴールドスタインというニューヨークのやり手弁護士を自力で見つけた。ウォール街の高層ビル四十八階に事務所を構える彼は、電話が鳴るたびに料金を請求するための砂時計をひっくり返していた。それだけでも、ウォール街の弁護士を雇うのは実に面白い経験だった。彼は訴訟を快く引き受けてくれた。

僕は取締役会で裁判に持ち込むことには強く反対してきた。米国でもめ事を起こすことだけは避けたかったからだ。会社は見ての通り借金漬けなのに、裁判になれば金も時間もかかるし、おそらくむなしい結果に終わる。特許訴訟で早期に勝訴する例はほとんどないからだ。

まずは米国の弁護士を通じてグラスコを告訴し、僕らが本気であることを彼らにわからせるべきだ。そして英国でのビジネスに立ち返って体力をつけてから、米国でより低価格の製品を生産し、グラスコの市場を奪うべきだ。そう話したんだ。僕はこの戦術がうまくいくと確信していた。だって、繰り返すけど、製品を成功させることができるのは、それと最も緊密な関係にある人間だけだと信じていたからね。

僕は話に熱が入ってきた。訴訟の回避で浮いた金は米国での生産に充てられる。とくに、ブラナンが事業を軌道に乗せるまでうまく泳がせ、競合すべきじゃない。でも、彼に市場を開拓させ、チャンスを見てそれを利用することで、うまくいけば裏切り者を懲らしめられるじゃないか、と。

しかし、取締役会は微動だにしなかった。「いや、いや、いや。こちらから現地に乗り込んで思い知らせるべきだ。やられてたまるかって、ね」

彼らは間違っていた。僕は注意したんだよ。もともとない金を無駄にするなって（そもそも米国に進出したのは、借金から抜け出すためだったんだから）。いわばチャンスから目を離してしまい、できもしないことをする人の常で、かえって仕事に支障をきたすだろうって。

彼らは耳を貸さなかった。そしてめでたく裁判に踏み切った。僕は翌年、細かい法律業務で無駄に時間をつぶしながら英国と米国の間を行ったり来たりして過ごした。しかも、それは何の役にも立たなかった。

僕らは、グラスコがボールバローという名称を無断使用したことに対する訴訟ですら、敗訴した。これは勝訴する公算が最も大きかったのに、裁判長は、「ボールバロー」とは記述的な単語にすぎないから僕らの商標は有効でないとの判決を下したんだ。「車輪の代わりにボールの付いた手押し車を示す言葉にすぎない」と言うんだ。僕はあいた口がふさがらなかった。ボールを付けた手押し車なんてものは、僕が発明し、命名するまでなかったのに、おかしなことを言うもんだ。

「路上で人にボールバローとは何かと聞けば、ボールの付いた手押し車だと言うはずだ」と裁判長は言った。これはとくに辛かったね。

だって、僕は何年もの間、「ボールバローを発明した」と人に話すたびに、「何、それ？」と聞き返されてきたんだから。

七八年末までに、僕らは八方ふさがりになった。シカゴで裁判を争うのにニューヨークの弁護士を雇ったため、両都市間の反目にわざわざ身をさらす羽目にも陥った。「地元人」を使うことの重要性を痛切に感じた僕は、約十年後に人生最大の訴訟を再び米国で闘うことになったとき、二度と同じ間違いを犯さなかった。

コスト削減のため、本国ではいまやボールバローのフレームは、曲げから切断、エポキシ樹脂粉末の塗装まで全工程を自社工場で行っていた。ビジネスは安定し、絶好調とはいえないまでも、まったく順調だった。

僕らは別の新製品「トロリーボール」も発売した。これはボート運搬用の台車で、重いボートをいままでよりずっと楽に岸辺を移動させるため、車輪の代わりに空気ボールを使った。従来のまくら木とカーペットを使うやり方だと、ボートごとに違う台車が必要だったが、こちらはフレームにボートを吊すための網状の安全ベルトが付いているので、どんなボートも好きなように運ぶことができた。

ボールは水に浮くから、運ぶときはただボートを安全ベルトの上に浮かせ、水から引き上げればいい。一方、旧式タイプのものは台車がぬかるみに沈んでしまうため、位置取りを誤って結局まくら木を船体から外してしまうのがオチだった。

僕は昔、夜になるとよく、M4高速道路に近いダチェット貯水池に出かけた。そこには何百艘ものディンギー（レジャー用小型ボート）が置かれていたから、いろいろなタイプのボートを自分の台車で水上から草むらまで引っ張り上げ、どんなタイプの船体にも合うかどうか確かめていたんだ。そうやってモノを作ってはテストをして過ごしたつかの間の時間は、会社の資金難から気を紛らわせるいい息抜きになった。トロリーボールの評判も上々で、かなりのキャッシュフローを会社にもたらしてくれた。

でも、まだ借金の重さに耐えられるほどは順調でなかったし、米国へのライセンス供与で事態の改善を図ることもできなかったので、赤字から抜け出す必要はまだ依然としてあった。

借金は、零細企業にとっては恐ろしいものだ。というのも、せっぱ詰まった人を異常な心理状態に追いやり、ますます資金の使いすぎに走らせてしまうからね。人は無一文で借金を負っていると、もし資金があればこれもあれもできるのにと、ありとあらゆる計画を思いつき、実現しようとして、結果的にさらに借金を重ねてしまうんだ。

一方、金のある人は、金儲けの方法を必死になって考える必要はほとんどないから、より慎重になりやすい。実行できそうにない無謀な計画を思いつくこともなく、そのまま人生を続ければいい。だから、負債がなきゃ金利の負担から解放されるばかりか、気持ちにゆとりが生まれて物事を明断に考えられるようになる。サプライヤーや顧客ともっと効果的に交渉できるようになる。だって、金に困って必死に取引をまとめたがっているようには見えないからね。

会社を借金から抜け出させるには、カーク＝ダイソンの株主である僕ら三人が負債を株式に換えるしかなかった。僕はそう思っていたけど、ほかの二人は違ったため、僕らはますます言い争うようになった。

取締役会に緊張をもたらした原因はほかにもあった。二人は、僕がロバート・ベルダムを取締役会に加わらせたことに憤慨していて、とくに負債の株式転換などの問題で、彼がいつも僕に肩入れするので不安を感じていたんだ。

この緊張は高まる一方で、ついに七九年一月のある寒い朝、僕はサイレンセスターにあるジャクソンの自宅で開かれた緊急取締役会に呼びだされた。家の前でシトロエンから降りると、カークウッドの車が目に入った。おそらくジャクソンと一緒にもう奥の部屋にいるのだろう。僕が家に向かって歩いていると、弁護士のアンドルー・フィリップスが中から出てきた。

「よう相棒。君は解任されたよ」と彼は言った。

そして、僕はそうなった。

確かにいろいろあったけど、これはまったく意外だった。でも、なぜそうなったのかは、過去の経験から理解できないこともなかった。ロトルクでは、ジェレミー・フライは発明者であると同時に、会社のオーナーで筆頭株主、会長でもあった。一部の取締役はこの絶対的な権力の集中を不愉快に思っていたようだが、所詮彼らは雇われた人間にすぎなかった。当時の僕は、こんなにカリスマ性のある素晴らしい男になぜ反感を持つのかわからなくて、ずいぶん面食らったものだ。僕自身はそう感じていなかった。僕もいつかは自分の手で何かを創るんだ、といつも思っていたからね。だから、そんなことがよもや自分の身に起ころうとは夢にも思っていなかったんだ。

だけど、起こった。僕ら三人は、名目上は各自三三%ずつ株を所有する対等の株主だった。ところが、メディアの取材でも、デザイン展や業界のパーティでも、ボールバローのことになるとみんな決まって僕の話を聞きたがった。

ボールバローといえば、この僕だったんだ。製品を一番理解していたのも、この僕だった。それは僕の一部だったんだ。とはいえ、ほかの二人だって、当然のごとく、自分たちにも僕と同じくらい製品について発言権があると思っていた。これが一種の嫉妬を生んだ。

創造力に対する嫉妬もあったのかもしれない。会計士や重役、経理屋は創造的な人間をしばしば妬む。自分で何かを創ることがないからだ。そして、いつだってすぐ創造的な人間の足を引っ張り、何にでも批判的、否定的になり、自らの重要性をことさら強調したいがために、創造的な人間はビジネスを知らないとか言いたがるんだ。

クリエイティブでないって、ずいぶん怖いことなんだね。

僕が去った後に起きたことは、もっと興味深い。彼らは早速ボールバローの製造権を他社に売却した。おそらく負債の返済に充てたのだろう。工場と金型は手元に残し、下請の仕事をしたり、自社の新製品を作ったりしていたが、それもすぐ売り渡してしまった。

僕がボールバローの売却話に同意するはずがないことはわかっていたから、邪魔になって追い出したんだ。ボールバロー事業は彼らにとって何の価値もなかったから、僕の権利を強奪したって失うものはほとんどなかったんだ。しかも、思い出すと泣けてくるけど、まったくの世間知らずだった僕は、自分の特許権を会社に譲渡してしまっていた。あんなに何年も苦労して生み出した発明なのに、僕自身は何の権利も持っていなかったんだ。それは二度と繰り返してはいけない過ちだった。

ところで、これは金銭うんぬんの問題じゃない。僕と家族が突然一万ポンドの年収を奪われたことに何の関係もないんだ。まるで友達や家族から金をだまし取られたような気持ちになったこととも関係ない。失ったものはそれよりはるかに大きかった。自分の発明（会社じゃない。会社なんか全然問題じゃない）を失うことは、手足を失うようなものだった。いや、もっとひどかった。まるで、生まれてきた子どもを失ったみたいに、僕は完全に打ちのめされた。

そのとき、親友のペニーとスティーブン・ロス夫婦は落胆している僕とディアドリーの面倒を見てくれた。僕は、あの取締役たちに怒りを感じてはいなかった。将来またほかの発明をすることはわかっていたしね。ジャクソン邸の車寄せですまなそうに謝るアンドルー・フィリップス弁護士に「ねえ、僕に去ってほしいなら、去るよ」とまで言ったほどなんだから。

姉との関係が悪化したことは悲しかったね。姉夫婦からは法的な理由で僕と話ができないと言われた。でも、闘う気すらなかった。当時の僕は訴訟を毛嫌いしていたから、もう彼らとは没交渉でいたかったんだ。姉や義兄とは十年間も口を利かなかったけど、昔からよく言われるように、やっぱり身内と仕事してはいけないってことなんだろうね。

ビジネス的に見れば、僕はその仕事から逃れられてよかったと思う。ロトルクでの仕事に最後には飽きてしまい、ちょっとばかり羽根を伸ばしたくなった僕は、自分で何かを作れることを証明するためこのプロジェクトに参加した。僕がしてきたこと、そして僕の発明は、儲かりはしなかったとしても、営業的には大成功だったのだから。

こうして、僕はロトルクを去ったときと同じ立場に戻った。独りぼっちだけど少し賢くなった。ボールバローに専念するためにシー・トラックの仕事をやめたときと同じように、カーク＝ダイソンを去るにあたって、僕は将来のためにちょっとしたものを持ち出していた。

Book3
Beware the cyclone

第3部 サイクロンにご用心

第6章

「奇跡なんかじゃない。ただ自然とそうなった」

歴史をさかのぼる旅◇ヒューバート・C・ブースとヴィクトリア朝時代◇王様にふさわしい掃除機◇ほうきの柄に吊した袋◇アメリカン・ドリーム◇栄光にあぐらをかくフーバーとエレクトロラックス◇長い長い間、何も起こらない◇「現代」の掃除機の欠陥◇製材所での夜◇ボールバロー工場でいかに吸引の問題を解決し、啓示を得たか◇シリアルの箱◇セロテープ◇世界初、紙パックの要らない掃除機

いよいよメインイベントが近づいてきました。でもその前に、ちょっと歴史をさかのぼる旅をしない?

ときはヴィクトリア朝最後の一九〇一年、場所はロンドンのヴィクトリアストリートにあるヒューバート・セシル・ブースという技師の事務所。彼は当時のロンドン、パリ、ウィーンで流行した移動遊園地や大博覧会で人気を集めた大観覧車をデザインしたことで有名な人物だ。

部屋の隅では、立派なほおひげを生やした小柄なブース氏がカーペットの上に膝をついている。ハンカチをポケットから取り出して床に置いて唇を強く押しつけ、力いっぱい吸っているようだ。まさか、自分の口だけでカーペットを持ち上げようとでも思っているのか?!

しばらくすると立ち上がり、床からハンカチを拾って明るいほうにかざしている。明らかに何かを調べているようだ。やがて、人の良さそ

うな顔に笑みを浮かべ、つぶやく。

「ほほう、思った通りだ」

もしブース氏のそばに近づけば（大丈夫、気づかれないよ。だって、僕らはディケンズの『クリスマス・キャロル』に登場するスクルージのように、こちらからは見えるが相手には見えないクリスマスの幽霊と同じなんだから）、ハンカチには、彼が吸い上げたカーペットのホコリがびっしりと付着していることに気づくはずだ。さて、一体何がそんなにうれしいのだろうか。

数日前、彼は友人に誘われ、鉄道の客車の座席カバーからホコリを取り去る米国製新装置の実演を見るため、レスタースクエアにあるエンパイア・ミュージック・ホール——セントパンクラス・ホテルまたはセントパンクラス駅という説もある——へ行った。公開された掃除法はどうせ圧縮空気でホコリを吹き飛ばすものだったから、ホコリはいったん空中に広がって消えるものの、やがてまた元の座席に舞い降りるのだった。

ヒューバート・セシル・ブースはちっとも感動しなかった。

「吸引力を利用したほうが効果的じゃありませんか？」と機械を誇らしげに説明している男に質問した。

「いや、そんなことはありません。それに、そんなの不可能ですよ」。激高した男は、捨てぜりふを残すと、怒った足取りでさっさと立ち去った。

しかしブースは納得がいかなかった。それで、たったいま目撃した実験へと相成ったわけだ。多くの歴史家による公式の説では、そのハンカチ・テストは最初、事務所に近いレストランの座席で行われたようだ。でも、僕らはカーペットで何が行われたかをたったいま目撃したばかりだから、どっちの説を信じるべきかわかってるよね？

テストの結果に満足したブースは、モーターと垂直ピストン式ポンプと布を買ってきた。一九〇二年二月にはブリティッシュ・バキューム・クリーナー・カンパニーを設立し（のちにゴブリンに名称を変更)、馬に引かせた五馬力のエンジンを路上で動かしながら、住宅に長いホースを引いてゴミを吸い込む清掃サービスを全国で提供し始めた。

その機械はたちまち成功を収めた。カーペットがきれいになる様子を見せようと、上流階級のご婦人たちが競ってパーティを開いたんだ。ブースはホースを透明にしてゴミが機械内部に吸い込まれる様子を見せることまでした。

この段階では、ブースは清掃サービスの提供だけで、掃除機を売ることまでは考えていなかった。ところが、掃除機伝説の系譜には、彼をちょっと驚かせる事件がまだ用意されていたんだ。国王エドワード七世の戴冠式の準備が進められていたウェストミンスター寺院では、式の当日ギリギリになって王座を置く青いカーペットの汚れがひどいことに気がついた。二十世紀に入ったばかりの当時、カーペットをきれいにするには業者に送り、手間をかけて掃除してもらうしか方法がなかった。だが、もうそんな時間はなかったし、誰もどうしていいかわからなかった(なんか、すべて信じがたい気がしない? でも、それが言い伝えなんだ)。

この窮状を聞きつけた——一体どうやって?——ブースは、自ら助けを買って出た。カーペットは掃除機で掃除され、何もかもきれいになり、新国王はめでたく王位についた。

何が起きたのか噂を耳にした国王は(これもありそうにないよね。ヴィクトリア朝時代の厳格な躾を受けた廷臣が、王のそばに近づき、カーペットをあんなにきれいにした掃除機のことをお知りになりたいですかなんて、耳打ちするはずないじゃない)、宮殿での実演を所望、いや命令した。機械がバッキンガム宮殿に運び込まれ、国王とアレクサンドラ王妃は実演を満足げに見つめた。それどころか、大変感動した二人はバッキンガム宮殿用に一台、ウィンザー城用に一台と計二台の掃除機を注文し、世界で初めて掃除機を買った。

一九〇四年、ブースの会社はより持ち運びしやすい家庭用掃除機の生産を始めた。台車の上にモーター、ポンプ、ゴミ収集容器を取り付けたもので、召使いが電気のコンセントにプラグを差し込んで使うようになっていた。しかし、重量はまだゆうに四十キロもあった。僕の御眼鏡にかなった通り、ブースは自分の特許、すなわち布製ゴミ収集袋と自らの製品こそ世界初の掃除機だとする主張を守るために、精力的に動いた。

もっとも、掃除機が実際に大成功するのは、やはり米国をおいてほかになかった。そんなわけで、自動車が馬車に取って代わろうとしていた一九〇八年、皮革・鞍事業の多角化をめざしていたフーバーという会社が、ジェームズ・マレー・スパングラーなる人物の発明したカーペット掃除機の権利を買い取った。それがいま知られている掃除機(あるいは、ともかく九三年まで知られていた)の真の元祖である。

スパングラーは、二十世紀初頭、オハイオ州にあったニューバーリンの百貨店で働く喘息持ちの掃除夫だった。ほうきで舞い上がるホコリが自分の健康を害していることを知った彼は、その対策として、車輪二個の台車の上に据え付けた垂直シャフトのモーターで扇風機を回してホコリを吸い込み、妻からせしめたゴミ袋代わりの枕カバー——台車のうしろにほうきの柄を差し込み、そこに吊した——に吹きつける、木とブリキ製の機械を作った。ただし、並の掃除夫よりははるかに頭が良かったかもしれないが、自分で商品を売り出すほどの才覚はなかったので、権利を売るよりほかに手はなかった。

W・H・"ボス"・フーバーは、この特許で世界制覇に乗り出し、まさに制覇した。というのも、一九〇八年十二月に一台七十ドルで発売された同社の"O"吸引掃除機は、扇風機に次いでモーターを使用した史上二番目の機械だったからだ。当時、電気推進派は、照明も暖房も調理もガスのほうがいいと主張する石炭ガス圧力団体にまだ後れを取っていたんだ。それがやがて電気製品ブームを引き起こし、第一次世界大戦後のエネルギー革命をもたらすことになるんだけどね。

しかし、掃除機に関する限り、革命は終わった。確かにエレクトロラックスが一九一三年にホース付きのシリンダー型掃除機を売り出し、三六年発売のフーバー・ジュニアでは回転ブラシが導入されたけど、基本的には扇風機と棒の付いた枕カバーという構造にずっと変わりはなかったんだ。それだけのことさ。少なくとも、フーバー、エレクトロラックスとそのお仲間に関する限りは。

歴史についてはこれくらいで十分でしょ。では、前章の終わり近くの七八年に話を戻そうかな。僕はまだカーク＝ダイソンにいたけど、商売のネタである園芸関連製品にもううんざりしていた。

僕らは少しでもボールバロー工場と楽しい都会バースの近くにいようと、バースフォードにあるシカモアハウスという名の、いかにもジェーン・オースティンの小説に出てきそうなジョージ朝風の砂岩の建物に引っ越していた。その年にサムが生まれ、子どもが三人になっていたので、新居はかつてなくにぎやかだった。ところが僕は、家の購入費を読み違えて予定より一万二千ポンドも多く借金する羽目になったあげく、配管や配線の修理が必要な建物を選んでしまった。でも、プロの業者を雇えなくなったのは自分の計算ミスのせいだから、暇を見つけては自分で修理していた。こうした男らしい仕事で、家事の分担を逃れようとしたわけじゃないよ。軽く掃除機をかけることぐらいはしたんだから。

自宅にあった掃除機は中古で買った旧式のフーバー・ジュニアだった。旧式だったのは新品に買い換える金がなかったからだし、中古だったのは最初に買うときでさえ新品にはとても手が出なかったからだ。フーバー社製だったのは、当時これしか中古品がなかったからだ。ジュニアだったのは、あるいは少なくとも縦型だったのは、それが母の使っていたタイプだからだ（遺伝的先入観に近いね）。

この役立たずの機械には、何年もイライラさせられてきた。でも、理由を考える暇なんてなかったんだ。購入直後から、吸引力はあまりなかったんじゃないかな。単にゴミやホコリを家中移動させているようなものだったから、僕はそれを安い掃除機というより高価なほうきに毛の生えた程度にしか思わなくなった。頭を働かせるには、現代の真空技術への投資がまだもうちょっと必要だったんだ。

バースフォードの新居は木の床が多く、カーペットはあまりなかったので、もっと吸引力の強いものが必要だった。そこで、広告で市場最強とうたわれていた大型のシリンダー型掃除機を買った。

買った当初、新品の働きは一部屋か二部屋ぐらいは申し分なかった。でもしばらくすると、やっぱり吸引力が衰えてしまう。ホース付きの掃除機だったので、その口に手を当てれば、吸い込む力の強さはすぐわかったんだ。僕がいわゆる「吸い込む」ことについて考えるようになったのは、実はそのときからだ。

「この役立たずめ」と感じるのは、ディアドリーよりも主に週末に掃除機を使う僕のほうが多いことに気がついた。すでに一週間使われた後で、たいてい紙パックが満杯になっていたからだ。そんなある週末、掃除機は、まるでラブラドール・レトリバーの老犬が歩道に落ちている冷えた糞の臭いをおそるおそるかいでいるみたいに、ぜいぜい音を立てていた。そこで紙パックの替えを戸棚に取りに行ったら、中は空っぽだった。僕って頭がいいからね、すぐ論理的に考えた。で、モーターを包んでいるそのソーセージ形の紙パックを切り開き、腸のように詰まった中身を空け、再び縫い合わせることにしたんだ。

で、驚いたのが、紙パックはちっとも満杯じゃないのに、機械の性能は明らかに落ちていたことだ。それでもとにかく中身を取り除き、テープで元通りに閉じた。ところがまったく驚いたことに、吸引力は僕が応急処置をする前と全然変わらなかった。

翌週月曜に新品の紙パックをいくつか買って試すと、掃除機はまた順調に働いた。中身を空けた紙パックでもう一度試してみた。変わりなかった。この問題がすっかり気になった僕は、新品の紙パックを一つ使って掃除機をかなりの回数かけてみた。そして、たえず中身をチェックしてみると、紙パックの中にはわずかなホコリしかたまっていないのに、性能が急速に低下することがわかった。

こいつの中で一体、何が起きているんだろうか？

雨の降る午後、僕はしばらく掃除機のそばに座り込み、一人でつらつら考えた。なぜ掃除機は、紙パックがある程度しか一杯にならなくても、あるいは完全に空になっても吸い込みが悪く、まったくの新品の紙パックならうまくいくのか。

そこで再利用した紙パック、新品だがある程度一杯になった紙パック、まったく新品の順で、三つの紙パックを開けてみた。すると、唯一の違いは、最初の二つの内部にわずかにホコリがたまっていたことだけだった。

空気を排出するための紙パックの目が実際にはホコリで詰まり、吸引を妨げているのに違いなかった。新しい紙パックを入れてたった数分掃除しただけで、ホースの口に手を当てると吸引力の衰えがわかったのは、もちろんこのためだ。同時に、なぜ旧式のフーバー・ジュニアが実際には一度もきちんと吸引しなかったかもわかった。その機種は使い捨ての紙パックでなく、再利用式のものを使っていたからだ。永久に目詰まりしていたんだ。

僕は怒り狂った。手押し車のときと同じ怒りを掃除機にも感じたんだ。だって、僕らはみな、メーカーのとてつもないペテンの犠牲者だったんだよ！　すぐ目詰まりを起こすようなひどい代物を百年以上も売りつけられてきたんだ。史上最強の掃除機というから大枚をはたいて買ったのに、昔から使っていた古い機種と同じじゃないか。永久に目詰まりしたままで、本質的にはまったく役立たずなんだから。

新技術なんて、すべて販売をあおるための宣伝にすぎなかった。メーカーは自社製品がガラクタだとわかると、さらに値の張る新製品で応じるけど、それもガラクタに変わりないという事実についてはまったく知らんぷりだ。一般大衆が気づく頃には、使ってみるまでガラクタとは思われそうもない新製品をまた発売している。それが果てしなく続くんだ。だから、たまたまヨソ者の僕が吸引という悪夢に悩まされたのは、もっけの幸いだった。

僕らはすでに稼働中のボールバローの新工場に(忘れてないよね。下請業者とのトラブルから購入したあれ)、ちょうど粉末塗装設備を導入したところだった。手押し車のフレームを強化するため、熱すると固まってペンキを塗ったようになるエポキシ樹脂の粉末を一台ずつ吹きつけるんだ。粉末は子どもの水鉄砲みたいなものから吹きつけるが、金属フレームにきちんと付着するよう銃口から出るときに電気で装填される。ベルトコンベヤーに乗ったフレームが銃の前に到着すると、大量の粉末が吹きつけられるため、多くは残骸として残る。これは縦横八フィートの布製フィルターに換気用ダクトと三相モーター付きの大扇風機を取り付けた巨大掃除機で処理される。運転時には超音速ジェット旅客機コンコルド並みの爆音がするけど、ものすごい吸引力で粉末の残骸をフィルターに吸い込んでいくんだ。

問題は、粉末を集めて再利用するため、生産を一時間ごとに止めてフィルターをブラシがけしなきゃならないことだった。実際、フィルターは掃除機の紙パックとまったく同じ反応を示した。一時間運転すると目詰まりして粉末を大量に吸引することができなくなり、集塵されなかった粉末が工場内に舞い散るんだ。

一時間の生産の遅れはロスが大きいし、非効率きわまりないことは誰の目にも明らかだった。そこで塗装設備の納入業者のところへ再び相談に行くと、大手ユーザーはサイクロン(遠心分離型集塵機)を使っていると教えてくれた。「サイクロン? 何、それ?」と僕は言った。

それは吸い込んだ空気を遠心力で回転させ、空気とゴミを分離させる高さ三〇フィートの円錐状の装置だということがわかった。製材所の上にある煙突のようなものだ。実際、僕も目にしたことはあるけど、何のためにあるのか考えたことはなかった。いずれにしても、これはかなり良いアイディアに思えたので、工場に一つ作るといくらかかるのか見積もってもらった。しめて七万五千ポンド也。笑うしかなかった。でも、近くに製材所があったので、自分で作れるかどうか試してみようと思った。ジェレミー・フライならそうしただろう。

翌日の夜、僕は製材所から少し離れたところに車を止め、暗闇に紛れて近づいた。フェンスをよじ登り、僕の未来の巨大な象徴、この先十五年間、僕の人生を支配することになるその姿を間近に観察した。月明かりを頼りに何枚かスケッチしたあと、集塵機の働き、構造、材料を正確に確認するため、煙突に登ってあちこちから眺めてみた。

ただ、煙突の口だけは見ることができなかった。サイクロン内部を下降しているのは明らかだが、どのくらいの長さで、正確にどこまで達しているのかはわからなかった。（これはデュアルサイクロンの重要なポイントで、研究に何カ月も要することになる）。僕は考えられる想像図をいくつかスケッチし、警備員に見つかる前に車のほうへかけ出した。

翌日は日曜（僕は革命が迫っているのに、のらくらしようとは思わない）だったが、僕らは工場で金属薄板を溶接して三十フィートのサイクロンを作り、頂部に穴を開け、バルカンのアイスクリーム・コーンを空高く大胆に突き立てた。僕は上機嫌でダクトの口を覆っていた布をはぎ取り、ベルトコンベヤーのスイッチを押した。

手押し車のフレームであれ何であれ、通り過ぎるものめがけて吹きつけられた粉末は、ぽっかり開いたダクトの口を通ってまっすぐサイクロン上部の壁の周りに達し、逆さまのコーン内部をらせん状に回りながら底部の集塵袋に落ち、一方、空気は空に向かって出ていった。生産は滞りなく進み、終日止まることはなかった。使われなかった粉末を再利用するには、サイクロン底部の袋を取り外し、新しいものと交換するだけでよかった。機械はすっかり改造され、ボールバローの空前の成功へ道が開けた。

そんなときにも、仲間の共同経営者たちは、僕を目詰まりした紙パックみたいに放り出そうと、前代未聞のペテンを画策していたんだからね。まったく。

しかし、僕をボールバローから、そして孤軍奮闘した仕事から永久に立ち去らせる事態は、もうすぐそこに迫っていた。

その日曜日、工場の床に膝まずいてサイクロン用の金属薄片を溶接しながら、そして、あのマイケル・ブラウンはいま何をしているんだろうか、彼の父親はよく小型蒸気エンジン用の小さい踏み板を溶接していたな、などと思いながら、僕はサイクロンについても空想をふくらませていた。

最初は、サイクロンの意味がわからなかった。フィルターがなくてもゴミを分離できるこの奇妙な現象の謎を解こうと頭を絞った。どう考えても、こんなふうに液体や気体を回転させて物質を分離するものは、脱水機やサラダ・スピナーを除いてほかになかった。でも、それは原理がまったく異なるように思えた。

こんなことがちょっと不完全な形で起こることは想像できた。しかし、ここまで高度な形で機能したことは驚きだった。仕切や膜がなくてもゴミを収集するフィルター。

仕切……膜……突然、僕は気づいた。あっ、掃除機の紙パックだ! 僕を自宅で何カ月も憤慨させてきた、あの汚く不愉快な、家から出る排泄物の詰まった小袋だ。

工場にサイクロンを組み立てた頃には、僕はもう興奮状態だった。布フィルターをはぎ取ったとき、これって紙パックを捨てて、もう交換しなくていいことに似ているじゃないか、ふとそう思ったんだ。

サイクロンの最終用途がいかに重要なものになったかを考えると、もしかしたらそれは大発見にあるべき「これだ、これ!」じゃなかったかもしれない。なぜなら、僕にはすでに元となるアイディアが浮かんでいたからだ。でも、ミニチュアサイズの、たとえばペットボトルぐらいのサイズのサイクロンを使ってもうまくいくんじゃないかという考えが浮かんだのは、まさにその瞬間だったんだ。

七八年十月の寒く凍える嵐の夜、僕は車に飛び乗り、紙パックの要らない掃除機のことだけを考えながら家路を急いだ。自宅の台所で、僕は革命家のような意気込みで旧式のフーバー・ジュニアに向かった。紙パックをはぎ取り、機械が順調に動くかどうか確かめるため少し掃除をしてみた。思った通り、ファンが吸い込んだゴミはものすごい勢いで部屋中に飛び散った。

次の仕事は、工場で組み立てていた三十フィートのミニチュア版をボール紙で作ることだ。まずキッチンばさみで全高一フィートの円錐形を作って底の広いほうを覆い、頂部にはきれいな空気を逃がす煙突の役目をする穴をあけ、できるだけ空気を漏らさないよう大量の粘着テープで全体をぐるぐる巻きにした。それから、掃除機の紙パックを外したあとの排気口に短い管を付け、それを掃除機のシャフトに取り付けたサイクロン頂部とつないだ。そして最悪の事態を予想しながら、掃除機のプラグをコンセントに差し込み、スイッチを入れた。

でも、破裂することもなきゃ、ホコリっぽい空気が台所に吹き出すこともなかった。僕はそれを家中引っ張り回してみたけど、まったく問題はなさそうだった。数分後、ボール紙の試作品を外して内部をのぞき込むと、円錐の底にゴミがたまっていた。

僕は家中くまなく掃除して回ってから、縁起をかついでもう一度掃除した。ときどきサイクロンを外して中身を空にし、それがまったくの夢じゃないことを確認しながら。

その瞬間、僕は紙パックの要らない掃除機を持つ世界でただ一人の男になった。

第7章

サイクロンの正体って？

ゴミはどこへ行く◇高速の微粒子より速く◇数学はインチキ◇忍耐、忍耐、ひたすら忍耐

「ねえ、ジェームズ。もう一度教えてくれる？はっきり言ってゴミはどこへ行くんだい？」

その言葉を聞くたびに僕が紙パックを使っていたら、おそらく、一部屋を掃除し終えるたびに紙パックを投げ捨てながらも、一生フーバー・ジュニアをだましだまし使っただろう。そんなこと、もちろん僕が望むわけないでしょ。

では、サイクロン式フィルターの原理をできるだけわかりやすく説明してみよう。

掃除機はファンによって吸引力を生み出す。ファンは回転すると、回転とは逆方向（掃除したい方向）に強力な空気の流れを生み、それが本体後部を通って、あるいはデュアルサイクロンや最近のほとんどの掃除機の場合は前面から吸い込み口のヘッドの上部を通って、排出される。これが同じように強力に入り込む空気の流れを引き起こし、縦型掃除機の場合は回転ブラシをかけることによって、あるいはシリンダー

型掃除機の場合はノズルから直接吸い込むことによって、床やカーペットの細かいホコリや小さいゴミを拾い、運ぶ。このファンは小さな高速ユニバーサルモーターで駆動し、ある角度に曲がった何枚もの刃が付いている。その回転が軸方向の空気の流れを生む。さて、この入り込む空気だが、空気を外に出し、ゴミを中に残すために、何らかの方法で濾過しなきゃならない。濾過しなければ、全部のゴミが部屋に戻ってしまうか、吸い込まれた空気が全部内部に閉じこめられて掃除機は破裂してしまう。

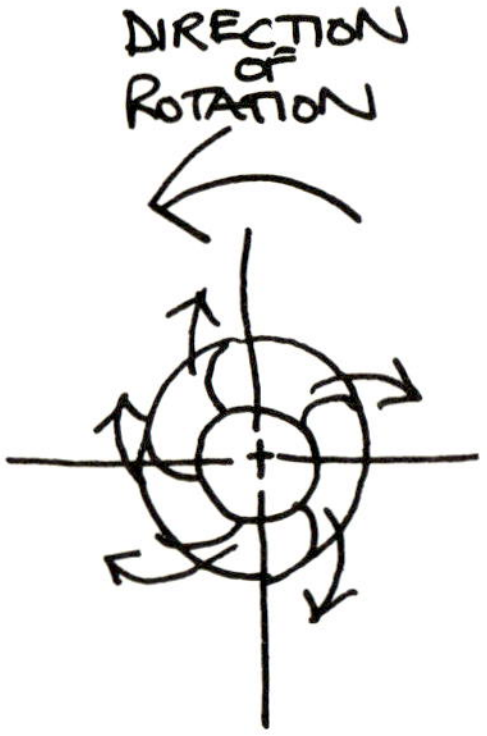

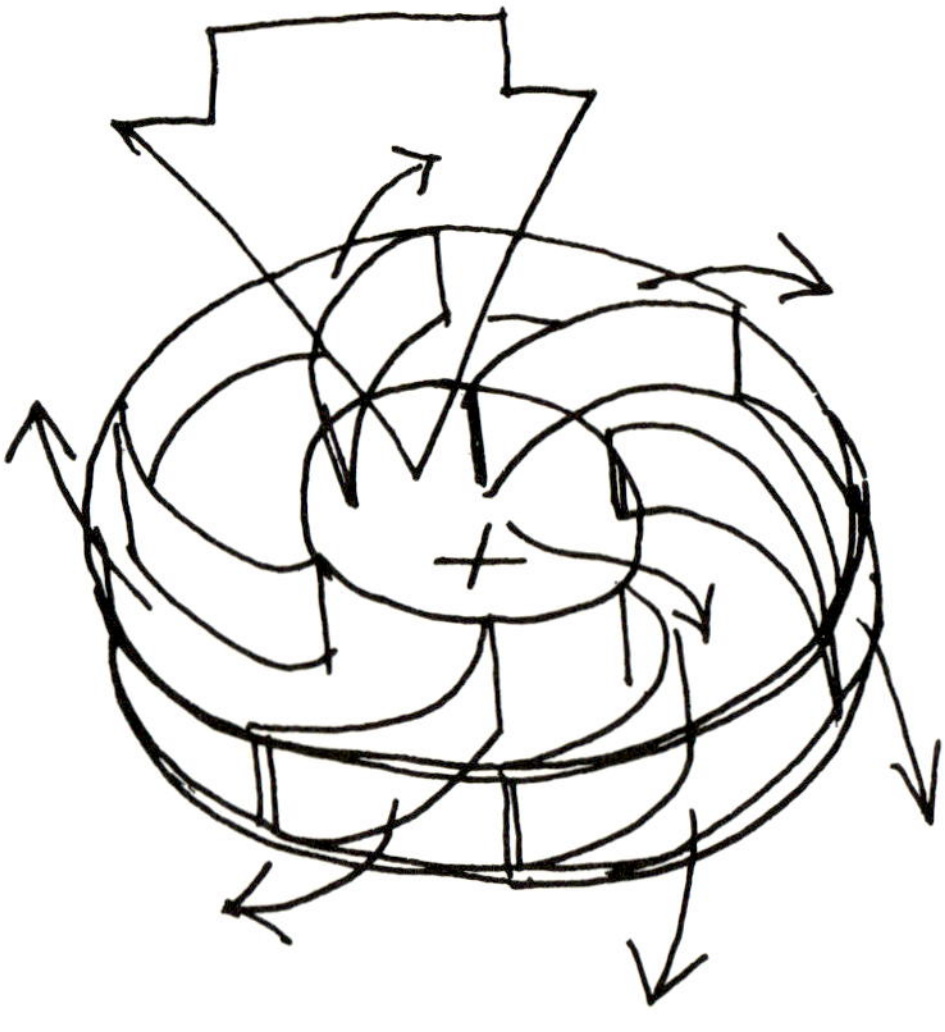

回転の方向

紙パック式掃除機の場合、この濾過作用は紙パックが行う。空気は紙の目を通って外に排出され、ゴミは紙パックの中に残される。ゴミが紙パックにたまってくると空気の流入に対する抵抗が増えて、吸引力が衰えることは長い間よく知られていた。だが、問題は紙パックがゴミで一杯になるせいだと思い込まれていた。それが違った。というのは、誰も紙パックの目が本来の仕事をきちんと果たしていないことを知らなかったからだ。紙パックは使い始めてすぐに目詰まりするため、濾過作用が妨げられ、プロペラの刃をどんなに速く回転させても軸方向の空気の流れはほとんどなくなるのだ。

僕らがボールバロー工場で、そして僕が小さな試作品で行ったのは、空気をパイプから吸い込み、下が先細りになった円錐形シリンダーの上部に吹きつけることだった。ボール紙の試作品は、おそらく深さ一フィート、直径六インチぐらい。ホコリっぽい空気はシリンダーにまっすぐ入り、壁の曲面と直接接触する。これが最初の物理的現象が発生する場所だ。

それは質量を持つ粒子が曲面を最初に曲がるとき、スピードは三倍に加速されるという物理の法則である。理由は聞かないでよ。僕が法則を作ったわけじゃないんだから。その現象はルーレットの円盤上で回転するボールに見ることができる。いっそのこと、パチンコ台で玉を打ち、それが角を曲がるときに加速するのを見てもいい。

さて、サイクロンが円錐形である理由は、直径が小さくなると物体の飛び回るスピードが再び約五〇%加速するからだ。このように、掃除機内のサイクロンは、たとえばホコリの微粒子の回転速度を時速二〇マイルから時速六〇〇マイル、そして時速九二四マイルまたはおよそ毎分三十二万四千回転に加速する。

一口にサイクロンの底部で毎分三十二万四千回転というけど、洗濯機メーカーであれば、洗濯槽が毎分千回転以上の機種を発売したら大々的にそれを宣伝するってことは覚えておく価値がある。僕らはその効率を三万二千パーセントも高めたんだ。

もうちょっとくだらない例で言おうか。スタッフォードシャー州オールトンタワーズの大遊園地にサイクロトロンと呼ばれる乗り物がある。中央の柱を軸に回転する巨大な回転盤で、安く手軽にスリルを楽しみたい行楽客が壁に背を押しつけて立つんだ。回転を始めると、それは垂直姿勢に変わり、人々は強い遠心力で壁にぴったり押さえつけられ、逆さまになってもただそこに身動きできず張りついたままになる。乗っている人が顔や口はおろか何も動かせないほど強力なんだ。それでも最高速度は、おそらく時速二〇マイルには達しないだろう。

サイクロンは時速九二四マイルの世界だよ。音速より速い。さあ、どうだ！

ゴミはこの遠心力で空気から分離され、サイクロンの壁面に押しつけられる。どんなサイズの粒子も、たとえばタバコの煙に含まれる微粒子さえも、重力の対象となる

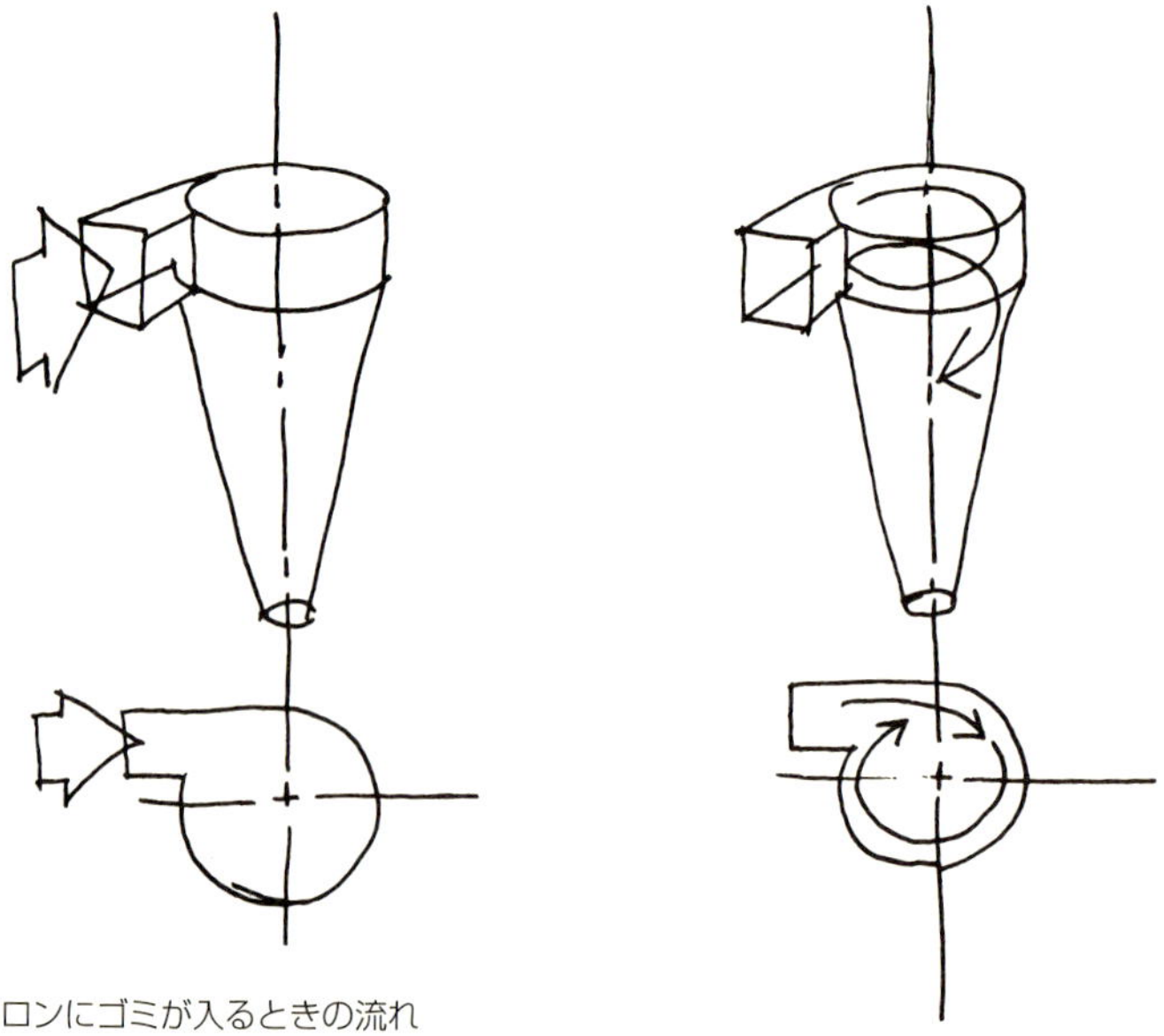

サイクロンにゴミが入るときの流れ

質量がある。この毎分三十二万四千回転のもとでは、慣性モーメント（gフォース）によってその質量が数千倍に増える。空中にふわふわ漂う微粒子も、この力がかかったとたん大きな重量の粒子となり、サイクロンの加速力とあいまって円錐の底に引き落とされ、収集される。ボールバロー工場の巨大な代物では大きな集塵袋に、掃除機ではプラスチックのゴミ収集ビンで。

さて、ここには毎秒ペットボトル三十本分（または三万立方センチメートル）の大量の空気がゴミと一緒に入ってくる。紙パック式掃除機では、空気は紙パックを通して外に出ることになっている。これが、サイクロン方式ではまったく異なる。

ゴミも空気も、全部ひっくるめて長いソーセージのように考えてもらいたい。それがサイクロン上部に入ると、壁面に沿ってぐるぐる回りながら底に落ちる。ゴミもホコリも大きな重量を持っているから、ちょうど車が急カーブを曲がるときには道路から逸れないよう必死にハンドルを押さえていなきゃならないように、壁にぶつかりながらぐいぐい底に引き落とされる。重量のない空気にはこの問題がないので、壁面を圧することなく、サイクロンの中央から楽々と外に出ることができる。

このように、サイクロン上部の真ん中は煙突だ。空気は穴から楽に外へ出ていくが、粒子はできない。というわけで、外に出られるのはきれいな空気だけだから、ホコリも臭気も吐き出されないんだ。

サイクロンを開発し始めたとき、僕は文献を調べてみる価値はあるなと思った。もしその原理を表した簡単な数式モデルがあれば、最適なデザインを考えやすいからね。これは徒労に終わった。ある本などは、サイクロン内部の粒子の動きを説明するのに、異なる数式を少なくとも六つ載せているんだ。しかも、どれも相互に矛盾して見えるし、どれも役立たずなんだ（その理解不能なでっちあげの数式を三つ挙げておくから、楽しんで）。

理論的には、特定のサイクロンが特定のミクロンサイズを分離するかどうかの公式を作ることは可能だが、それはあくまで一つのミクロンサイズの粒子が一種類だけ入ってくることが前提になる。現実には、何千もの異なるサイズの粒子が入ってくる。小さい粒子は大きい粒子のスリップストリーム（高速走行する車の後方などに発生する低圧空気の流れ。前に吸い込む力が働くので、後続車がここに入るとスピードを容易に維持できる）に巻き上げられるし、実際、一つの粒子集団から発生するスリップストリームは、それより小さい粒子の集団をすべてうしろに従える。また、特定のサイクロンで収集したい粒子よりずっと小さい粒子は大きい粒子のうしろからついてくる。産業界の多くの方々と同様、粒子にも「後塵を拝する」傾向が抜きがたくあるんだよ。

だから仮に、たとえば〇・五ミクロンの粒子はサイクロンから排出されるが、一ミクロンの粒子は排出されないという数式があったとしたら、その式が有効なのは一ミクロンか〇・五ミ

(a)シェパードとラップル方程式（7.21）

$$Z_E = 16ab/D^2_2 = 16 \times 0.2 \times 0.5/0.5^2$$
$$= 6.4$$

(b)ステアマンド方程式（7.23）

To find ϕ, we have $r_E/r_2 = 1.6$, $c_f = 0.01$, $C_f A_f/2A_E = 0.62$, and so from Table 7.2, $\phi = 0.9$. Hence

$$Z_E = 1 + 2\phi^2(2r_E/r_2 - 1) + 2(A_E/A_o)^2$$
$$= 1 + 3.56 + 0.52 = 5.1.$$

To find τ_L we use the relationship $\tau_L = Q/2\pi\mu^2_m(L - h)$, where μ_m is the tangential velocity at $r = r_2/2$ (p. 255). We have

$$\mu_E = \phi v_E = 13.5 \text{ m/s}; \mu_m = \mu_E(2r_E\, r_2)^{1/2}$$
$$= 13.5 \times 3.2^{1/2} = 24.1 \text{ m/s}.$$

Hence

$$\tau_L = 1.5/(2\pi \times 24.1^2 \times 3.5) = 1.17 \times 10^{-4} \text{ s},$$

corresponding to a diameter of 6 μm for unit density spheres in air at 20°C.

(c)バース（pp.261-3）

We have $r_E/r_1 = 0.8$ and so $\alpha = 0.73$; also $C_f = 0.018$ and $K = 4.4$.

クロンの粒子のどちらかをサイクロンに入れたときだけだ。それも、粒子を一個ずつ……。

実際、この方程式は「まったくの役立たず」だ。サイクロンを掃除機のフィルターとして有効に働かせたいのであれば、無数の異なるサイズの、無数の廃棄物を処理できるものでなくてはならない。それは原理が単純なだけに、とても複雑なものでもある。効率にあまりに多くの要因が影響するからだ。

いざ、サイクロンの開発に着手したとき、解かねばならない疑問は山ほどあった。

- 円形の吸い込み口は空気をきちんと吸い込めるか?
- 吸い込み口はどんなサイズにすべきか?
- 吸い込み口は少し押し込んだほうがいいか?
- 正接がいいか、それとも半接がいいか?
- 奥へ行くにつれ、狭くすべきか?
- サイクロンの自然な螺旋構造に従って角度を絞るべきか?
- 吸い込み口はいくつ必要か?

吸い込み口についてだけでこれだけの疑問だ。公式がないから、エジソン流でいかなきゃならない。つまり、うまくいくまで、あけてもくれてもテスト、テスト、テスト。

初めの頃は、何百個もの試作品を作り、その後も何千個も作った。あらゆるスタイルを試すうちに、吸い込み口が重要で、周辺部から正接で入らなきゃならないことを発見した。まず一個の吸い込み口、そして二個の吸い込み口で試し、性能を改良するために百四十個の吸い込み口まで作ったけど、空気の流れは一つしかできなかった(ずっとあとのシリンダー型では、実際は二個の吸い込み口を使った。いかにも小さいずんぐり型なので、一個だけでは必要な断面積が得られなかったからだ)。

次に、排気口の位置やサイズ、形状の問題、その他にあらゆる部分の問題があり、すべてをテストで解決しなければならなかった。

ゆっくり、ゆっくり、ゆっくり。

この手のことは急いでできないんだ。試作品を作るときは、一度に一カ所しか変えてはいけない。本当に物事を改良したいなら。それが発明というものなんだけど、粘り強くなくちゃダメだ。とても粘り強く、ね。

僕はやけに粘り強かったから、まだ手元には一個のサイクロンを使ったものしかなかった。

最高傑作はこれからだよ。

第8章

どこを向いても見る目がない人だらけの絶望的な国

いや、まにあってる。私たちは園芸用品市場で満足しているから◇彼らは吸塵具にすら心を動かさなかった◇そこで、僕はジェレミー・フライと家庭菜園に少々助けられ、事業を始めた

この驚くべき週末の翌朝、僕はあんなに毛嫌いしていたコーシャムの事務所に早く出勤したくてたまらなかった。そんな気持ちになるなんて珍しいことだった。だって、もう相当長い間、カーク＝ダイソンで働くことに嫌気がさしていたし、前にも話したあらゆる理由から、もちろんまだ知りもしなかったけど、会社との関係に終止符を打つときが近づいていたんだ。でもその朝は、これぞ十年に一度の発明、と確信したものの開発に一歩を踏み出したばかりの僕は、カーク＝ダイソンの諸問題もそれで一気に解決できると思って会社に向かった。

車を走らせながら、自分の思いがけない発見を伝えたあとの会話についていろいろと考えていた。取締役会は、掃除機は園芸用品じゃない、自分たちが熟知している市場にこだわったほうがいい、と反対するはずだ。それは十分予想できた。

僕らは何カ月も前から事業を多角化すべきだと気づいていた。ボールバローの売上高と粗利益だけでは、もはや会社を維持するための販売活動、経営組織、工場や巨額の銀行債務を支えることができなかったからだ。でも、僕らはいまだに園芸用品市場のことしか考えていなかった。

多角化の一案として、散水による水耕システムを開発しつつあった。これは細いプラスチック管の網を庭に埋め、水を植物の根に直接届けるシステムで、水を蒸発で失うこともないし、雑草やナメクジ、カタツムリを発生させないで望みの植物だけに水を与えることができた。優れた製品だっただけに、マーケティングで大きなミスを犯したのはつくづく残念だった。

僕らは、園芸の問題を一気に解決しようとしたんだ。ところが、シー・トラックで起きたように、一度にたくさんの改良点を理解できない消費者をかえって混乱させてしまった。問題は万能で多目的すぎたことだった。かりに、たとえば時間の節約だけをうたった温室散水システムとして始めていれば、特定の層に受け入れられて市場にそこそこ定着しただろう。それから徐々に別のアイディアを紹介し、成功することもできたんだ。

でも、僕らはそうしなかった。ルーツと名づけたそのシステム（当時、アレックス・ヘイリーの小説『ルーツ』とそれを原作にしたテレビドラマが大人気だったので）は、会社に大した利益をもたらさなかった。ほかの水耕システムがあとから現れ、その原理はどこにでも見られるポピュラーなものになった。でも、第一号は僕らのだったんだよ。儲け損ねたときのほんの気休めにすぎないけど。

ただ、多角化の方針は正しかった。ショールームや園芸用品店を訪れるセールスマンの時間と費用を最大限有効に使いたければ、何といってもいろいろな製品をまとめて売ることだ。「ボールバローの注文が五台から三台に減りましたけど、あと二台要りませんか」

たったこれだけ言うためにセールスマンがわざわざ店に足を運ぶなんて、それこそ時間の無駄である。でも、もし「ご注文はボールバロー二台、ウォータローラ三台、ルーツ十箱ですね」と言えるとしたら、結構価値はあるでしょ。

価値はあるけど、僕にとってはまだイマイチだった。季節に左右される園芸用品市場にはほとほとうんざりしていたんだ。ボールバローが売れるのは四～六月で、それから十月中旬までは散発的に売れ、あとは春まで売れ行きがバッタリ途絶える。しかも、春の到来が遅れたり、夏に雨が多かったりすると、売り上げは大きな打撃をこうむる。手持ち資金は干上がるうえに、ほとんど予測が不可能なため、計画を立てることもままならないからだ。

自分が製造できると信じているものにとって園芸用品市場は小さすぎる。僕はそう感じていた。もっと価値の高い製品を作るべきだと思っていたんだ。小売価格が百ポンド、二百ポンド、いや三百ポンドで、夏季だけでなく年間を通して、庭を持つ家だけでなくどんな家にも大量に売れる製品のことだ。たとえば、そうねえ、何か掃除機のようなものかな。

というわけで、取締役会で席についた僕は、掃除機は園芸用品じゃないと反対されても、すぐ応戦できる態勢にあった。ところが、連中ときたら発明の話を聞いても全然喜ばないんだ。これにはムッときたね。自分たちの同僚が、たちまち巨大な市場を支配し、会社を救い、大儲けできる発明をしたんだから、小躍りして喜ぶぐらいのことをしたっていいじゃない。なのに、フーバーの紙パックのような仏頂面をして、園芸用品市場に残ってルーツに全力を注ぐべきだなんて、ぶつくさ言うんだから。おまけに、僕の演説が佳境に入ったところで、ある一人がとんだ発言をしてくれた。その瞬間はいまでも鮮明に覚えているが、それから十年間、僕は同じ発言を何度も繰り返し聞かされることになる。

「だけど、ジェームズ」と、まるで何かに熱をあげている頭の悪い子どもを諭す父親みたいに、作り笑いをしながらこう言ったんだ（どの取締役だったかは忘れたけど）。

「君のアイディアはうまくいくわけないよ。もっといい掃除機があるというなら、フーバーかエレクトロラックスがとっくに作っていたんじゃないか？」

端的に言えば、これが英国産業界の気質なんだ。そう、英国気質。考えてもごらんよ、ロシア革命が起こった一九一七年にロシア人がレーニンに向かってこう言うと思う？
「うーん、ウラジーミル。僕らに革命なんて起こせないよ。もっといい方法があるというなら、ロマノフ王朝がとっくに考えてたんじゃないの？」

あるいは、アメリカ人が「でもフォードさん、もし馬より車のほうがいいというなら、畜産家が馬に車輪を付け、ガソリンを飲ませていたんじゃないでしょうか」と言ったとでも？

それでも僕は、良い製品だから検討すべきだと言って粘った。珍しく事業計画まで作成していたしね。市場を詳しく調べたら、ボールバローよりずっと市場性があったんだ。

やがて、拒絶はむきだしの敵意に変わった。
「いいか、ジェームズ。そんなくだらないアイディアなんか、もう開発するな」

まもなくカーク＝ダイソンと僕が袂を分かったのも、うなずけるでしょ？

でも、当時はずいぶんわだかまりが残った。開発のごく初期段階にある新製品は、なかなか真価を認めてもらえないことが多く、これがひどい悪循環につながる。開発費が巨額だからね。だけど外部資金の注入が必要なのは、まさにこの時期なんだ。とくに掃除機のようにすでにイメージが定着しているものの場合、いままでにない独創的な技術を考えついても、それが最終的に成功するとはなかなか言い切れないのが辛いところでね。
「紙パックは不快だし、みんな嫌っているから、これは成功すると思います」と言うことは確かにできるよ。するとこう言われる。「紙パックが好かれていないっていうけど、どんな証拠があるの？」「えーっと。ありません。あくまでも僕の個人的見解ですから」そう答えるしかないじゃない。
「個人的見解」は自分の夢を信じるには十分すぎるものだけど、ではその夢に金を出すかと聞かれれば、人はみなこう言うだろう。「いやあ、ごめんだね。君の"個人的見解"に僕の個人的な資金を援助するつもりはない」

本当は、実業家が唯一理解できる話し方でこう言えれば一番いいんだけどね。「国民の六五%は三年以内に紙パックでなくほかの物を買うようになるでしょう。そして、かりにサイクロン式掃除機ができていれば、僕らはその六五%のうち四〇%のシェアを獲得し、年間三千万ポンドの売り上げを保証できます」

僕もできればそうしたかった。でも何しろ手元には、目詰まりしないことだけはわかっているけど、実際の有効性はまだ数値で表せないフィルター排気システムの、ボール紙で作った試作品しかなかった。当時の僕は、あとでどこかの雑誌が突き止めたように、たとえば紙パック式掃除機はゴミを五百グラム吸い込んだだけで吸引力が三分の一に落ちることも知らなかった。要するに、自分が将来、すごい技術を成功させ、従来の三倍も強力な掃除機を作り、人を感動させるようになるなんて、まったくわからなかったんだ。わかっていたのは、これが目詰まりしない紙パック不要の掃除機を作る方法だということだけ。

だから、証拠がなきゃ信用できないという人々から厳しい追及を受け、あらゆる否定的な返事を浴びせられると、ほとんど太刀打ちできない。たとえば「なぜフーバーは作らなかったのか」と聞かれれば、せいぜい「ええと、フーバーはちょっとトロいんです」とか、「あっちより僕のほうが頭がいいんです」とか「僕はそれを偶然見つけたけど、あちらはそうじゃなかった。わかりましたか」ぐらいのことしか言えないんだ。

言うまでもなく、これじゃあ気乗り薄の会計士には通用しない。何しろ、こんなボールバロー野郎、ジェームズ・ダイソンよりもフーバーやエレクトロラックスのほうがいい掃除機を作るに決まってる、と思い込んでるんだから。

それでもなお自分の会社にサイクロンの価値を認めてもらいたかった僕は、必死でそのアイディアを彼らがわかる言葉に翻訳した。

七〇年代後半は白木の人気が高く、パイン材のテーブルから床、壁にいたるまで、どんなものもサンドペーパーできれいに磨かれていた。僕も自宅でブラック・アンド・デッカーのサンディング用品を使ってしょっちゅう磨いていたけど、ものすごい切り粉が出た。

ゴムの回転盤の裏にファンのような切り込みを入れ、底にブラシの付いたケースに収めて、切り粉が全部袋の中に吸い込まれるようにすればいいのに、と僕は思った。そこで、もちろん袋でなくサイクロンでそれを作り、取締役会に持参した。何といっても、これは彼らでも理解できそうな製品だったし、木製の屋外家具を持っている人にとっては園芸用品に近かったからである。

それでも興味をひけなかった。取締役会の敵意は消えず、共同事業の解消は避けられない状況だった。彼らは僕が負債を株式に換えようと言い出したことに不安を感じていた。ベルダムを嫌っていたし、僕の一挙一動に嫉妬を募らせてもいた。要するに、第五章の最後に戻ると、七九年一月には僕は会社を去っていたんだ。

なぜ誰もこのすごい夢、サイクロンの可能性をわからないんだろう? 僕はバースフォードの自宅でガックリきていた。でも、僕はあきらめる気なんかちっともなかった。

母屋のそばに、後期ジョージア朝風の大きな馬車置き場があった。一種の石造りのガレージで、一時は園芸用の物置として使われ、二階は材木倉庫になっていた。すきま風がビュービュー入る建物で、ドアは馬小屋のような二段戸で窓はほとんどなく、水道、暖房、電話、ガス、電気はなかった。僕はまずコンセントを取り付け、仕事用の白熱電球を一個付けた。備品は仕事台と多少の簡単な道具しかなかったけど、ここでこいつを自分の手で作るんだと心に決めていた。

債務を抱えているうえ、近い将来現金が入ってくる当てのなかった僕は、資金を大至急集めなきゃならなかった。選択肢は二つあった。マーチャントバンクに行くか、それとも何人かのやったー！ ついに僕は掃除機事業を始めたんだ。

旧友にあたるかだ。

旧友といえば、すぐ思いつくのはジェレミー・フライだった。彼はボールバローのときも僕を助けてくれようとしたし、何しろ物事はいつもそう簡単にはいかないこと、革新には時間と粘り強さが必要なことを知り尽くしている男だ。それに僕はもう無責任な取締役にはうんざりしていた。カーク＝ダイソンで押しつけられたように、モノづくりのことなどわからないくせに、会社を作りさえすれば大儲けできると思い込んでいる、非常勤タイプの方々にね。

フライは僕が最初のシー・トラックを売るまで九カ月、そして利益を出すまで二年間も待ってくれた。やっぱり彼はいつも僕の希望の星なんだ、と思えた。

その通りだった。ジェレミーと僕は二万五千ポンドずつ出資（うち一万八千ポンドはシカモアハウスの菜園を売って工面し、残りは自宅を担保に借金した）して、エア・パワー・バキューム・クリーナー・カンパニーを設立した。

第9章

サイクロンはダブルで

明けても暮れてもサイクロン――反復的発展の価値◇人はブレッドボードのみでは生きられず◇サイクロンは一つより二つのほうがいい◇怖ろしい巨人と闘う準備ができた

こうして、八〇年代初めの身を切るように寒い日の朝、僕は屋外の馬車置き場にいる。

サッチャー改革の混乱はまだ始まったばかりだ。ヤッピーもまだマーケティング部門の夢にすぎない。ファイロファックスのシステム手帳も、シャルドネのシャンパンもまだ現れていない。電気、ガス、水道は公営で、ほとんどの人は自分の負担額さえ知らなかった。好景気のあとに来た暗い日々。英国産業界の終焉がひたひたと忍び寄っていた。

僕は『クリスマス・キャロル』に登場する貧しい書記ボブ・クラチットのように、一本のろうそくの上に身を丸めて手をかざし、寒さでかじかんだ指を暖めながら、サイクロンの試作品をまた一つ、作る準備をしている。デュアルサイクロンを開発するまでに五千百二十七台の試作品を作ったことは確か以前どこかで話したよね。だから残りのページの厚さを見なくてもおわかりだろうけど、先はまだまだ長いんだ。これまでのところ、台所の床でボール紙とテープで簡単に作ったあの一台のことしか話してないんだから。

さて、馬車置き場のこの小さな部屋が、僕が残りの五千百二十六台を作った場所である。会社としてはかなり堅実なエア・パワー・バキューム・クリーナー・カンパニーと、ほとんど口を挟まないジェレミーを後ろ盾に、僕は開発に本腰を入れた。ジェレミーと顔を会わせるのは週に一時間半程度。自分の手で実際にモノを作り出すことこそ、僕が再開したかったことの一つなんだ。

僕は日夜、サイクロンづくりに励んだ。朝七時半にディアドリーと朝食。それからジェイコブとエミリーを学校へ送っていき、九時に庭を通って馬車置き場へ歩いていく。昼は母屋で食事をしたり少しサムの面倒を見たりして一時間半休み、夕方六時半までまた仕事に戻る。電話が入ると、ディアドリーが外に出て大声で知らせ、僕は駆け戻ってしばらく話すと、また仕事場へとぼとぼ歩いていくんだ。

僕の収入が当てにならなかったので、ディアドリーは自分で絵画教室を開いて人物画や静物画のデッサン、そして油彩を教えていた。またバースやヘンリー、ロンドンの画廊で自分の絵を売り、『ヴォーグ』誌の「ショップハウンド」欄のイラストを描く定期の仕事も持っていた。節約のため、僕らは掃除やカーテン作りから配管工事や家の補修まで、身の回りのことは何でも自分たちでやった。

そして、その間ずっと、僕はサイクロンを作っていた。アクリル製サイクロン、真鍮(しんちゅう)製サイクロン、アルミ加工のサイクロン(これは『オズの魔法使い』に登場する"ブリキのきこり"の人工義肢に似ていた。彼の人生も竜巻によって変えられてしまうんだよね)。三年間、僕はこれをたった一人でやった。助手を雇う金などなかったし、何でも自分でできたから雇う必要もなかったんだ。

何でも始めるときは、そんなに時間がかかるとは思わないものだ。ところが、時間は過ぎていくのに、それはいつまでたっても〝いつかそのうち〟のまま。サムが成長し、歩き始め、言葉を話し始めても、僕は相変わらずサイクロンを作っていた。何週間もかけて設計した試作品が失敗したときなんかは、ときどきキレることもあった。ジェイコブが最近初めて打ち明けたんだけど、彼は馬車置き場でアクリル板が粉々に砕かれたときの音や僕が地下室でののしり声をあげながら荒れ狂っていたことをよく覚えているそうだ。

次の三年間で、エア・パワー・バキューム・クリーナー・カンパニーは借入金をすべて使い果たし、ローンは確実に増えていった。

割の悪いこの時期、僕は主に二つの問題を調べていた。一つは、サイクロンの、目に見えるゴミのかけらを分離する能力だ。たとえば泥、毛髪、爪、タバコの吸い殻、ボトルキャップ、ポテトチップの食べかす、乾いた鼻くそ、ライスクリスピー、コイン、指輪、犬の毛、猫の吐いたもの、熱帯魚などの餌、羽毛、ピン、松葉、ボールペンのキャップ、灰、クスクスのかけら、耳くそ、ビスケットのかけら、足の爪あか、へそのあか、ハエ、クモ、ゴキブリやカブトムシ、砂糖、香辛料、ピラフの米粒……。

そして、目に見えない微細なホコリを分離する能力だ。この二番目の問題については、掃除機にどれだけホコリを入れると、どれだけ出てくるかを測定する方法を見つけなきゃならなかった。サイクロンによって空気がどれだけ濾過されているか、言い換えれば、どれだけまた部屋の中に戻ってくるかを測定するわけだ。

最初、これをサイクロンの排気口に黒い布を当てて試してみた。中に白い粉末を詰め、サイクロンを調整するたびに黒布がどれだけ白くなるかを比較するんだ。しまいには、濃淡さまざまな灰色の円がついた布は二百枚にもなったけど、そんなの保存もきかないし、僕に何一つ教えてもくれなかった。お見事。

やがて、通過する粒子の九九・九九七％を捕らえるといわれる、アブソリュート・フィルターと呼ばれるものを発見した。フィルターの重さを量ってから排気口に付け、少し吸引してから重量の増加を測るんだ。差が小さければ小さいほど、サイクロンは有効となる。簡単でしょ。それともちろん、気流のテスト。僕は気流測定箱まで作った。だって、完璧なサイクロンを開発したと思ったら、気流がよくないことがあとでわかった、そんなぶざまな真似はしたくないからね。というわけで、それを続けた。

あらゆる小さな特性のために新たなテスト、新たな日。

これにはもちろん、ちょっと鈍感な経理屋に決定的な証拠、何より大事な数字をつきつけ、サイクロン開発を支援させようというもくろみがあった。

僕はやや焦っていた。真鍮の薄板を使うと試作品を一番手早く作れることがわかった。真鍮の板をサイクロンの形に切り抜き、それを一組のローラーでつぶさないように巻いてから端をはんだ付けにするんだ。次にその新しいサイクロンをブレッドボード（電気回路の実験用組立盤）に取り付ける。

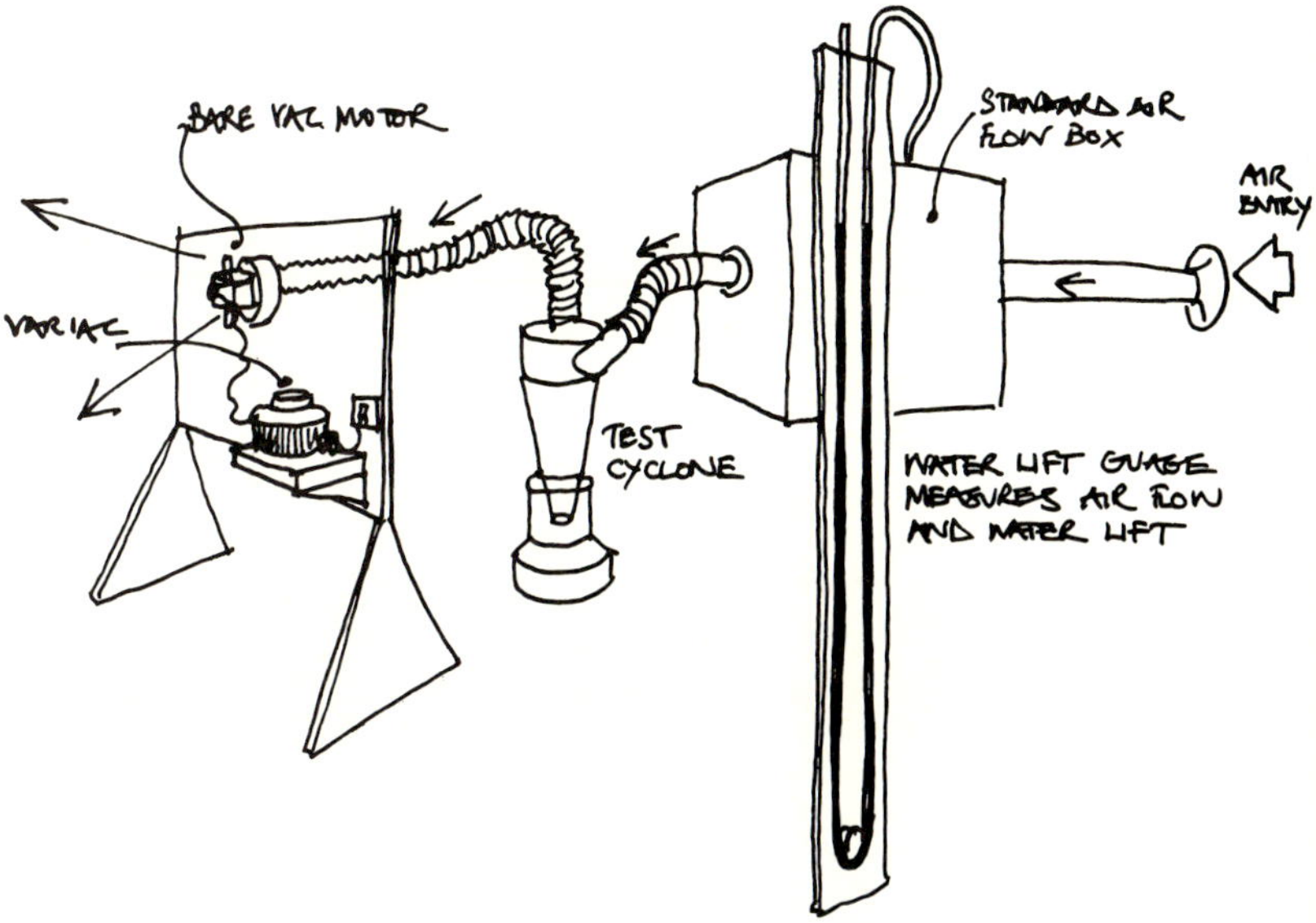

サイクロンの実験装置

これはベニヤの板で、一方の端に掃除機のモーターを取り付けておき、もう一方の端にはサイクロンを据え付けることのできる穴が開いているから、少なくとも毎回新しい実験装置を作る手間は省ける（P157の図を参照）。こうして僕は毎日一回、テストすることができた。新しい吸い込み口を一つ、あるいは新しい直径を一つ、あるいは新しい角度を一つといったテストができたんだ。

それが開発というものだ。テストで実証するには一度に一つの要素しか変更してはいけない。それがエジソン流なんだけど、とにかく時間がかかる。新卒社員にわからせるのもずいぶん時間がかかる。でも、それだけ重要なんだ。すぐテストに飛びつきがちな彼らは、大きな変更をいくつもしては、また新しい試作品のテストに後戻りする。それでは何を変更して、どこが改良されたのかわからないじゃないか。

たとえば、いまブラシの柄を調べているとしよう。どうも使い勝手が悪いんだけど、理由がわからない。少々間抜けなヤツが「必要なのは、もっと柔らかくて長い毛だ」と言う。そこで毛の柔らかく長いブラシを注文する。新しいブラシの柄は確かに使い勝手が良くなった。しかし、依然として理由はわからない。

その間抜けなヤツがすべきなのは、新しいブラシの柄を、長くて硬いのを一本、長くて硬くないのを一本、短くて硬くないのを一本、計三本注文することだ。そして、それぞれをテストで相互に比較し、どこに改良すべき点があるかを調べることだ。

開発に時間がかかるのは、このためだ。ところが、僕らイギリス人は飛躍的進歩にとらわれるあまり、進歩できない。研究も地道な努力もせずに、いつも無から有を生むことを望んでいるからだ。でもね、飛躍的進歩なんてものはないんだよ。あるのは何事にもひるまない粘り強さだけだ。とどのつまり、それが飛躍的進歩のように見えるんだ。日本人に聞いてごらん。

もちろんここで、僕は根気強かった、やっぱり成功にはそれがすべてだ、なんて言ってもいいけど、本当はそのせいで僕は落ち込んでいた。

だって、馬車置き場で長い一日を過ごしたあげく、毎晩、その日もサイクロンがうまくいかなかったことに憔悴し、気落ちしながら、ホコリまみれのまま這うように家に帰るのだから。何度も思ったよ。いつまでたってもうまくいかないんじゃないか、どんなにサイクロンを作っても、結局死ぬまで同じ場所で足踏みしているんじゃないか、と。

でも、いま考えてみると、一度に一つの変更しかせず、しかも一人で何でもやったにしては、四年目にまともな実用試作品を作り上げたのは、実はずいぶん手際がよい仕事だったと思う。ちょっとイソップの「ウサギとカメ」みたいな話だけど、昔の寓話って物事の真実をついているよね。ただ、もし僕が最初の数年間をすべて逆さまに見ていなかったら、もっと早くできていたはずなんだ。

あのね、僕はこの間ずっと、サイクロンの最大の難関と思われた部分、微細なホコリを濾過することに時間を費やしていたんだ。あとから考えればバカバカしい話だけど、何カ月も何カ月もそれだけに取り組んでいた。

そして二年後、はたと気がついて、世界がこれまでに見たことのない、微細なホコリを完璧にとるフィルターを持つ赤と青のすてきな掃除機を完成させた。ただそれが世界にお目見えすることはついぞなかった。というのは、それをしばらく家の中で使っていると、なぜか犬の毛や綿の糸くずなどの奇妙なものが排出されることに気づいたからだ。

ブレッドボードに設置したサイクロンの一つに長い糸を入れてみると、それはサイクロンの壁の周りに巻き付き、やがて排気口で詰まり、中に捕らえられるのでなく外へ出ていくことがわかった。これではっきりしたのは、このタイプは不定形の物体をうまく処理できないということだ。「家の中に不定形の物体がない限り、これまでのどんな掃除機よりもきれいになります」、こんなうたい文句で掃除機を新発売したって、宣伝効果が望めるはずないよね。

ここに問題の本質があった。

いつかはうまくいくんだろうか？

もちろん解決した。僕はただ細部だけにこだわって、木を見て森を見ることができなかった、というか、むしろホコリを見てサイクロンを見ていなかったんだ。ひょっとしたら、歩けるようになる前に無理に走ろうとしたのかもしれない。あるいは、僕がしていたことをうまく言い表せる決まり文句なんてないのかも。

問題は、綿ぼこりや長い繊維のような不定形の物体はすぐに減速しやすいことだった——本当は音速より速く回転するサイクロンではありえないはずなんだけど。真ん中から上の外へ向かう空気に捕らえられてしまうと再び外に排出されやすくなるため、空気の流れから離れて下降するようにしなきゃならなかったんだ。

答えはもちろん、下に降りるまでずっと速度を上げ続けることのないよう、極端に先細りでないサイクロンが必要だということだった。実際には、壁面が平行なサイクロンが必要だった。そうしたサイクロンでは、重量を増やすためにそれほど慣性モーメントを必要としない大きな物体は、うまく下に沈んでいく。

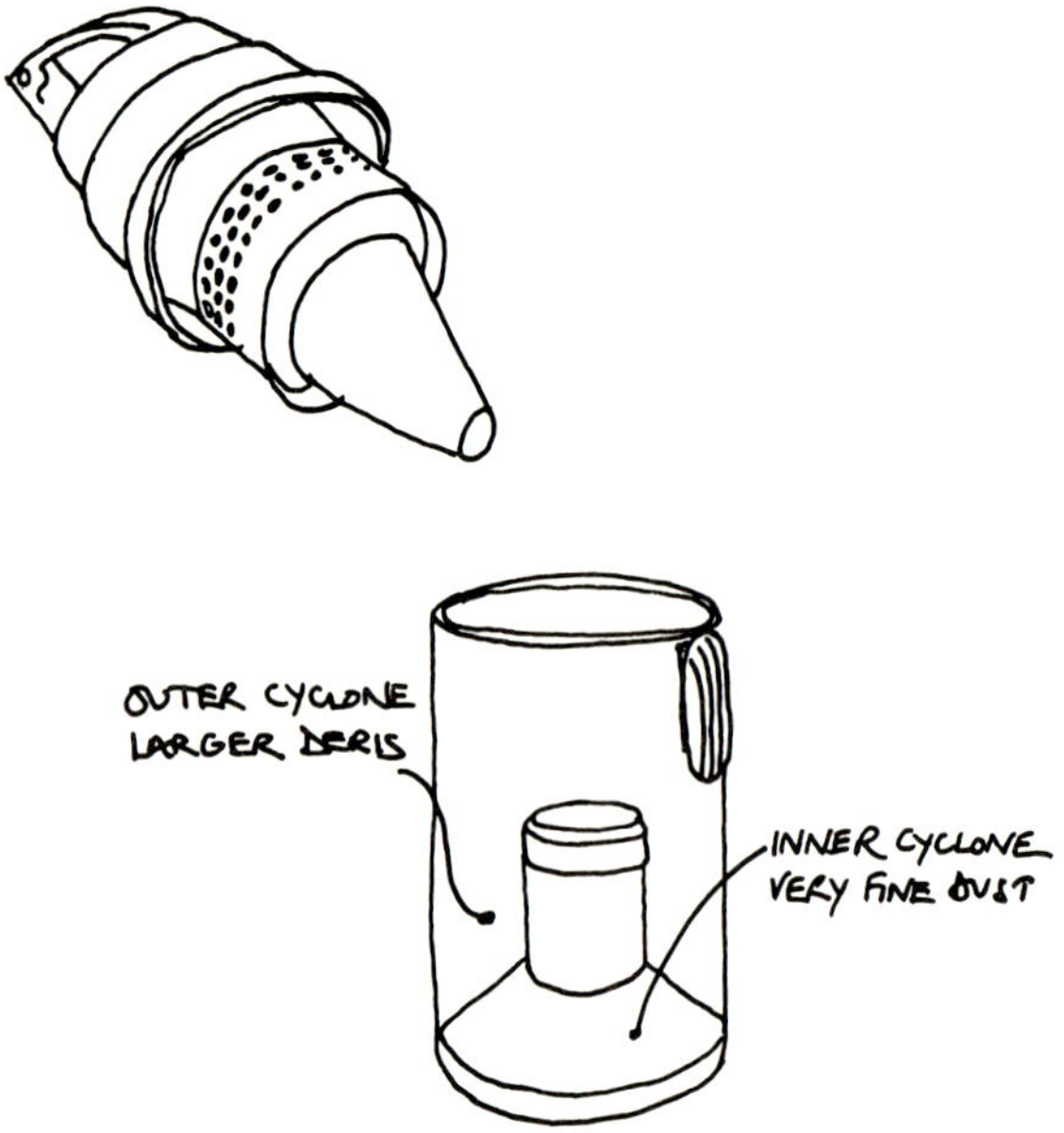

内と外にある2つのサイクロン

これは微細な成分にはまったく役に立たないだろうから、二つのサイクロンが必要なのは明らかだった。あとは、急な角度で先細りの小型サイクロンを、緩い角度で先細りのサイクロンの内側に収めることを考えつくまで、大して時間はかからなかった——お手持ちのダイソン・デュアルサイクロンを見れば（まだ目覚ましのコーヒーを飲んでいる人なら、この本に掲載された写真の一つを見れば）、透明なゴミ収集ビンが大型のサイクロン、内側の黄色の円筒に回転の速いサイクロンが入っているのがわかるでしょ。

最初、結果はそう悪くなかったものの、まだ大きい厄介なクズがいくつか不必要に外に出てしまうことがあった。外側の壁に当たってうまく減速し、安全な底面にきちんと落ちるのでなく、いままで通り中央のサイクロンに吸い込まれていたからだ。

解決策は「シュラウド」として知られるようになったものだった。これは内側のサ

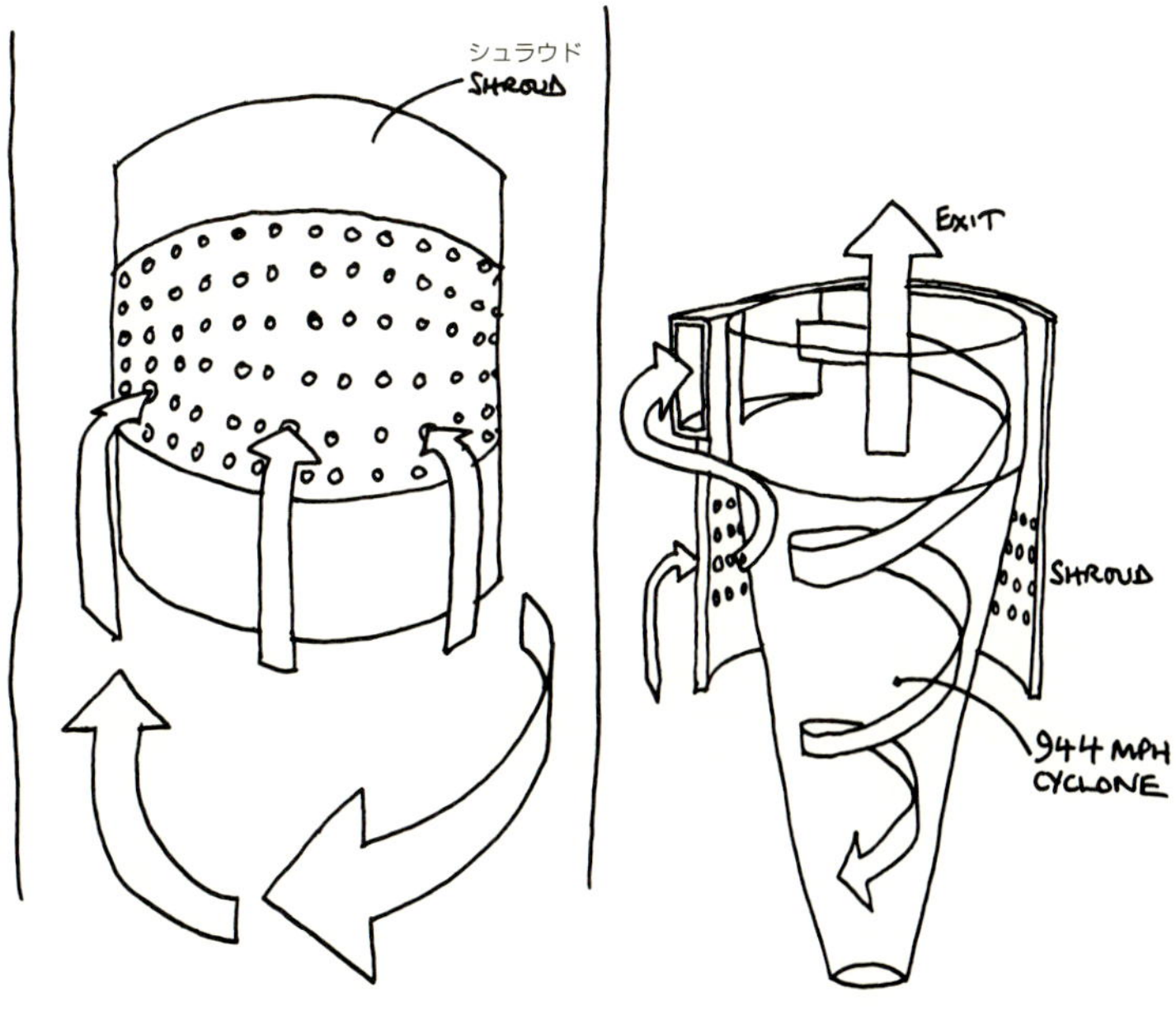

シュラウドの仕組み

イクロンの頭部を覆うメッシュ状のプラスチックカバーで、大きな物体はその中に入れないため、本来すべきように外側のサイクロンの壁に沿って回り続ける。一方、微細な粒子はメッシュの穴から吸い込まれ、時速九二四マイルで回転するサイクロンの激しい渦の中で濾過される。掃除機の前部に収納されたクリアビン（二つのサイクロンから成る）を取り外し、中身を捨てると、タルカムパウダーのように細かい灰色のホコリが内側のサイクロンから出てくるが、大きめのゴミは外側からこぼれ出る。

　八二年末に完成したこの仕組みで、僕はついに一〇〇％の効率を手にした。馬車置き場で三年間休みなく働き、ゆうに千日以上もの間少なくとも一日一個の試作品を作り続けたため、僕は疲労困憊していた。ディアドリーはいつになく強硬にこの殺人的な仕事のペースを落とさせようとした。

　七九年に会社を設立したときは、製品を自社生産するつもりだった。しかし、八二年には、僕の体力の消耗と債務がかさんでいたうえ、会社は一銭も利益を上げていなかったから、実現の見込みは薄そうだった。金の問題は日ごとに深刻さを増し、僕はこのプロジェクトを成功させるか、破産するしかなかった。これまで恐れと希望に駆り立てられるように、このしんどい仕事をしてきた。だけどいまは、また何百万ポンドも借金して生産を始めるよりも、とにかく借金から抜け出したかった。個人的な債務は八万ポンド、会社の債務は三万六千ポンド、そして家のローンはさらに三万五千ポンドもあった。

　さらに重要なのは、ほとんどの時間を製造の仕事に費やしてきたので、あと数年は設計の仕事で何とか食いつなぎたかったことだ。経営や生産ライン、社員の福利厚生などの問題に悩まされることなく、自分が本当に好きなことをしながら過ごしたかったんだ。長い議論の末、ジェレミー・フライと僕は、自社生産でなく製造ライセンスを売ることに決めた。革新と製造には二人ともかなりの実績があるので――もちろん、彼のほうがよほど長い実績があった――、工業アイディアの提案ともなれば結構信頼してもらえるだろうと思っていた。要するに、ほかの人たちが提案を真剣に受け止めてくれれば、もう僕らが自ら製造する必要はなくなる。僕ら二人にとってそうだったように、もしあなたの才能および初恋の相手がデザインや発明、創造であるなら、製造やマーケティング、販売でなく、それこそがあなたがしていたい仕事のはずなんだ。

僕らが製品の製造者でなく開発者であることを示すために、社名はプロトタイプス・リミテッドに変えた。僕は、あたかも昔の行商セールスマンのように、外観と付属部分がわかるサイクロンが一個付いた赤／青の試作品、そして実際の効率と技術を実演するためのデュアルサイクロン搭載タンク型掃除機を持って、英国産業界の怖ろしい巨人たちと渡り合う旅に出た。

第10章

もしもし、ライセンスはお持ちですか？

セールス巡業に出る◇フーバーは僕をバカにしたけど、僕は彼らの紙パックを破った◇ハミルトン・ビーチ社との二分間。でも「吸い込む」ことはなし◇ドイツでのちょっとした抵抗◇明日、明日、明日◇勇者たちの故郷に向かって突っ走る◇自由の国ではみんなタダで何かをほしがる◇家電の荒野に君臨するハイイログマと衝突。まだ誰も持っていない、誰にも必要な、僕にしか作れない製品

掃除機のライセンス先を見つけに行った？つまりね、メーカーに対して、僕の特許権と知的所有権を一定期間、特定の地域で独占的に使用する権利を、企業がその製品の販売で得た利益のパーセンテージと引き換えに供与する交渉をしていたんだ。

ライセンス契約ではどんなことも交渉可能なので、同じ内容のライセンスは二つとしてない。だから、交渉は大ごとになり、難航するのが常だ。大企業になればなるほど、契約したがらない。許せないことに、発明はタダでもらえると思っている企業すらある。いいからよこせよ、そしてさっさと消えちまえ、てなわけ。

僕はそうする気はなかったし、どんなに金を積まれても、権利を完全に売り渡す気もなかった。自分の発明をいっぺんに売り渡し、「払い込み済み」使用料を受け取ることはできる。確かに金額は大きいけど、それが手にする最初で

最後の金である。文字通り、何もかも全部を安く売り払うことになるんだ。その種の取引は最終的なもので取り消すことはできない。他方、すべてのライセンス契約は取り消し可能なので、たとえばライセンス製品の製造、販売にあらゆる努力をしていないとか、何らかの形でこちらをだましているという理由で契約相手の企業に満足できなきゃ、危険はあるものの、契約を解消することはできる。

僕は当初、英国かヨーロッパで、卸価格の五%ぐらいの使用料と約四万ポンドの前金で、五年から七年の契約を求めていた。それと引き換えに僕が提供できたのは、タンククリーナーの試作品で実演できるデュアルサイクロン技術と、赤／青の縦型試作品に見られる斬新な外観、僕の感覚などの要素を組み合わせた仮想の製品だけだった（あと五カ月あれば縦型デュアルサイクロン掃除機の実用機を完成できそうだったけど、もう時間がなかったんだ）。

僕はデザイナーだから、ライセンスの一部として例外的に最終製品のデザインをサービスで提供していた。技術をただそのまま売るのでなく、「紙パックは問題だ。みんな嫌がっている。これが紙パックの不要な掃除機で市場を制覇するための技術と完成デザインだ」というマーケティングの提案もライセンスしていたんだ。

赤／青の機械は、なかなかだった。ただ、いまのダイソンの機種ほどは印象的でなかった。たとえば、「ＤＣ01」を持ってセールスしていたら、どんな反応があっただろうと思ったこともある。でも大した違いはなかったんじゃないかな。メーカーや投資家、小売店なんて新技術に興奮するかしないかのどちらかだし、そう考えること自体が本末転倒だよね。だって、まだ投資が必要な未完成品だったから。

でも、試作品には人をワクワクさせる点がたくさんあった。同じサイクロンが二つちょこんと並んでいたし。なぜかはよく覚えていないけど、どちらも微細なホコリを取るフィルターだった。伸縮自在のホースと、床の掃除から高所の掃除にすぐ切り替えられるノズルが付いていた。

当時でさえ、デザインはすごく意識していた。だってライセンスを売りたければ、見た目の良い製品であることを大まかにでも示さなくてはいけないから。二重構造のサイクロンのせいで、それはちょっと、ジェットエンジンを二つ付けたロケットみたいだった。本体基部はすでに二輪だったので、市場で主流の四輪型機種より操作しやすくなっていた。そして、僕がボールバローで実現した、明快な機能、独創的な技術、視覚的な意外性というデザイン原則によくかなっていた。

それを持って僕はセールス巡業に出た。まさにドサ回り。メーカー数社に電話をかけてアポを取ると、試作品を車の後部座席に積み込んで人をアッといわせる旅に出るんだ。みんながみんな、すぐ機械を気に入り、金を山ほど積んでくれるとは思っていなかった。以前のセールスマン経験から、商売はそんなに甘いものじゃないとわかっていたし。でも、これならほしい、という人はどこかにいるはずでしょ?

最初に頭に浮かんだのは、やはりフーバー社に打診することだった。ただ、それは思いつきに終わった。先方に電話してアポを取ろうとしたら、まず合意書を交わさなきゃならないと言われたんだ。ま、それは当然だよね。双方とも自分の権利を守りたいんだから。発明者からあとでアイディアを盗用したと告訴されるのを恐れるあまり、発明を実際に見ようとしない企業は多いし、距離を置くために仲介者を立てる企業もある。

たとえばブラック・アンド・デッカー社は、僕と本社ビルで交渉するのを拒否した。代わりにポータキャビン(プレハブの移動式建物)に特許事務所の代理人を送り込み、そこで掃除機を見させたんだ。これはどうも腑に落ちなかった。代理人だってほかの人と同じように僕のアイディアを盗むことができたんだから。

フーバーはわざわざそんな手の込んだ芸などしなかった。合意書には、僕とフーバーの間で交わされた協議内容は、すべてフーバーに属するという条項があった。交渉するのは僕の新技術だというのに、何ともあきれた話だった。まるで盗人が、これからお宅の家に侵入するけど、あとから盗んだことをつべこべ言われないように、一応警告しておきますよ、と文書で通告するようなものじゃないか。

僕はその不愉快な条項を外すよう頼んだけれど、受け入れられなかった。フーバーが僕と会ったのは、それが最後だ。

そしてついに九五年、フーバーのヨーロッパ担当副社長マイク・ラターがBBCテレビのビジネス番組『マネー・プログラム』でこう発言したんだ(この頃には僕は彼らを追い抜いていた)。フーバーは、僕の発明はどうせ日の目を見ないだろうと思って買わなかったけど、いまはそれを後悔している、と。ずいぶんな発言だよね。消費者の選択の権利をどう思っているんだろ。

もっとも、他社はどこも極秘に契約を結ぶ用意はあった。そんなわけで、八三年までの二年あまりに、僕はおよそ考えられるすべてのメーカーにあたった。

フーバーの次にあたったのは、ケンブリッジシャー州ピーターバラにあるホットポイント社だったと思う。ここのマーケティング・マネージャーと会って僕の技術の利点を説明し、試作品と小さなパンフレットを見せ、彼が「これはまったく常識はずれのプロジェクトですね」と言うのを聞いた。

さらにエレクトロラックス、ゴブリン、AEG、エレクトロスター、アルファテック、ショップヴァック、ブラック&デッカー、ザヌッシ、フォアヴェルク、ヴァックス、ハミルトン・ビーチに相次いであたったけど、その都度シナリオは違っても、テーマは同じだった。大体どこも、僕にまず三十分時間をくれ、それから一緒に昼食をとり、さらに説明を聞くんだ。でも、どこへ行っても、一体これから何人の人間に会うのか僕にはさっぱりわからなかった。試作品とパンフレット、多少の実験結果を持って行くのに、相手との会議がただの雑談なのか、正式のプレゼンテーションなのか事前に知らされたことは一度もなかったんだ。

たとえばハミルトン・ビーチ社からは「二分

だけ説得の時間をあげる」と言われた。ウソでしょ。やってられないよ。完全に思考が欠落しているじゃない。なぜ、この僕が彼らを説得しなけりゃならないのよ。「この製品はくだらない。だませるものならだましてみろ」とっさにこう言われたようなものでしょ。僕にはそうとしか理解できなかった。だって、もし製品が良いものなら、なぜ説得される必要があるというんだ？

とにかく彼らは間抜けだと思った。僕に「吸い込む」という言葉を使わせなかったしね。思うに、それがフェラチオを連想させ、その場にふさわしくなかったからだろう。あるいは、米国の俗語で「お粗末な」ものを意味するからかな。この連中はホントに頭がおかしかった。まったくの能なしだった。

ただ、重要な役職にある人のほとんどは、とりあえず僕に会ってみるかという程度の興味は示した。何十人もの社員がちょっと見にくるよう呼ばれ、社長と販売、マーケティング、技術部門の連中が同席する中で、僕は紙パックを使わずにすむという消費者にとってのメリットやほかの新開発について説明した。

異常だったのは、彼らがどんなに技術に満足しても、僕の話には一切耳を傾けていないように見えたことだ。それまでかなり多くのプレゼンテーションをこなしていた僕には、人が自分の話を聞いているか、そうでないかは完璧にわかった。みんな自社製品を守ることしか頭になかったんだ。直接僕に対してでなくても、同席している彼ら同士の間で。

たとえばエレクトロラックスは、「紙パックなしの掃除機は絶対に売れない」とあっさり言い切った。さらに、ついでの話として、「ウチは紙パックの販売でかなり儲かっている」とも付け加えた。彼らが言った唯一前向きの言葉は「だけど、そのホースはいいねぇ」だった（数年後まで、僕にはその真意がよくわからなかった。八六年にエレクトロラックスがそんなホースの付いた機種を発売するまではね）。

僕は次第に、この連中は機械が良くないからでなく、ただほしくないから拒んでいるんだ、と思うようになった。英国の企業は、彼らがまさにイギリス人だから拒んだのだと思う。ドイツの企業は、僕がイギリス人だから拒んだ。「自国の発明じゃないから」症候群ってわけよ。

フランクフルトのAEG社では、僕の試作品をけなしたくてたまらない技術担当取締役が、満杯の大きなゴミ箱をひっくり返して中身を床にあけ、そのゴミの山で試したものだから、機械はすっかりパンパンになってしまった。そんなの縦型掃除機に想定された仕事じゃなかったのに。

「ほら、全然ダメじゃないか」と彼は叫んだ。

それからAEG製の最新シリンダー型掃除機を取り出し、その大きなゴミのかたまりを吸い込み始めた。まったくの自己防衛。僕の機械は(a)縦型で(b)試作品だということなど完全に無視していた。そんなこと知りたくもなかったんだ。

エレクトロスター社のショッタル氏からは、別のドイツ人気質を見せつけられた。彼はサイクロンを何回もテストし、気に入り、そして拒んだ。思うに、使用料を払いたくなかったからだ。

数年後、彼らはなんと「ザイクロン」を発売した！　ほかの企業はひたすら自分の殻に閉じこもり、自分を守った。

とにかく異常で、予想もしない事態だった。一人残らず肝心な点を見逃しているようだった。これが消費者に真の恩恵をもたらす技術革新であること、くだらない旧来のカーペット吸込機から大きな飛躍を遂げた、吸引力の衰えない完璧な機能を備えた掃除機であることがわかってなかった。各メーカーにとっても、技術優位の新製品を生み出すチャンスだったのに。

この点に関して一番皮肉だったのはゴブリン社だった。深刻な販売不振にあえいでいた同社は全社員を週二日勤務にさせていたため、僕と商談する時間がうまく取れなかったんだ。まさか、競合他社より良いものを買い、販売を回復し、フルタイムの勤務に戻ることより、僕に会う時間を節約したほうがいい、なんて思っていたわけじゃないんだろうね。

「自社製品が順調だから」「消費者は紙パックに慣れているから」「紙パックは売れるから」と、誰もが同じ言葉を口にした。でなきゃ、ため息をつくか、よそを向くか、互いにわけありげにニヤッと笑ったり、なかには声をあげて笑う者すらいた。ホント、頭にくるよ。

エレクトロラックスにはこれまで二回はねつけられた。最初にやりあってから数年後、どこかの国で二、三のサイクロン式掃除機がライセンス生産に入っていたとき、僕はエレクトロラックスの世界家電部門担当者に会いにスウェーデン本社を訪ね、見本を一台提供して同社のエンジニアに性能を試してもらった。二日間のテストを終えると、担当者の男は僕の目の前で技術者たちに「性能は紙パック方式よりいいかい?」と聞いた。

彼らは「はい」と答え、「ゴミをよく取り除くかい?」と聞かれると、また「はい」と答えた。すると彼は僕に向かってこう言った。

「それなら、この話は進めたほうがいい。ほかの掃除機より高値で売れて利益を見込める」僕は「ハレルヤ!」と思った。だって、僕らの製品はそれまでになかったもので、市場のどんな製品より性能が良く、あとにも先にもどんな製品より利益をもたらしうるのだから。この男はそれを理解してくれた初めての人間だった。

二週間後、僕は担当者に電話して進捗状況を聞いてみた。すると、あいにくな答えが返ってきた。英国にある自社の掃除機生産センターに提案したけれど、ちょうどセンターでは新機種を発売する間際で、まったく興味を示さなかったというんだ。

足を棒にしてヨーロッパ中を歩き回ったこの二年間、僕は明日への期待、「いつかそのうちいいことあるさ」という気持ちでどうにか踏ん張っていた。そうでも考えなきゃ、やってられないって。ひじ鉄をくらうたびに、次の商談を楽観的に構える理由を探した。「新技術に熱心な会社だからほしがるだろう」とか「ドイツの会社だからほしがるだろう」と考えるんだ。そして、拒絶されるたびに、自分の製品について、また人々はそれに何をなぜ求めているかについて、少しずつ学んでいくんだ。そんなふうにして、ときには無駄足を踏んでいる自分を納得させられることもあるんだよ。

でも、残念ながら英国には、生活のあらゆる領域をさいなむ「できっこない」気質があった。英国でライセンス先を探すのは時間と金の無駄だということに、僕はすぐ気がついた。何事にも無感動なことと、自社製品やくだらない市場シェアを守ろうとする慢性的な安全路線が、何か新しいものを開発することへの興味を失わせてきたからだ。僕がしていたのは、競争相手がいまに出現しますよと各社に事前に通告していたようなものだからね。

ま、ライセンスを売ろうとしたらそれは避けられないことなんだけど。

この英国の「できっこない」気質はどこにでも見られる。英国の平均的な建設業者のことを考えてごらん。何でもいいから何かを頼んだとたん、「できない」という反応がまず返ってくるから。たとえばレンガの山をどこかに移すよう頼んだだけで、業者は目をぎょろつかせて大げさなため息をつき、あらゆる難しさを指摘しながらこう言う。「ずいぶん時間がかかるかもよ」とか「金がかかるよ、兄弟」とか。たいてい両方だけど。

英国産業界はどこも似たりよったりだが、補助金の問題については、英国貿易産業省（DTI）も同類である。それはしてはいけないことになっているとか、間違っているとか、リスクがあるなど、とにかくありとあらゆる理由を並べ立てるんだ。ずいぶん安易な姿勢だよね。それがとにかく自分たちへの風あたりを最小限にする道なんだ。だって、プロジェクトが失敗するかもしれない理由なんて、どんな素人にだって山ほどあげられるんだよ。でもね、成功するかもしれない理由ははるかに少ないけど、ずっとずっと説得力があるんだ。英国で何かが行われた試しがないのは、まさにそれが原因なんだ。

いまは競合相手だが、僕のかつての潜在的な支援者もそこに含まれていた。ほとんどの企業は実際に「ノー」とは言わなかったが、「イエス」とも言わなかった。ライセンスを自分たちがフリーハンドで選べるものにしておきたかったんだ。何年もズルズル待たせておけば、相手はおかしいと気づいた頃にはもう破産しているか死んでいるってね。

二、三年これを続け、努力した結果がまさに破産か死かと思えたとき、僕は再び目を西へ向けた。アメリカ人にはボールバローでひどい目に遭わされたけど、彼らに野心がないとは言えないからね。僕は母国とは正反対の考え方を米国に期待したんだ。そして果たせるかな、それを見つけた。

ここでちょっと、英国産業に公正を期すために言うと、米国企業が英国企業のできない分野で優位に立てるのは、大きな野心やビジョンがあるからだけじゃない。米国市場は、英国市場より期待もはるかに大きいだけに、ずっと競争が激しく、攻撃的なのだ。五倍の市場規模を持ち、国民一人あたりの消費力もより大きいため、勝って得るものははるかに大きいんだ。

だから、デュアルサイクロンのように生まれたての新技術は、より収穫の多い狩り場になるはずだし、またそうでなきゃならない。この掃除機は、僕以外の誰の目にもすき間製品のように見えた。人口わずか六千万ほどの英国では、すき間市場は小さすぎて、機械設備に投資し会社を設立するリスクを負うほどの価値はない。五倍の人口を抱える米国では、どのすき間市場も五倍大きく、また国民一人当たりの消費力も英国の二倍あるから、実際のすき間市場は英国より十倍大きくなる。だから、リスクも十分の一になるんだ。ただし、それが問題になるはずはなかった。だって、僕の掃除機はちっともすき間製品などではなく、超ド級の主流製品だったからだ。しかし、それをリスクを覚悟で見きわめることは、米国でしかできなかった。というのは、たとえ製品が結果的に主流の消費者に受けなくても、なお生き残ることはできるからだ。

こうした状況と、生来の楽観主義と利益をうかがう日和見主義が（強欲とまでは言わないけど）、アメリカ人を新技術に対してきわめて積極的にさせているんだ。自動車も電話もテレビもヨーロッパで発明されたが、その商業的可能性が開拓されたのは米国だったことを、正直に事実として認めようじゃないか。

とうとう僕は米国の「なせばなる」気質を直接経験した。会議に出れば取締役たちはすぐ大声で気軽に話しかけてくる。「やあ、ジェームズ。うちの連中を紹介するよ。ジェームズちゃん、僕たちこれから大仕事を一緒にする仲間じゃないの。腹を割って話そうよ。これからしゃばで主導権を握るんだ。本気でギアを入れるんだぜ。世界制覇するんだ」

米国相手にやってみようかと思ったきっかけは、僕がジェレミー・フライの会社ロトルクのために作った掃除機の小さな写真がトランスワールド航空（TWA）の機内誌に掲載され、米国で興味を持たれたからなんだ。

読者はヨーロッパでライセンスを売る僕の試みは完全に失敗に終わったと思っているだろうね。まあ、それはおおむね当たっている。というのは、ロトルクとライセンス契約を交わしたのはいいけど、掃除機は結局数百台しか売れなくて全然儲からなかったんだ。でも、その助けがあったからこそ、僕が米国で努力してみる気になったのも事実だ。その結果的に実らなかった最初の市販サイクロンがどうやって誕生したか、ここでちょっと話しておくべきだね。

八二年暮れのことだった。僕が二年近くもヨーロッパをむなしく飛び回っていたとき、ロトルクの社長トム・エッシーがある日、ジェレミーに「ジェームズ・ダイソンはどうしているんだろう？」と言った。ジェレミーが僕の悲しい身の上話を語ると、エッシーは彼に、「もしかしたらロトルクがちょっと様子を見てあげたほうがいいんじゃないですか」と尋ねたんだ。僕らは一緒に縦型デュアルサイクロン掃除機の生産に向けた事業計画を立て、ロトルクの取締役会は、おそらくジェレミーが二重に関わっていることに左右され、計画を承認した。僕は二万ポンドと五％の使用料を支払ってもらう契約を急いで交わし、掃除機の開発に入った。

二、三カ月のうちに外観のわかる木製模型と機能がわかるブレッドボードを製作し、八三年八月までには完全な試作品を作り上げた。計画通り、デュアルサイクロンと透明なゴミ収集ビンを組み合わせたものだ。ビンを透明にしたのは、タンククリーナーの技術開発中に、外側のサイクロンで何が起きているかを見るために透明なビンを使っていたので、消費者も同じことをしたがるだろうと思ったからだ。何はともあれ、それは楽しかった。伸縮自在のホースは、リチャード・ロジャーズ（パリのポンピドゥー・センターやロンドンのロイズビルを設計した英国の建築家）風に機体の外に巻き付けたところがちょっと印象的で、それがピンクの配色と相まって、ほとんど生き物のように見えた。

その直後、いつもの悲惨なことが起きた。トム・エッシーが別のプロジェクトに異動し、財務の役員が掃除機担当になったんだ。僕は、これでおしまいかと思った。まず第一に、プロジェクトの発案者がいなくなるのはどんな場合もよくない。プロジェクトに自分をかけ、最後までやり抜くことができるのは発案者だけなんだから。後任の人間がすることは産婆役にすぎない。その人がいっぱしの野心の持ち主なら、望む仕事じゃないだろう。独自のアイディアとプロジェクトでみんなを感動させたいと思うはずだ。というわけで、元の計画ははかなく消える。

さらに、後任は財務担当者だ。イノベーションに必要なのはモノを作る人で、経理屋じゃない。新しいことを進めるときに最も向かない人種が、コストを管理する人間なんだ。もちろん、そうした人を必要とする分野もあるけど、本人がトップにつくべきじゃない。

僕はともかくデザインを完成させ、頼まればこのマネージャーを助けてあげた。でも、間違って着任した後釜がプロジェクト全体を危険にさらすのをこわごわ見つめることしかできなかった。

何カ月かが過ぎ、この男には仕事を任せられないことがはっきりしたので、僕はイタリアの家電メーカー、ザヌッシ社と接触した。その頃、彼らが他社のプラスチック部品を大量に委託生産していることがわかったからだ。イタリア企業にロトルクを引き合わせることで、ザヌッシが製造、クレネーゼが販売、そしてロトルクは銀行の役割を果たすだけという状況を作ることができた。

実際、どうにか約五百台を市場に出した。この「サイクロン」（そう名づけられた）は販売台数こそ少ないけれど、僕にとってはものすごく役に立った。消費者の反応やさまざまな機能の問題、そしてもちろん、耐久性について非常に貴重な情報をもたらしてくれたんだ。まさに生きた市場調査だった。というのも、製品は小売店経由でなく少数の人々だけに直販していたので、かりに問題があってもあまり多くの人に迷惑をかけずにすむという利点があったからなんだ。

でも、問題はまったくなかった。そして、当時販売した五百台前後の多くはいまも現役で使われている。その持ち主たちからは現製品と交換したいとか、機械の具合が悪くなったという電話がたびたびかかってくるが、ダイソン社はいつも喜んでお手伝いしている。

もっとも、この取引はそう長くは続かなかった。いくらか改造が必要だと知ったロトルクは腰を引き始め、中核事業じゃなかったせいもあって、英国でのライセンス生産に飛びついてきた企業に待ってましたとばかりに大喜びで応じ、事業を永遠につぶしてしまったんだ（それについては、また別の機会に）。

英国では成功しなかったものの、ＴＷＡの機内誌に掲載され、多くの米国メーカー幹部の目にとまったのは、この「サイクロン」の写真だった。僕は数社と電話でアポイントを取り、手紙を送ってきた人全員に電話をかけ、八四年はじめ、いちかばちかで米国へ飛んだ。空港に到着すると、一人で全部の荷物と「サイクロン」、タンククリーナーをレンタカーの受付窓口、そして車までやっとのことで運び、いくつかの商談のため何時間も運転した。毎晩ホテルを転々としているうちに、家族が恋しくなり、すべてがみじめに思われてきて、しまいには心身ともにすっかり疲れ果ててしまった。

ただ、英国のひどい消極主義を体験したあとなので、アメリカ人の「なせばなる」の姿勢はせめてもの救いだった。グランド・メトやブラック&デッカー、カービー、コンエア、ショップヴァック、フィルター・クイーンなどの企業は、僕に大騒ぎしてくれた。副社長全員を集め、両手を広げて大声で「わが社にはこうやって世界中から人がくるんだ。さあ、これから全社の支持を得て、大儲けしようぜ！」と言いながら、会議を始める。もちろん、いい加減な要素は大きい。それが「なせばなる」の欠点だ。

実際、僕のヒット率はきわめて低かった。ベースに戻ると、たとえばこんな電話がかかってくるんだ。「やあ、ジェームズ。僕らは君を百パーセント支持してるよ。決定はもうすぐ下りる。いま資金調達や法的問題、デュー・デリジェンスについて話し合っているところだ」

due diligence（デュー・デリジェンス）とは、米国企業特有の表現で、ある計画を実施する価値があるかどうかを判断するために、財務・モデル調査、会計監査、市場調査、実現可能性の予備調査、特許調査などを行ってあらゆる問題を詳細に調査することだ。初めてその言葉を聞いたとき、アメリカ人のアクセントのせいで「do diligence（ドゥ・デリジェンス）（＝不断の努力をする）」と聞こえた僕は、一体どういうことだろう、単に彼らが物事をまじめにやってるという意味なのかなとか思った。

で、あんなホラを吹いておいて、米国ではやがてすべてがポシャるんだ。

この種の失望はそれこそ何度もあった。州から州へとアメリカ大陸をひたすら旅して回り、商談が成立したと思ったら、いつでも僕の手からスルリと逃げてしまう。だんだん気が滅入ってきた。それでも続けていられたのは、僕の掃除機に熱狂的な信者がいたからなんだ。たとえば、ある副社長が何とか会社を説得し、サイクロン・プロジェクトを始めたとする。でもそれは結局おじゃんになり、当の本人は会社に嫌気がさして辞めてしまう。こんなケースがほとんどだったから、八〇年代はじめの僕の米国行脚は大陸横断的にキャリアの挫折の跡を残したと言っても過言じゃない。まあ、ちょっと大げさかもしれないけど、少なくとも、自分の執念に共鳴してくれる人がそんなにたくさんいたおかげで、僕は大いに励まされ、不屈の努力は最後には報われると信じることができたんだ。

ただ問題は、不屈の努力は決して安くなかったことだ。たとえば、何週間もミシシッピーに陣取ってグランドメトロポリタン社のＤＰプロダクツ事業部門と商談を重ね、いよいよ取引がまとまりそうになったある朝、彼らは気を変えて立ち去った。僕に残されたのは、無駄になったかなりの時間と弁護士からの三万五千ポンドの請求書だった。しかも商談が成立しなかったとき、発生した弁護士料は税金から差し引くことができないんだ（こうなったのは、昔、悪賢い不動産開発業者が不正に得た利益をあらゆる種類の弁護士料で相殺しまくったため、ついに内国歳入庁は、業者たちが相殺目的でわざと失敗した商談をでっち上げていると疑って、抜け道をふさいだからだ。これはとりわけ僕にとっては不幸なことだった。だって、僕の過去は失敗した商談の山なんだから）。そこで得た教訓は、契約法の基礎を独学で学んでどの商談も基本的に一人で進め、商談の成立が確実視されたときだけ、一日三千ポンドかそこらで弁護士を呼ぶことだった。

ところが、なぜか商談は、ひたすらつぶれ続けた。生産への意欲は全般的に英国よりはるかに強く感じられたけど、うまくいかないことが多すぎたんだ。

たとえばブラック＆デッカー社。ここは、ワークメイトからコードレスのパワードリル、熱風式壁紙はがし機まで、発明家を尊重して新発明をヒットさせてきた長い歴史がある。ライセンス契約が結べるなら、願ってもない喜びだった。僕が最初に打診したときは、あとでアイディアを盗まれたと告訴されないよう、技術者でなく特許事務所の人間をポータキャビンに送り込み、そこで掃除機を見させた。せめて技術者ならその良さを理解したかもしれないのに。

しばらくして、ブラック＆デッカーと二度目の商談をしたが、そこで僕は心に大きな痛手を受け、米国式の根っこにあるバカらしさをまざまざと見せつけられた。

この時、話はすこぶる順調に進み、誰もが製品に入れ込んでいた。商談はうまくいき、僕はついに「やった、いよいよだぞ」と思いながら英国へ戻った。数日後、ブラック&デッカーのワールドワイド製品開発担当副社長と法務担当副社長が連れ立ってシカモアハウスにやってきた。僕らはダイニンググルームで商談を続け、そろそろ弁護士を同席させてもいいかなと思うところまで詳細を詰めた。基本的にすべてが合意に達し、残るは僕に支払う前金の金額と最低使用料の交渉だけになった。

さて、前金は実に重要だ。払い戻さない頭金だから、僕のような者にとっては、弁護士費用を支払うため、そしてライセンス供与を受ける相手企業の本気度を見るためにも、きわめて重要なんだ。自分の独自技術を提供するライセンス交渉では、契約後の少なくとも一年ぐらいは相手の望む製品デザインに費やされる。さらに、生産に必要な金型などの機械類をすべて設備するまで一年弱かかる。要するに、契約に全面的に合意した瞬間から製品の発売まで、おそらく最低二年かかり、最初の使用料を得るまではさらに時間がかかるんだ。

前金は最初の取引におけるたぶん最も重要な部分だろう。というのは、製品が製造されるまで、僕の手にはほかに何も入らないからだ。この金額は、たとえば出版社の前払い金と違って、使用料から払い戻すことはできない。多くの企業はそのように交渉しようとしたけど、僕はいつも断った。だって、それは契約書に署名した時点で僕に一括して一度に支払われるべき金額なのだから。

当時なら、三万ポンドから二十万ポンドまで、いくらでもあり得ただろうけど、金額はもちろん多ければ多いほどよかった。自分が儲かるだけでなく、金額に相手企業の真剣さが示されるからだ。あのね、言っとくけど、ブラック&デッカーのような大企業は、わずかな金でも搾り取ってやらないと、製造するかどうか決めかねて、いつまでプロジェクトを遅らせるかわからないものなんだ（数年前、ヴァックスがそうするところだった）。その間、自分は何もできないんだよ。

契約に最低使用料と支払期日を明記することもきわめて重要だ。そうすれば、支払いは両者が合意した生産開始日に始まるから、ライセンスを供与された相手企業はいやでも生産に踏み切る。でないと、いつまでも生産を先延ばしにして使用料を支払わないこともあるんだ。

しかし、ほとんどの、いやすべてのメーカーは、最初はどんな金も払いたがらない。取引の期間中ずっとただ働きをさせたあげく、製品を販売して自社に金が入り始めてやっと、わずかなパーセンテージの金を払うようになるんだ。その時点で、彼らは使用料の比率を再交渉し、ほとんどただ同然の金しか払わないですむようあらゆる手を考える。

これが、少なくとも僕が結んだすべてのライセンス契約のパターンである。だから、シカモアハウスのダイニングルームでブラック&デッカーに前金の支払いを主張したとき、法務担当副社長のポール・J・ラーナーという、蝶ネクタイにパイプを口にしたきざな男が、「まさか、ジェームズ。販売が始まるまでは何も支払えないよ」と言っても少しも驚かなかった。

ホント、情けないよね。巨大企業たるものが、わずかな金額のことでか弱い発明家にケチをつけ、しかも計画が失敗したら、金銭的責任は相手に負わせようというんだから。資金難にあえいでいた僕は、この一括払いの前金に何より関心があった。自分と家族の生活のためにどうしても前金が必要だったんだ。

その間、必死で取引をまとめようとした製品マネージャーは、法務担当者がライセンス契約に必要な基本保証を与えることも拒んだので、怒りのあまり髪の毛をかきむしっていた。

「もし何も支払わないというなら、どうやってあなた方が本気だってわかるんですか？」

と僕はラーナーに問いただした。

「おや、わが社は真剣ですよ。ブラック&デッカーですから」

「結構なことで。こちらはジェームズ・ダイソンです。でも、あなた方に自分の技術をすべて提供し、ライセンスの可能性のある他企業をすべて断るのに、たぶん十カ月はかかるんですよ。なのに、あなた方が僕に一銭も支払わずに手を引く可能性だってあるんだ。そんなのあまりにも不公平じゃないですか」

「僕らを信じてほしいね」

「申し訳ないけど、そうはいきません。十万ポンドください。そうすれば僕はあなた方を信用するし、あなた方も僕を信用できる」

しかし、ラーナーは頑として譲らなかった。製品マネージャーは涙に暮れていた。そして二人は米国へ戻った。

取引はボツになった。誰も僕の掃除機を生産したいと言ってこない。借金生活はさらに続く。ただ少なくとも、弁護士を土壇場まで外しておいたから、弁護士費用は節約できた。そして、何よりもまず、もうこれでポール・J・ラーナーなんかに二度と会わなくてすむ。と、思っていた。

それから六カ月後、総売上高五億ドルの世界最大のヘアドライヤー・メーカー、コンエア社と交渉するため、僕は再び米国に舞い戻っていた。彼らはデュアルサイクロンを一目見て、掃除機市場への参入を決めた。先見の明があるよね、連中は。

また僕は期待した。場所はまたもやコネチカット州。ブラック&デッカーからそう遠くなく、ビクター・カイアムが自分の使っていたカミソリにほれこんで買収した会社、レミントンのすぐ隣だった。コンエアの所有者リー・リズットは製品にとても入れ込んでいたので、すべてが実に順調に進み、あとは例の「デュー・デリジェンス」を待つだけとなった。

僕は当時、かなり自信を持っていた。僕の製品はデュー・デリジェンスのどんな調査事項も満足させられると確信していたからだ。しかし、危険は常にある。たとえばデュー・デリジェンスの最大の調査事項である特許調査。これは該当する特許が有効かどうか、法的効力があるかどうかをテストするものだ。生産に入ってから、市場でコピー製品を見つけるような事態は一番避けたいからね。

特許が申請され、成立しても、それは特許庁が満足したというだけで、必ずしも多くを意味しない。しかし、もし盗作者が、ある特許に関して特許庁審査官が審査中に見過ごした何か、とにかく何でもいいんだが、たとえば「先行技術」のようなものを見つけることができたら、彼らはその特許権をめぐって争うことができ、ひょっとしたら勝つかもしれないのだ（「先行技術」とは、ある発明に関して、その特許申請以前に公表されていた類似技術のこと。それは類似であればまったく同一である必要はなく、その存在が証明できれば特許を無効にすることができる）。

こうして思わぬ危険はあるわけで、もし誰かが本当にその製品をつぶしたければ、方法はたくさんある。しかし、ここでは事情は違った。リズットもプロジェクト担当副社長のイギリス人、デヴィッド・セント・ジョージも、ずっと僕を支持してくれていた。ところが、彼らが口にしたデュー・デリジェンス担当副社長の名前は……。

なっ、なんと、ポール・J・ラーナー！

僕をブラック&デッカーでだましたあの嫌みなパイプ男は、しばらくしてコンエアに移っていたんだ。

「そうですか、じゃ仕方ありません。これで取引は終わりですね」と僕はリズットに言った。

「バカなことを言うんじゃない。わが社は完全にこれに賭けているんだ。問題は何もないはずだ」と彼は言った。

「僕はあのラーナーという男を知っているんです。ひどく後ろ向きの人間ですから、取引をすべてぶちこわすと思います」と話した。

そして、彼はそうした。

でも、僕にはおなじみの慰めがあった。デヴィッド・セント・ジョージが嫌気をさしてコンエアを辞めたというんだ。まんざらでもなかったけどね。でも、それで僕の家族を養ってもらえるわけじゃなかった。

とにかく、何かしなきゃいけなかったから、僕はがんばってライセンス売り込みの一人旅を続けた。でも、大手のライセンス先を一人で探すのって、すごく疲れるんだよね。製品の市場性を自ら証明しなきゃならないし、前金も独力で苦労して勝ち取らなきゃならない。そして、僕の製品をテストする社内エンジニアからの厳しい批評も独りで受けなきゃならない。連中は自分たちのアイディアじゃないから、何とかして性能が良くないことを証明しようと意気込んでいるし。

ライセンス問題の核心に入るのは、やっとそれからなんだ。その種の交渉は普通は二組のチームで進められるけど、僕はいつも、独りぼっち。相手の社長や法務、販売、財務、技術の各担当副社長、顧問弁護士に交じって独りで会議に臨むんだ（僕の弁護士は、もちろん経費節約のため、土壇場で電話がかかるのを待っている）。重役会議室で、僕を攻撃できるだけの専門分野をそれぞれ持つ連中と同席するのは、気が滅入るし、辛いものだよ。大企業の幹部というのは、集団で狩りをするのが好きでね、小さな獲物を囲い込むと、牙をむく前に一人ずつ脅しをかけてから全員で一斉に襲いかかるんだ。たとえば、一人がこう言う。「あなたには最初の十万台に五％、次の十万台に二％の使用料を払いましょう」

すると僕は言う。「でも、それは不公平です。だって……」

その言葉が終わる前に、別の人間が何かほかのことで口を挟む。それに答えようとする間に、また別の誰かがその答えを先取りして「それはわかっていますが……」と言い、彼なりの攻撃を始める。それぞれがみな、取引を有利に進めることで社長に自分を印象づけようとし、互いの存在と相手が明らかにうろたえる様子から自信を得ているんだ。

それって、学校の校庭で起きることとまるで同じじゃないか。一人の子どもが標的にされ、自分をあざ笑う圧倒的な数の多さに状況を変えられないあのときと。

あるいは討論会で、一人の人間の意見がほかのパネリスト全員から笑いものにされ、その意見がどんなに正しくても、あまりに多くの人の罵声で沈黙させられ、言い負かされてしまうのと同じだ。ノーフォークの大きな家で一番小さく、年下だった僕は、そんなことはとっくの昔に教わっていたんだ。

前に話した通り、標準的なライセンス契約なんてものはない。それは国によっても企業によっても異なるし、誰もが異なる財政状態、異なるニーズを抱えているからだ。作成する文書は膨大で、プロの弁護士でさえ交渉に何年もかかる（僕は自分でやって大変なミスをいくつか犯した）。ライセンス契約はまぎれもなく相当な創造力を要する仕事である。

ここでも僕の弱点は、力が弱く、孤独で、必要に迫られていたことだった。ライセンス契約は企業同士のどんな契約とも違う。僕の交渉相手はみな、ほかに名乗りを上げている企業がないことを完全に見抜いていた。というのは、交渉にはそれなりの時間がかかるし、どれも内容が違うので、万一の場合に備えて複数の交渉を同時進行させることは不可能だったからだ。ライセンス先もこれを知っている。そして、僕の頭上に吊されたこのダモクレスの剣（身に迫っている危険）を利用する。相手は僕が囚われの身であることを知っており、その確信を強めれば強めるほど、手ごわくなり、僕を締め上げようとするんだ。

あのころ僕は、瀬戸際政策をずいぶん身につけなきゃならなかった。でも、変なタイプの瀬戸際政策だったな。だって、取引を進めていながら、平気で手を引くことができるのは大企業だけだったもの。僕にはできっこない。投資したのはこの僕なんだ。巨額の特許費用を払い、巨額の債務と開発費を負っているんだから。交渉が長引けば長引くほど、どうしても金がほしい、どうしても取引をまとめたいとせっぱ詰まった気持ちになる……、それを相手は知っている。この「大集団で独りぼっちの発明家に圧力をかける」シナリオの一番いい例は、ショップヴァックとのライセンス交渉だった。ブラック＆デッカーやコンエアとの話がこわれる少し前のことだ。

ところで、ショップヴァックは本当に巨大企業だ。創業者のウィリアム・ミラーは、何年も前にタンク型掃除機（一種のモーター!を上部に付けたゴミ箱）を発明し大儲けした人物だが、いまも健在で、偉大な開祖として君臨している。ショップヴァックと呼ばれたのは、アメリカ人が掃除機を「ショップ」（一種の小部屋、ガレージ、作業場タイプの部屋）に保管していたからだ。彼の帝国は盤石だった。

さて、ミラーは帝国のさらなる拡大を願い、僕の技術を自社のタンク型と市場で主流の掃除機の両方に使用したがった。それで主流市場にも挑戦することができるからだ。僕はペンシルベニア州ウィリアムズポートにある彼らの本社まで出かけ、数日間滞在してとても有意義な会議を重ね、サイクロンをたくさんのテストにかけた。その結果に彼らは喜んでいたようだった。

契約書を作成するときがくると、いささか突飛なことに、ショップヴァックはニュージャージー州サドルバックにあるマリオットホテルの一室を会議の場に指定した。そこはパステルカラーのベッドシーツ、ひどい花柄のソファ、アクリルカーペットという典型的なマリオットホテルの部屋で、米国の最も悪趣味な世界の一つだった。技術と法務の副社長はベッドに腰掛け、財務と販売の副社長はソファに座り、僕の記憶が正しければ、マーケティング担当副社長はなぜかバスルームに出たり入ったりしていた。

偉大なる創業者ウィリアム・ミラーもそこにいたけど、肘掛け椅子に座り込んでじっと様子を眺めるだけで何も言わなかった。

よれよれのテカったジョンソンのスーツを着て、さも弁護士のように振る舞おうと努めていた僕は、契約の概略をまとめる間、ほとんど突っ立っていた。彼らはみな、ときには一人ずつ、ときには束になって僕を徹底的にやりこめようとした。自分の形勢が悪くなってきた僕は、もしかしたらスーツが問題なんだろうかと思い始めた。会議が終わりに近づき、ようやく話がまとまろうとしたとき、彼らはまったく受け入れられない条件を主張し始めた。

僕はただ「いいえ、それはだめです」と言い放った。

もうかなりの時間がたっていたそのときだった。家電の荒野を支配したハイイログマみたいに胸板の厚い白髪の偉大な老人が、やおら椅子から立ち上がり、烈火のごとく怒りを爆発させた。

「君は、自分を一体何様だと思っているんだ？ ここにいられるだけでも運がいいんだぞ。われわれはこういう交渉がどんなものか知っている。君はわれわれの言うことにおとなしく従って、出された条件をただ受け入れればいいんだ」

「へえー、ずいぶんなお言葉ですね」と僕は言い、ブリーフケースをたたみ始めた。

そしてドアのほうを向き、「これからブラック&デッカーと会うために、ワシントン行きの飛行機をつかまえなきゃならないんです。でもご意見が変わったら、ご連絡ください」と捨てゼリフを吐いた。

僕は心臓をドキドキさせながら彼らに背を向けたが、立ち去った後に「あのマスクの男は何者なんだ」という一種のローン・レンジャー効果を残したくて、本当の自分よりずっと背が高く、背筋が伸びて、手ごわい人間に見えるよう精一杯努めた。

外に出ると、役員の一人でジョナサン・ミラーという物静かな男がうしろから追ってきて、こう言った。

「おやじのことは気にしないでください。今日は虫の居所が悪かっただけなんです」

「彼も交渉に参加しているんなら、無視できませんよ。あそこに嫌な連中は七人いたけど、こちらはたった一人だ。カッとなり、脅して契約させようとするなんて、あなた方は一番してはいけないことをしたんだ。僕はブラック&デッカーへ行きます」

そして、歩き続けた。

ホテルの正面玄関を出るとき、階段の一番上で立ち止まり、夕暮れの空気の匂いをかいだ。そして、たかがライセンス契約が取れなかっただけじゃないか、手足や親友を失ったわけじゃないんだと自分に言い聞かせた。

立っていると、ドアマンが話しかけてきた。

「そのスーツ、いいねぇ」

僕は米国株式会社への信頼をかなり回復していた。


僕が当時やりたかったのは、一社にあまり早く縛りつけられないで、できることなら多くの有望ライセンス先を態度保留のまま泳がせておくことだった。これはそう簡単ではなく、ほんの希望的観測にしか思えなかったけど、もし実際に複数の申し出があったときには、最も可能性のある会社を確実に選べるようにしておきたかったんだ。

　しかし八四年まで、貴重な三年間の大半をかけて世界のあちこちにサイクロンを売り込んできたけど、僕はまだ一銭も儲けていなかった。家で過ごす時間もほとんどなかったため、開発時と違って、ディアドリーは万事をほとんど一人でこなさなきゃならなかった。プロトタイプス・リミテッドはほとんど金欠状態だったので、さすがのジェレミーも堪忍袋の緒が切れかかっているんじゃないかという心配もあった。


聞いたことのない慣れた口調の男から電話がかかってきたのは、そんなある日の早朝だった。

「やあ、ジェームズ君」と彼は穏やかな口調で言った。

「記事を拝見しましたよ。君はまだ誰も持っていない、誰にも必要な、君にしか作れない製品を持っていると思うんだが」

「そう言っていただけるとうれしいです」

「ジェームズ君、私の経営哲学もそうなんですよ。われわれはまだ誰も持っていない、誰にも必要な、われわれにしか作れない製品がほしい」

「それは願ってもないことですね。失礼ですがお名前は？」

「私はアムウェイ・コーポレーションの国際部門担当副社長をしています。君に会いにこれからすぐそちらへ飛びます」

第11章

悪らつな重大事件について簡単なご報告

思いがけないジレンマ◇でも、おい、取引は取引だよ◇彼らは不正行為、詐欺、事実詐称だと主張した◇車椅子をめぐる意見の不一致。ジェレミーが去る◇僕はますます借金にはまり込む

三月十三日火曜日のおそらく十三時十三分にヒースロー空港に降り立ったアムウェイの国際部門担当副社長は、レンタカーのジャガーを運転してほぼ四時頃にシカモアハウスに着き、ドアベルを鳴らした。

ピンストライプのスーツを着た彼は、丸い体型だけど太ってはなく、アメリカ人ぽいオーストラリア人といった雰囲気の、期待通りとても感じのいい男だった。そして、僕の仕事場でお茶を飲みながら、アムウェイのことを話してくれた。

実際、アムウェイはすごく有名な会社で、たいていのアメリカ人はその名を知っている。

この本を書いていて気がついたけど、企業名のデータがあまり多くない僕のコンピュータでさえ、スペルチェックできるんだ。その一方でショップヴァックやミーレ、ザヌッシのスペルには、「名前を認識できない」という意味の赤

いアンダーラインがつく。ケンウッドですらそうだから、ちょっとまごつくよね。マイクロソフトって一体どうなってんだろ。

副社長がとても感じの良い男だったことは、大きな意味があった。何といっても、彼がアムウェイとの唯一の接点なんだから。

いいぞ。いいぞ。

バースでの雑談後、彼はこう言った。「うちの米国本社に来ませんか。宿泊先はこちらで用意します。空港までリムジンでお迎えに行きますよ」

というわけで、八四年四月、僕は出かけた。話をはしょると、数日後、アムウェイはデュアルサイクロンのライセンスに対して巨額と思える金額を提示した。五年間で一文も稼いでいない男にとっては、とりわけ巨額に思えるものだった。

小切手が春のそよ風に舞っていた。僕はこう思ったね。

「やっぱり、人生はこうでなくっちゃ」

ついに、ついに、やっとのことで、かわいいデュアルサイクロンを何百万台も作ってみんなに売ろうという会社を見つけたんだ。僕や家族を金持ちに、そして幸せにしてくれ、僕がもっとたくさんの素晴らしい発明で世界をもっとすてきな場所にすることができるようにしてくれる会社をね。

僕は滞在先のホテルからジェレミーに電話をかけ（僕のプロトタイプス・リミテッドの持ち株はいまだに五一％で、残りの四九％は彼が所有していた）、この提示された素晴らしい取引のことを伝えた。

すぐ米国に飛んできたジェレミーと僕は地元の弁護士を雇い、アムウェイの多数の副社長たちに何度もヘリで書類を送ったりしながら、四日間で契約の細部を詰めた。調印の準備が整うまであと二、三日かかりそうだったので、僕らはこの機会にカリフォルニアへ飛び、昔のラウンドハウス時代からずっと会っていないトニー・リチャードソンの家に数日間滞在することにした。ところが、旅ばかり続いていた僕は、カリフォルニア到着までに慢性的な時差ぼけに襲われ、不眠症薬モガドンを飲んで二日間寝て過ごす羽目になった。そう、初めてのハリウッドだというのにベッドで寝てたんだ。

ほどよく気分転換し、西海岸から東海岸へ夜行便で戻った僕らは、あとは署名するだけだと思いながらアムウェイの重役会議室へ足を運んだ。ところが、アッと驚くことに、契約書には最初の提示額とはまったく違う数字が示されていたんだ。

それでも、やっとサイクロンから利益を得れるチャンスをフイにしたくなかった僕らは、とにかく新たな条件で契約することにした。取引としてはまだいい内容だったんだ。僕らはこれまでの交渉相手すべてに断りを入れ、契約書に署名し、小切手を持って帰国した。

まるで何年もの苦闘がついに終わったかのように、シカモアハウスを覆っていた暗雲は晴れた。僕は何か気に障ったりイライラすることがあるとカッとなりやすいタイプだから、苛立つことの多かったその数年は子どもたちにとって怖い存在だったろう。でもいまは再び、テディベアのように優しい大きなパパとして家族に接することができた。ディアドリーと子どもたちはさすがに大喜びで、お祝いに十八世紀の女性の大理石像を買ってきたほどだ。

それは八四年五月のことだった。僕は以降、八月はじめまでにもう二回アムウェイ本社を訪れ、図面を渡し、プロジェクトについて話し合った。

九月、アムウェイからテレックスが入った。再交渉したいので僕に会いに来るという。

しかし、彼らはとうとう来なかった。数日後、同社の顧問弁護士から僕宛てに、製品はまだ市場に出せる段階にないという理由で（よりによって）、不正行為、詐欺、事実詐称の罪で告訴するという手紙が届いた。ところが、何とも奇妙なことに、契約解消についてはひと言も触れられていなかった。そこで僕らは、手紙の性格からして計画を断念するつもりだと解釈していいか、という返事を出した。

これで残された道は一つしかなくなった。十万ドルの価値もない会社が何十億ドルもの規模の巨大企業と争うというんだ。

ジェレミーがプロトタイプスとの関係を断つと決めたのは、そのときだった（結局、八五年十月まで取締役は辞任しなかったけど）。掃除機はもともと彼の発明品じゃなかったし、みんなの金食い虫だった。そのうえ、事態はきわめて危険な様相を呈してきたのだから、彼を責めるわけにはいかない。

別れのときはいつの間にか近づいていたようだ。ここ数カ月、プロトタイプスはジェレミーの親友、スノードン卿の熱心な勧めで、室内用車椅子の開発をしていた。スノードンのアイディアはすごくいいものだった。従来の多目的車椅子は室内では非常に使いにくかったし、いろいろなゴミや汚いものも家の中に持ち込んでしまった。それに、室内で必要な機能は、屋外では不要なんだ。

そこでジェレミーと僕は、車輪に角度を付けて操作性を高め、簡単に折りたたんで車で運べる、モーター付き車椅子の試作品を作り上げた。ただ、僕はもっとデザインを個性的にしないと訴求力が弱いと思っていたのに、ほかの人たちはその点妥協ばかりしていた。市場に出ている車椅子の形にこだわるから、どうしても多目的になってしまうんだ。しかも、これに関して僕はただの助っ人にすぎなかったから、自分自身の掃除機ほどの関心は持てなかった。

ジェレミーと僕は関心が大きくズレ始めていた。もう引退間近の彼は、人の役に立ちたいと思って車椅子に取り組んでいた。米国でライセンス契約が成立すれば、入ってくる使用料で悠々自適に暮らせるとふんでいたんだ。ところが雲行きが怪しくなったので、もうたくさんだと思ったんだね。一方、闘う決意を固めていた僕は、とくに車椅子で気を紛らわせる必要もなかった。もっとも、十分な時間と場所さえあれば、実用的なデザインにしてみたいという気持ちはあったけど。

アムウェイに関して言えば、契約をめぐって係争中の僕は他社にライセンスを供与できなかったので、日ごとにかさむ訴訟費用でますます借金にはまり込んでいった。早急に和解する必要があった。

何カ月もの交渉の末、僕はアムウェイから支払われた金を全額返却し、同社はライセンス契約を解消して特許権を返却するという条件で和解に達した。八五年早々に、これですべてが「解決」した。

僕は無一文で、ひもじく、落胆していた。でも、少なくとも自由になった。東洋からの約束で再び希望の灯がともったのは、ちょうどそんなときだった。

第12章

「Gフォース大好き!」——助け船は日本から

あきんどの国◇ジーブズがチラッと姿を見せ、また急ぎ足で消える◇東洋の魅力◇欧米人の盲点◇大柄で、体臭が強く、魅力的でない僕をなぜ日本人は気に入ったのか◇なぜ彼らはサイクロンをもっと気に入ったのか◇指紋テスト◇世界で最も高額な掃除機◇頭がいいだけでは役に立たない◇英国は沈下の一途

またしても「振り出し」に戻った僕は、お先真っ暗だった。なぜなら、発明の売り込みはどこでも期待はずれに終わったのだから。まず最初、自分の会社からは、「もっといい掃除機があるというなら、フーバーかエレクトロラックスがとっくに作っていたんじゃないか?」という理由で拒まれた。次に、デザイナーの僕には財務のことなんかわかりっこないと決めてかかる経理屋から、支援を拒まれた。さらに、紙パック頼みの機械から方向転換する勇気のない、あるいは、どんな変革にも反対する主義の大手電機メーカー数社から、拒まれた。そして米国では、失望と、僕をどん底につき落とした大型訴訟にしか出会わなかった。

僕はほとんど絶望の淵にあった。そして、マーガレット・サッチャー政権下の自国の変貌が、毎日僕に絶望感をつきつけた。英国は、ナポレオンが昔あれほど僕らを軽蔑して呼んだよ

うに、「あきんどの国」になっていた。八〇年代の価値観は、金を動かすだけで何も創造しないシティの銀行家を持ち上げていた。広告は急速に英国の弊害となりつつあったのに、英国は不況の脱出策として広告を選びつつあった。

内側から見れば、八〇年代は「デザインの時代」だなんて、チャンチャラおかしい。あれは店舗を少し改装し、ネクストやソックショップ、タイラックのような店が人気を呼んだことをさして言ったにすぎない。なのに、店内に置かれた製品は、少なくともデザイン的には全然変わっていなかったんだ。

そんなわけで、英国企業は経営刷新の切り札として、大手の広告代理店やPR代理店にアドバイスを求め、自社こそ優秀で、新しく、刺激的な会社であると国民にアピールするため膨大な金をつぎ込んだ。その金を、これぞという本当に新しく刺激的なモノの研究開発に投資することなど誰も考えもしなかった。

だけどね、研究開発こそが長期の成長、富、安定を得る唯一の道なんだ。遅々として、退屈で、最初は金がかかるかもしれないけれど、辛抱すればあとにはダイソン社のように急成長、急発展の時代が来るんだ。

この泥沼から抜け出そうと、僕はまず、ドライクリーニングで富を築いたシドニー・ジェイコブという男に会うためハムステッドへ行った(彼とはアムウェイと係争中に交渉したことがあった)。当時、自分の会社ジーブズ・オブ・ベルグレービアをBSMに売却したので、新たな投資先を探していたんだ。僕はボロボロに疲れ、やけくそになっていた。たぶんシドニーはそれを敏感に感じ取ったのだろう。僕は彼ほど手ごわい男をいまだに知らない。交渉を始めた当初はまるでケーリー・グラントみたいにチャーミングだったけど、目が一瞬、剣のように冷たく光ると、鞘から抜かれ、鋭く斬りつけてきた。それまでが魅力的だっただけに僕は度肝を抜かれた。

ジェイコブは、使用料が莫大になりそうなことが気になる、僕が受け取る割合は売り上げの拡大に応じて減らすべきだと主張した。

「だけどね、シドニー。それが使用料の仕組みなんだ。そちらが売れば売るほど、僕の取り分も増えるんだよ」と僕は反論した。

「いいや。全然何もしない君が年五百万ポンドも受け取るのはまったく不公平だ。最初は多めに払い、あとは次第に少なくするのは当然だよ」

全然何もしない！　よく言うよ！　実業家というのは、目の前に出されたものがどうやってできたか、理解できない人種のようだ。僕は新技術を考え出し、開発も実験も特許の取得も全部自分で行い、巨額の金を費やしてきた。いまは、計画をうまくスタートさせるために他人の金が必要なだけなんだ。なのに、「何も」してこなかったと平気で言うんだからね。

僕が要求した使用料五％に対し、彼は三％を提示した。そして、この情けない数字を聞いて必死でこらえる僕に、さらに追い打ちをかけた。

「それは将来〇・五％ずつ減額していくという意味の三％だよ」

僕は毎晩、まるで自分がめった切りにされたかのような思いで帰途につく。そして車を運転しながら、やっぱりあんな提示には応じられないと結論を出し、翌日、彼にそう伝える。すると彼はいかにも傷つけられたといった様子で気分を損ね、僕は自分がまるでたかり屋のような気分に陥るのだった。

シドニー・ジェイコブは交渉を自分の立場でしか見ることができず、ほかの実業家を相手にするように、僕に対しても折り合いをつける必要があることなどまったく気づかなかったんだ。あの魅力の陰に隠れた冷酷さは、本当に身震いするほど怖かった。ずいぶんひどい仕打ちじゃないか、取引なんかするもんかという気持ちにさせられるんだ。

だから、そうしなかった。

僕はあちこちに絶望しながらバースをうろつき回ってた。でも何の成果も上がらないから、自分のがんばりも信念もますます狂気の沙汰にしか思えなくなっていた。ところが米国のプロダクトデザイン年鑑にでかでかと掲載された

「サイクロン」（八四年十一月のアムウェイ事件以来、販売が中止されていた）の写真を見たといって、一件の問い合わせが舞い込んだんだ。日本から。

わずかに興味を示したその日本企業、エイペックスは、たまたま英国にレイチェル・カーターという女性の代理人を置いていた。彼女は大作戦の最初の駒にすぎなかったけど、本人が語ったわずかな経験談からも、僕がこれからどんな異文化に遭遇するかはよくわかった。

七〇年代後半、イズリントンに住んでいたレイチェルは、英語を習いにロンドンへやって来た日本人ビジネスマン梶原健二（僕がとても尊敬するようになったビジネスマンらしからぬビジネスマン）に部屋を貸していたが、やがてこの男のアドバイスを受け、日本へ行って英語を教えることになった。ところが日本へ行ってまもなく、カルチャーショックと日本に適応できない自分に悩むようになった。

これは日本に三週間以上滞在した西洋人なら誰でも抱える悩みなんだ（僕も知っておくべきだった。最初の長期の日本訪問から帰ったとき、ディアドリーはすっかり様変わりした僕を見てショックを受けたんだ。いつも頭をぺこぺこ下げ、行動が控えめになっていた。大声を上げなくなったし、感情を押し殺しているように見えたというんだね。たった数週間前は周囲に当たり散らしていたから、これは気になる変わり様だった。元に戻るまでかなり時間がかかったよ）。ま、そんなわけで、レイチェル・カーターは英国に戻らざるを得なくなった。

帰国しても仕事のなかった彼女は、この成り行きに大きな責任を感じていた梶原の勧めで、エイペックスの英国代理店を務めるようになった。そして同社から連絡を受けて僕に会いに来たというわけだ。

バースの自宅に現れたのは、僕より五歳から十歳若く、ファイロファックスからシャネルのスーツにいたるまで当時のデザイナーブランドで身を固めた、上品でトレンディな感じの女性だった（もっとも、日本人のものの考え方を理解しようとするだけの繊細さと知性を持つ、控えめで芯が強そうな女性だった）。エイペックスがどんな会社で、僕に何を求めているか説明しに来たという。でも、本当は僕がどんな人物か確かめに来たんじゃないかと、僕はにらんでいたけどね。訪問を終えて会社に報告すると、開口一番「彼は芸者に会いたがってる？」と聞かれたそうだ。これは仲良くなった彼女が数年後に打ち明けてくれた話だが。

会談後、僕は金欠だけど行かなきゃならないと思った。一番安い航空便はモスクワ経由のアエロフロートだったので、戦前のフーバー・ジュニアに翼を付けたようなおんぼろ飛行機で日本へ飛び立った（機内の乗客はみな乗り物酔いの袋が手放せなかった）。それは取引の見込みなどまったく立たない、もっぱら思惑頼みの旅だった。僕には、なぜこの会社が物笑いになっている小さな英国企業に接触し、日本で売れそうもない掃除機に興味があると言ってきたのか、まったく見当がつかなかった。

二十世紀の末になっても、イギリス人にはまだ日本についてよく知らないという盲点があった。僕らはこれまでに異民族と良い関係を築き、お互いの理解はかつてなく深まったと口では言っている。ところが日本人にはいまだに魅了され、面食らわされ、驚かされ続けている。僕らをこうした袋小路に追い込んだのはメディアだ。おざなりな説明しかしないで、最初はあざけり、最後は一笑に付す傾向のあるテレビや新聞の文化なんだ。不肖ジェームズには、それについて言いたいことがいっぱいある。僕らは長年、日本の文化や習慣を明らかに異様な形で楽しんできた。

その結果、英国のビジネスマンたちは——八ガロンもの塩水を強制的に飲まされても最後まで吐いたり排尿しなかったご褒美に、身を切るような冷たい川に金切り声をあげて裸で飛び込み、生きたイカを食べる男のイメージをふくらませるといった——ほとんどパラノイアに近いノイローゼにかかり、それが産業国家としての両国の生産的な交流を疎遠にしてきたんだ。僕は日本（あるいは、無分別な連中がしいて呼びたがるように「日出づる国」、ときには蔑称の

「ニップランド」「ジャップだらけの国」「目のつり上がった東洋人の国」、あるいは不可解なことに「中国人の国」とまで言われる国）に旅立つ前、どうふるまえばいいか、こんこんと教えを授かった。まるで、初めて社交界にデビューする十八世紀の少女みたいに。

お辞儀や室内で靴を脱ぐ習慣、相手を立てて自分を抑えることなどすべてを守った結果、成果が上がらなかった初期の訪問中、僕はものすごく不自由に感じた。だって、日本人は異様で神経質で危険な人種なので、怒らせたら殺される、と思いこまされていたからね。日本のビジネスマンに対しては、うっそうとした密林の開けた場所で単身トラに遭遇したときと同じようにふるまえ。それが一般的に賢明とされていたんだ。

ビジネス国家として僕らがどこで間違っていたのか気づいたのは、三回目に日本を訪れたときのことだ。実際は、日本人もたぶんイギリス人以上に自己中心的で外国人嫌いで愛国主義者で、日本人以外はみんな「外国人」なんだ。大柄で、体臭の強い、まったく魅力的でない「外国人」。事実、日本人が口にする「ガイジン」は、大ざっぱに言えばイギリス人が使う「非白人」に近いと思う。最初の三回の訪問で、僕が日本人同士の会話から聞き取れたのはその言葉だけだった。それも、何回となく聞いた。

たとえば韓国人や中国人のように、民族的に近くてもダメなんだ。それでも嫌われるだろうし、事実もっと嫌われる。生粋の日本人でなきゃ、みな「ガイジン」であり、信用も好かれもしないんだ。

そこで僕ははたと気がついた。お辞儀をしたり、靴の汚れを落としたり、すしを食べたり、畳に座ったりしても、ほとんど無意味だってことにね。時間の無駄だし、相手に対して失礼なんだと。日本人が僕に興味を持つ理由は、もし興味を持ってくれたらの話だけど、ただ一つ、僕が彼らとは異なる人間だからだ。僕が重視すべきは、両者の違いであり、不器用に彼らの真似をすることじゃない。僕が違いを際だたせ、風変わりに見えれば見えるほど、彼らは僕に興味を示すはず。そう思ったんだ。

ちょうどカウボーイハットのテキサス石油王やハリウッド映画産業のユダヤ人重役、ニューヨークのタクシー運転手、フランス人サッカー選手が、人と違って風変わりであればあるほど興味を持たれるようにね。たとえば、ドイツのサッカー選手ユルゲン・クリンスマンは誰からも好かれていたけど、あんまりイギリス人になろうとしたため、面白みがないと思われた。一方、フランスのサッカー選手エリック・カントナは天才と呼ばれている。なぜなら、イギリス人になろうとしないで、絶対に英語を話さず、ナポレオンみたいな傲慢さを堂々と振りまいているからだ。

で、僕は下手な物真似はスパッとやめた。こぎれいなチャコール・スーツを着るのも、苦手な和食が好きな振りをするのもやめたんだ。僕がすしに拒否反応を示せば示すほど、彼らは笑うのだった。もう一つとても重要なこと。日本人って、何でも陰でこっそり笑おうとするんだよね。だから、そうしやすいように笑える何かを与えるといいんだ。

エイペックスの秘書は全員女性で、とくに親切だった。まず最初に年齢を聞いてきたから、僕が三十八歳だと答えると、「えーっ、もっと老けて見える。百歳に見えるわよ」とキャーキャー言いながら笑い転げた。それから、僕の鼻——なるほど高くて大きな鼻だよ、でも、からかわれるほどのものじゃないんだけど——をまじまじと見つめ、「エッフェル塔みたい」と金切り声を上げて、いつも笑うときはそうするみたいに、口を手で隠しながらまたキャッキャと笑い転げた。でも悪気はまったくないんだ。女性だけのビールの宴会にも招待してくれたしね。日本では、女性はみんな、なぜかビールの宴会をするんだ。でも、ちょうど僕が、アフターファイブの彼女たちとざっくばらんに話せる機会を楽しみにしていたとき、社長に見つかって止められてしまった。人類学的に貴重な価値のある機会だったのに。

代わりに、エイペックスの一室にあった巨大な家庭用レーシングサーキットで、一晩中、一種の最新版スケーレクストリック（スロットカー）につきあわされてしまった。バカにするつもりは毛頭ないけど、日本人はlとrの発音が苦手で、しゃべるときだけでなく、書くときにも間違えることがある。最初の掃除機が本格生産に入ったとき、エイペックスは見本一台を、化粧箱に入れて僕に送ってきた。この製品はパッケージに凝る時間も金もなかった割に良くできているなと思い、箱の裏側をひっくり返したら、「Gフォース　サイクロン式掃除機」の文字が目に入った。何と、Ｃｙｃｌｏｎｉｃ（サイクロン式）のlがrになっていたんだ。

まあ、それはそうと、エイペックスの人たちは僕のことをおかしがってクスクス笑い、僕はお辞儀するのをやめ、リラックスした。そして、みんなで一緒にたくさん楽しんだ。あのね、日本人の働き方を理解し真似するために、日本へ行って日本人の真似をする欧米ビジネスマンがいるけど、それってバカげているんだよ。一つには、日本人も実は日本人である振りをしているからなんだ。確かに僕らを礼遇してくれるし、「武士に二言はない」。

だけど、人を缶詰状態にしてトイレにも行かせてくれないほど厳しい法務部門もあるんだから。もちろん、より米国流のね。だけど、日本人にビジネスのやり方を教えたのはアメリカ人なんだから、ちっとも驚くことじゃないよね。トヨタの工場に進駐した米軍が、戦車の製造をやめ、自動車の製造を始めろと命令したのは、終戦直後のことだ。

「でも、僕らは自動車の作り方を知りません」と日本人は答えた。そこでアメリカ人が教えたんだ。時は変わって八〇年代。アメリカ人は何をしたと思う？　今度は日本人に「いいよ、もう自動車は作らないでくれ」と言ったんだ。

だから、表面上はこの優秀で尊敬すべき人々と日本流のビジネスをしているように見えるかもしれないけど、実際はまっすぐな黒髪と欧米人への嫌悪感を持つ小柄なアメリカ人を相手にしているんだ。

さて、僕が提唱してきた、この「日本人とはなるべく違うようにしていろ」というまゆつばに聞こえる説だけど、これは実に重要な僕の実体験から得られたものなんだ。それだけは言っておきたい。日本人は必要なときしか欧米人と取引しない。日本人同士で取引するほうをずっと好むんだ。鼻の大きい、体臭の強い「ガイジン」とは、いくら僕らが日本的な慣習に従おうが取引したがらない。だから、日本人との取引を望むんだったら、自分を実際より大きく見せないとダメ。彼らは変わり者のところにしか来ないんだ。だって、日本で満足しているんだから。十分に。わざわざ欧米人の不快なフェロモンのにおいをかぐ必要はないんだ。

イギリス人の消極主義とアメリカ人のバカげた過剰を経験した僕にとって、最初から取引にとても熱心だったエイペックスとの交渉は楽しかった。

エイペックスはまだできてまもない会社で、スイスの高級時計やファイロファックスを輸入販売していた。ファイロファックスを戦争中に英軍が使用していたものとして売り出し、日本で有名にしたのは、まさにこの会社だった。第一次大戦中、ある英陸軍大尉の胸に、三〇三ミリのライフル弾が命中したとき、軍服のポケットにファイロファックスが入っていたため一命をとりとめたという逸話と一緒に販売したんだ。サイクロン式掃除機でも、クリミア戦争のときフローレンス・ナイチンゲールが病室の掃除に使っていたとでも言って、同じようなことが起これば、それはそれで僕はよかった。

実際、エイペックスはこの機械を素晴らしいと思っていた。それまでに出会ったどんな人たちとも違って、この会社は僕のねらいを正確に理解し、またそれをどう売ればいいかも正確に知っていた。そして、わずか三週間で僕らは契約を結んだ。僕は前金として三万五千ポンド、さらに図面を完成させた時点で二万五千ポンドのデザイン料、そして年間六万ポンドの最低保証付きで十％の使用料を受け取ることになった。

「Gフォース」という名称は、最初の日本訪問でエイペックスの金谷会長と昼食をとっていたときに初めて話題にのぼった。「サイクロン」が付いた名前は使うことはできなかったんだ。というのは、ブラウンがその名称をすでに日本で登録していたし（一度も作らなかった製品のためにね）、「Gフォース」という名はこの機械に使われている技術を的確に表していただけでなく、彼らが好きな「GI」に少し響きが似ていたからだ。エルビス・プレスリーと何か関係があると思う。この取引に否定的な話はまったく聞かなかった（ともかく英語では、そして僕の耳に届く範囲では）。英国で僕をあんなに苦しめた、「いらぬ口出しをして何様のつもりなんだ」というバカにした話は一つも聞かなかったんだ。

彼らはいつも、ただ僕のところにやってきては「Gフォースっていいな、Gフォースっていいな」と言い、愛情に満ちた顔でハンドルをいとおしそうに撫で、うっとりと見つめるだけだった。いいじゃない。製品と機能に喜びを感じるのは、まったく健全なことなんだから。

僕の知る限り、そこには性的な要素は一切ない。「Gフォース」を家に持って帰り、一緒に寝る人なんて一人もいなかったしね。みんなはただ、人が彫刻を鑑賞するのと同じように、その機能にすっかり惚れ込んでいたからなおさらかわいかったんだ。会長から営業マンまでみな一様に同じ反応を示した。その結果、関係者全員の間に、成功を約束する絆が生まれた。僕はまるで天国にいるような気分だった。

八五年はじめから「Gフォース」一色になった。そうこなくっちゃ。僕はアムウェイを失った。ロトルクも失い、莫大な借金を抱え、生き延びなきゃならなかった。お金はもちろん重要だけど、もし日本での販売に成功すれば、アムウェイ事件の汚名を晴らせる。サイクロン式掃除機はうまくいった、僕らは誰もだましたりしなかった、ということを人々にわからせられると思ったんだ。

というのは、アムウェイの件は、他社との取引を不可能にしただけでなく――「なぜアムウェイは手を引いたのか?」「なぜロトルクは手を引いたのか?」と尋ねられるんだ――、落ち込んでいるときは自分もついそんな疑問を抱いてしまったものだ。頭ではわかっていたけど、それだけ神経が参っていたんだね。

僕には疑り深い人をやっつけてくれる成功が必要だったんだ。そして、もし日本でうまくいけば、闘うチャンスがあると思った。

翌年のほとんどは、日本で暮らした。「Gフォース」のデザインをして、生産に入るのを見届けるため、毎回六週間単位で滞在した。日本では頭も心も消耗してたけれど、こと仕事に関してはずいぶん驚かされた。彼らは昼夜を問わず常に働いていたんだ。僕が夜の八時に模型製作者に図面を渡すと、二十四時間後にはもう完璧な実用模型ができている。英国なら何週間もかかることだってあるのに。仕事に取りかかる前にチーム全員が集まって、「さて、問題はいくつあるんだい?」と話す英国気質もない。もし問題があったら、誰のせいにもしないで、自分たちの名誉にかけてそれを克服しなきゃならない。困難はそれだけだった。

「Gフォース」はほとんどの点で「サイクロン」と瓜二つだった。エイペックスはラベンダーとピンクの配色に強くこだわったが、それは僕を喜ばせた。この二色は昔、南フランスに滞在していたとき、毎朝眺めた野原の素晴らしいパステルカラーに触発されたものだったからだ。プロヴァンスの光と色彩は印象派の画家たちにインスピレーションを与えた。だから、最初の印象派の掃除機にインスピレーションを与えるのは当然のことなんだ。なぜ印象派かと言えば、それは世界が普通に考える掃除機でなく、僕に期待を寄せる掃除機だからだ。それまで誰も、家電製品にピンクやパステルカラーを使ったことはなかった。笑うのは簡単だよ。ホント、多くの人が笑ったんだから。でも、もしそれがうまくいけば、大きな訴求ポイントになるはずなんだ。

日本の連中はいったん色に納得し、デザインも気に入ると、僕も顔負けの完璧主義を発揮した。たった一つの溶接の跡も、ひっかき傷も、チリも、指紋さえも見逃さなかった。それはすべて製品を愛すればこその行為であり、彼ら独特の愛情表現だった。夜遅く工場から僕に電話がかかってくる。と、電話の向こうで相手が「大変な問題がGフォースに起きた！」と絶叫している。

どんな問題かと慌てて車を走らせ工場へ行くと、十数名の男たちが掃除機を囲んで半べそをかきながら「ねえ、見てよ」と叫んでいる。あいつらが何してくれたか見てよ。成形された部品の一つに、僕には見つけることすらできない指紋が付いていたんだ。おそらくストロボランプか何かを使って見つけたに違いない。一種の異常な執着ともいえるが、過去の日本の産業はそれで何の差し支えもなかった。いったん慣れてしまえば、それはいずれもう一つの称賛するものになるんだ。日本人と過ごしたその年、僕はデザインについてものすごく多くのことを学び、それはデュアルサイクロンを作るためにダイソン社を設立したとき大いに役立った。

八五年八月までに僕は図面を完成させ、そして八六年三月、「Gフォース」は一台千二百ポンドで発売された。高値にもかかわらず、あるいはそれゆえに、東京のファッショナブルな人々にとって必須の流行アイテムになった。

彼らがそれを使ったかって？　さあどうかな。日本では小型のシリンダー型掃除機が好まれ、縦型はあまり売れていなかった。家が狭いためこんな普通サイズの掃除機が必要なわけじゃないし、収納場所も限られているからだ。日本で、掃除機として使わないときは天板を付けてコーヒーテーブルにも代用できる縦型が売れていたのは、そのためである。もしかしたら、その見た目の良さが、掃除機をしまうスペースのない人々を引きつけたのかもしれないけど。

また日本人は床一面にカーペットを敷き詰めるのがあまり好きじゃないので、「Gフォース」のヘッドには特別に畳用の機能も付けた。でもデザイン界では、この半ば宇宙船、半ば掃除機のような奇抜なピンクの機械が、はたして日本のほとんどの家の片隅に立てられ、「あら」とか「まあ」とか感嘆されるのか疑問に思っていた。ところが、それは多くの家の片隅に立った。売り上げの伸びは緩やかだったが、わずか三年で年間千二百万ポンドを売り上げるようになった。

うれしくないことがあったとしたら――そんなことはあまりなかったけどね。この成功は僕が訴訟費用を支払い、自分の事業を続けられることを意味したんだから――、それはエイペックスが「Gフォース」をすき間製品として売り出したことだ。一方、僕はそれがけた外れの主流製品になると思っていた。さらに、このすき間戦略と高い小売価格が、明らかに僕に当然支払われるべき相当な金額を出し惜しむために利用されたことだ。

僕への十％の使用料は、エイペックスの販売価格で計算されることになっていた。エイペックスが卸売業者に、卸売業者が小売業者に、そして小売業者が消費者に売るまでに、この千二百ポンドという結構な価格になっているんだ。ところが悲しいことに、卸売業者がエイペックスに支払うのはわずか二百ポンドなので、僕の一台あたりの分け前はたったの二十ポンドにしかならなかった。

これがどんなに悲惨なことか、理由を説明しよう。卸売価格二百ポンドというのは通常、小売価格が約三百五十ポンドになることを意味する。それだと僕の二十ポンドもそう悪くは見えないし、この製品が見込める収入を妥当に反映している。でも、最終的には一台につき千二百ポンドで店頭に並ぶわけよ。ということは、「Gフォース」は決して回転率の高い商品にはならないだろうけど、単価を高くして少量販売すれば、僕の歩合（わずかに一％強）は非常に低く抑えているので、僕以外は誰もが儲かるようになっていたんだ。

僕はこの種の契約を多数の企業と結んできたが、いまはもっと好条件で交渉することを学んだ。ライセンス契約では、こちらが望んでいるように、最終小売価格で歩合を決めるのはきわめて稀だ。なぜなら、相手は最終的に小売価格がいくらになるかわからないと言うからだ。メーカー販売価格での歩合を受け入れると、消費者への販売価格の決定権を放棄することになる。だけど、販売量を決めるのはその小売価格なんだ。

　僕が過去にまとめた数多くの取引（たとえばロトルクとの「サイクロン」ライセンス契約）では、ライセンス先は卸売価格での歩合を提示しているように見えたが、実際は販売代理店が彼らと卸売業者の間に入ったので、僕の使用料は結局は本来あるべき額の半分にしかならなかった。エイペックスの場合は、もちろん僕の使用料は本来あるべき額の十分の一に減らされていた。

　結局、エイペックス（そして、八八年にライセンスを引き継いだアルコ）からはいつも年間六万ポンドの最低保証額しかもらえなかった。僕は実際の販売台数を正確に知ることさえできなかった。きちんとした販売報告書の代わりに、いろいろな数字をほとんど日本語で鉛筆書きした紙切れ程度の報告しか送られてこなかったから。それを手に入れるのさえ、強欲な人間から金を得るぐらい大変だったんだ。「Gフォース」の売り上げは年々上がっていたようだが、僕への報告書では最低保証額を超える売り上げがあるとは決して認めなかった。

　しかし、日本人との交渉は悪夢のようだった。だって、まるでスポンジみたいに、僕の質問を全部、ただ黙って聴くだけで、一つも答えないんだ。僕の質問に彼らの質問で答えるために、僕をたえず質問攻めにすることが戦術だったから、何時間話しても結局何もわからなかった。業を煮やした僕はとうとうアーサー・アンダーセンの外部監査役に助けを求め、彼らのモーター購入台数を調べてもらおうとした。それで実際の掃除機製造台数がわかるからね。

　日本人の税理士さえ雇った。少なくとも鉛筆書きの報告書を理解できるだろうし、同じ日本人同士なら腹を割って話すかもしれないと思ったからだ。でもその男は、相手の会社に行き、一緒にお茶を飲んで帰ってくると、素晴らしい連中だから何も心配することはないですよ、と僕に言うだけだった。

　しかし、彼らが実際にどれだけ売っていようが、どんなに不利なライセンス契約であろうが、僕が窮地を脱し、再出発できたのは、その金だった。そして問題があまりに煩わしくなり、ダイソン・デュアルサイクロン事業を始めるためにまとまった資金が必要になったとき、僕は大喜びで日本での権利を一括して売却し、あとは彼らに任せることにした。

もっとも、僕はやがて自分の機械を彼らに売るためにまた戻ってくる。そして本当に楽しい思いをするんだけどね。


あんなに拒絶ばかりされたあとに日本で救いの手を見つけたことは、当時は驚いたけど、実はそれほど驚くことでもなかった。日本人はずばぬけて頭がいいわけじゃないし、才気煥発を重んじるわけでもない。子どもの頃から社会に順応することを教えられるんだ。若者は西洋文化へのあこがれが強いかもしれないけど、僕がいた当時は、まだ順応することが重要だった。ファッションやポップミュージック、洋画への興味はまだ芽生えたばかりで、革ジャンだって、街頭ではまだ好奇の目で見られたものだ。それを着た少年グループが新聞の一面に載るくらいだったからね。

ところがいまはどうだい。日本マクドナルドのトップがアメリカ人があんなに背が高く、ブロンドで、力が強いのは、ハンバーガーをたくさん食べているからだと言って、若者の和食離れを促し、とりわけ日本人には縁のなかった心臓病の犠牲者を増やしている有様じゃないか。日本人はまた、失業も経験し始め、会社人間として安心して働ける環境はもはや当たり前のものではなくなってしまった。僕がいた頃はあんなにしっかりと守られていたのに、そして、いつ解雇されるかとびくびくしながら働く欧米社会からきた僕にはあんなに新鮮に感じられたのに。

ただし、精神的にはこうした大事な要素がまだ残っていて、だから彼らは僕のような人間、そして僕が作ったもののような製品にとってこれほど理想的なパートナーになったんだ。僕らイギリス人は自らを独創的だと思いたがっているけど、日本人はその意味では独創的でない。何かすごいアイディアの兆しが見えてきても、それで大成功しようと思ってしくじったりはしない。一歩一歩段階を踏んで進歩すること、僕がエジソン流と言った反復的な発展、つまり試行錯誤を何日も何日も根気強く続け、ある朝目が覚めると、世界をアッと驚かせる製品が生まれていることを信じているんだ。

そうやって日本は欧米にじわじわと追いついてきた。長い間、「ホー、ホー、ホー、日本人にモノは作れない」と誰もが口をそろえて言っていた。僕らは日本製オモチャをバカにしてまともにとりあわなかった。その安いプラスチックのがらくたが、優秀で誠実なアングロサクソンの職人芸に取って代わることは決してないと思っていた。何と、僕らは日本車も笑い飛ばしていた。初期のダットサン、トヨタの車を、あんなのお話にならないね、貧しい人が本物の車の代わりに乗る代物でしかないさ、と言っていたんだ。

しかし、日本人は常に学んできた。少しずつ改良しながらね。いまや彼らは最高の技術、最高のデザインを持ち、世界で最も優れ、最も信頼される車を作っている。順応性を重んじた昔、日本人デザイナーはいなかったが、個人主義に出会ったいまは、美しいモノも創造し始めている。そして、世界は驚いた。その成功はすべて、イギリス人が取りつかれている飛躍的発展のまさに対極にある、漸進的発展という考えから生まれているからだ。

英国では、僕らは長い間、ある意味で優秀だということに過剰な期待を抱いてきた。長い間、大切なのはクラスで一番になること、オックスフォード大学かケンブリッジ大学に進学して首席になること、天才になることだけだった。僕らはすべての希望を飛躍的発展にかけたが、英国の産業力が低下するにつれ、求められる飛躍はだんだん大きくなり、実現するのはものすごく大変になっていった。僕らは、一つの素晴らしいアイディアが英国を再び世界トップの座につかせてくれるかもしれないという夢を信じたんだ。

日本人は常に反対の見方をしていた。個人主義者を信じず、アンチ天才の文化を生きてきた。

それは健全だった。彼らは飛躍的発展はきわめて稀だが、不断の開発は最後にはより良い製品を生み出すことをよく知っている。それこそ、僕が彼らと共有する考え方だ。僕は飛躍的発展派じゃない。

七九年に思いついた最初のアイディアは大きな飛躍に見えるかもしれないけど、「Gフォース」が発売された八六年までに七年も経過している。しかも、僕が自分で生産を開始するまでさらに五年もかかった。それが漸進的、反復的な発展というものなんだ。僕が思うに、皮肉にも日本人は、この滑稽なドタバタ歩き回る「ガイジン」から、英国生粋の飛躍的発展を得つつあると考えていたんじゃないかな。あの機械を好きだったのは、あるいはそのせいかもしれない。でも、その意味では、僕はイギリス人の振りをしていたにすぎないんだよ。

いいかい、この「英国は発明王国」うんぬんの話は、僕らが好んで掲げたがる旗、多くの人の目を引きつける旗なんだからね。だけど、もし世界各国の特許庁を訪ね、最も特許申請件数が多い国はどこかを調べてみれば、それは英国じゃないはずだ。英国デザイン・カウンシルによる数年前の「革新の頻発地帯」に関する調査では、英国は特許申請者数の比較リストで人口十万人あたり登録者七・九三人の第十一位、日本やドイツ、台湾、そしてスイスなどの国々に遅れを取っている。僕が新たに特許を取得するときは、先行技術のチェックを英国の特許庁ではしない。だって、外国で見つかる可能性のほうがはるかに高いのだから。

いわゆる「発明王国」は、カラクタクス・ポッツのような男どもが国の命運を握っていた、はるかエドワード朝時代の英国に端を発する傲慢さの産物で、僕らはそれを産業国家になり損ねた言い訳に使っているだけなんだ。実のところ、本当に強い産業国家は発明をしてきた国だ。見かけじゃないんだ。実際に発明をしてきただけでなく、発明に敬意を払ってもきたんだ。発明家のアイディアに対する敬意は、一部には奇人イメージへの崇拝から生まれるんだけど、同時にそのイメージが産業界から見くびられる原因にもなる。

僕もそれこそ何年もそう見られてきた。実業家は発明家を、無鉄砲な発明にがむしゃらな情熱を注ぐ、頭の変な子供じみた人ぐらいにしか見ていない。浮世離れした、扱いにくい人間だってわけ。だから「ダイソン、君はデザイナーだよ。エンジニアリングやマーケティングや販売について何を知っていると言うのかね?」という嫌みをしょっちゅう口にするんだ。しかも、発明家は思いこみが強く、傲慢で、世の中から遅れている人間だと思っている。

何たって発明家が社内のエンジニアより良いモノを作り出すはずがないだろう? もっといい掃除機があるというなら、フーバーかエレクトロラックスがとっくに作っていたんじゃないか? てなわけだ。

産業の発明がらみの問題はそれで終わりじゃない。たぶん産業の衰退が原因だろうが、ただちに収益や売上高、あぶく銭を要求する短期収益志向の問題がある。デザインや研究開発、エンジニアリングはそんなものじゃない。それらは企業を長期的に刷新する、あるいは築き上げる方法を提供するんだ。

サッチャー革命による安易な貸付と利潤追求は、モノを作るのでなく売ることを奨励した。銀行やシティーからただちに収益を求められれば、企業は旧製品の売り上げ拡大に走り、結局は世界に冠たる広告産業と手を結び、あとはすべてをダメにしてしまうんだ(この状況が近い将来も変わりそうにないことは、応募倍率が二千倍に達する職もあるほど広告会社に大卒者が殺到する一方、大学でエンジニアリングを専攻する学生の数が減少の一途を辿っていることからもうかがえる。そして、大学が経費削減を迫られたとき、最初に閉鎖されるのが、広大な作業スペースと高価な機器が必要な工学部なんだ。ブルーネルが生きていたら、涙を流しただろう)。

広告はわずかな利益を手っ取り早く上げる方法だ。小売業界では、たとえば「Gフォース」のように、マージンの大きい高値で売って、長期的にははるかに高い収益を上げられる刺激的な新製品を生み出すチャンスがせっかくあるのに、利益率の低いつまらない商品を大量に売りたがる風潮が顕著になっている。でも、重ねて言うけど、それはハイリスクで長期的なものなんだ。僕の言うリスクとは、従来の意味においてだ。というのは、儲けは安物を大量に売ることでしか得られないとするのは視野の狭い考え方で、それは最終的には断然リスクの大きい戦術だと思っているからだ。

ま、こんなわけで、英国のエンジニアは世界一報酬が低く、企業内で最も冷遇されている。口先がうまく要領のいい連中が企業の主導権を握る一方、エンジニアはその陰にかすんでしまっている。日本のホンダやソニーのように、本当はエンジニアこそ企業経営の中心にいなきゃならないのに。英国のエンジニアは人が良く、押しが弱く、野心も少ない。ひたすら知識を吸収するだけで、小悪党にコロッとやられてしまう。もし英国が再び世界のトップの座に着きたいのなら、彼ら自身が交渉者、マーケター、会計士、営業マンにならなきゃダメだろう。

いまのところ英国は、研究開発にまだ関心は薄いようだ。いつだったかテレビで、当時の科学技術大臣デヴィッド・ハントが、研究開発に投資する企業に税制上の優遇措置を与えるべきだという科学技術カウンシルの勧告を拒否するのを、不快な思いで見ていた。彼は企業はモノを早くたたき売れって考えていたんだ。

僕はそのお粗末な決定を問いただすため、彼に質問状を出した。するとこんな返事が返ってきた。そのような優遇措置は投資をゆがめることになる。言い換えれば、企業は優遇措置を受けるためだけに研究開発に投資するようになる、と。

「まさに、その通りなんですよ！　そこがミソなんです！」と僕は書いてやった。

投資のゆがみは、いま広告にある。かりに広告に百万ポンドかけたら、収益はたちまち上がる。ところが、同じ金額を研究開発に費やしても、成果が現れるまで、もし一つでも成果が現れることがあるとしても、十年はかかるかもしれない。当然、誰もが広告に走り、奨励されるまでもなく未来永劫にそうし続けるだろう。そして、英国は瓦解する。

すべては学校教育の問題に行き着く。木工は粗末な小屋に住む頭の悪い人がするもので、モノづくりは立派なことじゃないと教える、あの恐るべき俗物主義に帰するんだ。金融バブルがはじけ、サッチャー時代の味気ない物質主義が消えていけば、事態は好転するかもしれない。当時、そうした期待はわずかにあった。でも、事態が最悪だった八〇年代、僕は何度も面前で門戸をピシャリと閉められた。だから日本へ行かなきゃならなかった。

そうするしかなかったんだ。残念に思うよ。

第13章

米国ではエイリアンがいきなり侵入？

米国に戻る◇アイオーナは掃除の意味を知っている◇アムウェイが自社製品を発売する◇僕らは訴訟を起こす◇僕は身動きが取れない◇長引く裁判◇業務用市場を一発で押し開け、もっと大切なことに向かう

「Gフォース」が日本を悩殺したおかげで、僕はこれまでとはまったく違う形で再び米国に猛アタックを仕掛けられる立場に立った。メーカーに技術ライセンスを供与しなくとも、現に成功している製品をそのまま米国企業に売ることができるからだ。何といっても日本から米国への家電製品の輸出ルートは確立しているのでね。

米国へ「Gフォース」を売り込む最有力候補は、ビデオカセットレコーダー市場がちょうど活況を呈し始めたときに、それを日本から輸出して大儲けしたビデオOEMという会社だった。アラン・シュガーの家電メーカー、アムストラッドと同様、ビデオOEMもメーカーと思われていたけど実際は何も作っていなかった。極東の無名メーカーの製品にブランドを付けて輸出していたんだ。これはすごく楽な商売なんだよ。在庫管理の経費以外に投資する必要はな

いし、新製品を売るわけでもないのでリスクもすごく少ない。

ところがここに、どんなビジネスでもそうだけど、零細企業が不当に扱われる素地があったんだ。いかがわしい商慣習にもっときちんと警戒すべきだったね、僕は。だって、そこの連中と初めて会ったのは、ラスベガスのカジノ、シーザーズ・パレスのスイートルームだったんだから。大理石の壁と部屋の真ん中に大きな円形ベッドが置かれた、まるでマフィアの親分が好むような部屋だった。だから、もっと用心していれば、ビデオOEMが僕と商談を始めた直後にひそかにエイペックスと会い、取引に応じる保証金として十万ポンドを提示したことに気がついていたはずなんだ。エイペックスはこの媚薬を着服し、僕にはひと言も言わなかった。必要ないものね。

この袖の下について何も知らなかった僕は、おめでたいことに、OEMとの交渉で要求した前金を拒否されたことに驚いた。前金は、偶然にも十万ポンドだった。

誰でもそうだろうけど、前金なしで取引に応じ、ほかの交渉をすべて止め、OEMの気持ちが変わるのを半年も待つつもりは毛頭なかった。金谷から電話が入ったのは、僕が取引の打ち切りを先方に伝えようとしていた矢先のことだ。そして、僕にこうアドバイスしたんだ。いつも前金を要求するのは間違っている、OEMがごたごたを起こすような会社でないことは自分が個人的に保証する、だからこの問題はもう忘れて取引を進めるべきだ、と。

だから僕はそうした。機械を製造するのは何といってもエイペックスなんだし、その彼らが個人的な保証で十分だというなら、僕にとっても異論はない。この十万ポンドの件を知ったのは、まさに契約を結ぼうと思っていたときのことだった。

僕の気に障ったのは、裏金が支払われたこと自体じゃない。金谷がその金を自分の懐にちゃっかり収めていながら、頼まれもしないのに前金の要求をあきらめろと言ってきたことなんだ。確かにエイペックスは製造元だけど、僕から買ったのは日本での製造権だけなので、僕の同意なしにはOEMと取り引きすることができなかった。米国への販売権は僕が持っていたんだ。そこで、義憤にかられた僕はエイペックスに対し、やっぱりこの取引はやめる、海外のことはこちらで自由にやると伝えた。

そんなわけで、僕は早速、ジェフリー・パイクというイギリス人が経営するカナダの会社アイオーナと北米向けの取引をまとめた。パイクとは八六年五月に、たまたま飛行機で隣り合わせの席に座り、二人ともフェイ・ウェルドンの同じ小説を読んでいたことから親しくなった仲である。あのはるか昔に国語のAレベルに落第したけど、僕の財産はあたかも小説が取り持つ縁で築かれそうに見えた。

ただ一つ障害になりそうなのが、アイオーナが米国企業レジーナと結んでいた非競争契約だった。掃除機を販売しないという一文が入っていたんだ。ちょっと微妙。だけど克服できない問題じゃない。

大学時代の友人にジョン・ウィーランズという名のとても優秀なインテリアデザイナーがいた。奇癖の持ち主で、なかでも洗髪方法が変わっていた。シャンプーで洗い、水ですすぐという普通の方法でなく、乾いた髪にパウダーをこすりつけ、髪を振って落としていたんだ。数年後、最初のサイクロン式掃除機を作っていたとき、僕は彼のこのドライシャンプーを思い出し、カーペットの掃除にも同じ原理が使えると考えた。ただ当時は、パウダーをサイクロンで散布する仕組みを自分の特許に含めただけだった。

その間、ミリケン社からカーペットのドライクリーニング製品「キャプチャー」が発売され、シンガー社が専用のクリーニング機を生産していた。この機械は紙パック十五個付きで販売されていたが、それでも足りなかった。紙パックがホコリですぐ目詰まりして吸引力が落ちるという元来の欠陥が、クリーニングパウダーのせいでますますひどくなっていたんだ。もちろん、僕は大興奮。だって、サイクロン式なら完璧だというのは一目瞭然だったからね。

さて、理想的と思われるのは、アイオーナの非競争契約の抜け道を見つけることだった。できあがる機械は、パウダーシャンプーを詰め、カーペットの上を振動しながら洗剤をまき、ブラシでこすり、吸引する機能を持つ掃除機になるはずだった。しかし米国では、掃除機とカーペットクリーニング機の市場は明確に区別されているため、当然、後者を生産することが問題の解決になった。

アイオーナはサイクロン技術を「ドライテック」というドライパウダー機に使用することで合意し、僕らは八六年七月三十日に契約を結んだ。会社は再び救われたけど、掃除機の交渉がずいぶん長引いたため、僕はその間にドライテックのデザインに取りかかった。

馬車置き場の工房にはもう何人か少数のスタッフがいた。王立美術大学を卒業したばかりのデザイナー数人、エンジニアと製図担当者各一人で、僕らは向こう九カ月間、洗剤を振動させながらカーペットにまく仕組みを開発し、それを縦型掃除機に組み込むことに全員一丸となって取り組んだ。八七年五月までに満足のゆく完成品ができ上がったので、僕は細部を最終的に詰めるためアイオーナに向かった。

ここでまた、トラブル発生の気配がした。シアーズは米国最大の掃除機小売業者だったので、大半のメーカーは彼らの言いなりだった。彼らが気に入った製品は、合格。気に入られなければ、デザインを変えるか、市場のほとんどに泣く泣くおさらばするしかなかった。

シアーズは僕のデザインを気に入らなかった。少なくともバイヤーは気に入らなかった。「ちょっとヨーロッパ的すぎるわ」と彼女は説明した。たぶん、モダンすぎる、斬新すぎるという意味なんだろう。ヨーロッパのデザインは米国より進んでいるから、古代の恐竜みたいにずんぐりむっくりした米国のデザインと比べると、突飛になりがちだ。僕自身のデザインは、前にも言ったけど、それよりもっとモダン、「ヨーロッパ的」になりがちだったんだ。

「この青い部分は、ちょっと奇抜すぎるわ！私はスマートでおしゃれなデザインがほしいの。フェラーリみたいな感じにしてよ」

　鶴の一声で、アイオーナは僕にデザインの手直しを求めた。

　アイオーナに譲歩したいのは山々だったけど、これにはためらった。シアーズの女性バイヤーにぺこぺこして、僕に彼女の言う通りに協力してくれというんだ。正直言ってショックだったね。ビジネスマンは、なぜいつもデザイナーを平気でこんな風に扱うんだろうか。僕には不思議でならないよ。会計士や弁護士には絶対こんな態度はとらないでしょ。デザインをアマチュアの道楽とか、よけいな飾りの一種だとでも思っているんだろうね。だから平気で横やりを入れたり、デザイナーをこきおろしたりするんだ。

　アイオーナも結局そうだった。僕にきっぱり断られると、米国のデザイン会社にドライテックの新しいデザインを頼んだんだ。コロラド州アスペンのデザイン会議で講演する予定のあった僕は、あとは連中に任せて現地に向かった。そこへ早朝二時、アイオーナから電話がかかった。シアーズのバイヤーが気に入りそうな素晴らしいスケッチができたので、デザイナーたちと一緒に最終デザインを詰めてくれないかというんだ。

「イヤだ」と僕は言った。「僕は君らのために自分で最高と思うデザインをしたんだ。それが気に入らないんなら、もうおさらばだ。これからもあの不愉快なシアーズ・バイヤーに牛耳られるんだったら、やっぱりおさらばだ。別のデザインチームを入れたいんなら、僕はそれでもいいよ。だけど、僕に参加してくれなんて図々しいことは言わないでくれ。じゃ、もう寝るからね」

　わかるでしょ。僕は頭にきていたんだ。柄にもなく強い口調は、そのため。

　一眠りし、翌朝、カッカしながら英国に舞い戻った。帰宅して三日後、アイオーナから電話がかかってきた（そう、最後には僕が正しいことが証明されるんだ。ほかにどんな展開があるというの）。

「悪かったね、ジェームズ。考え直したよ。君のデザインでいきたい」

僕は受話器を手で覆い、一、二回ガッツポーズをした。そりゃそうでしょ。でも、口では「素晴らしい。なぜ心変わりしたの？」としか言わなかった。

「シアーズの連中と会って、君のデザインと別のデザイン会社のを見せたんだ。すると同席していたシアーズのデザイナーがこう言ったんだ。『ダイソンのデザインは素晴らしいね、とてもヨーロッパ的で。そっちでいくべきだよ』。だから僕らはそうしようと思ったのさ。ジェームズ、もし君が良ければね」

願ってもなかった。そして、その年六月、僕の設計通りに作られたアイオーナの「ドライテック」が店頭に並んだ。

ドライテックの仕事を終えたちょうどその頃、僕らは掃除機の取引についても広範な契約を結ぶことで合意し、ジェフリー・パイクとアイオーナの社長アラン・ミルマン、顧問弁護士ウォーリー・パーマーが交渉のため英国にやってきて、バースのホテルに滞在した。あいにく僕の顧問弁護士は、進行中の別件に気を取られて、なかなか交渉の席につかなかった。カナダ人一行は、英国の典型的な良き田舎であるイングランド西部地方の観光で時間をつぶしていたけど、結局待ちくたびれて帰国してしまった。当然だよね。ただ契約は望んでいたので、今後は電話と郵便で交渉することになった。

しばらくは、大西洋を挟んで書類をやりとりしながら手続きを進めていたんだけど、やがて僕の弁護士がなぜか病気になってしまった。過労のせいか、あるいは、掃除機のライセンス契約交渉者に特有の病気に対する抵抗力がなかったのかもね。とにかく、それから何週間も病気で寝込んでしまったから、仕事はどんどん遅れ、どんなにせっついても契約書の文案はできあがってこなかった。

自分は抵抗力をつけたと言ったけど、それはウソだ。ある日の深夜、僕がバスルームで激しい頭痛でのたうち回っているのをディアドリーが見つけた。翌朝（なぜイギリス人というのは、いつも朝まで待つんだろう？）、僕は病院に担ぎ込まれた。六インチもの長い注射針を脊髄まで差し込まれて下された診断は、ウィルス性髄膜炎。僕はそれから数カ月間ベッドで過ごした。チームがせっせと働き、弁護士がぶらぶらしている間、テレビでクリケットの試合を観ていたんだ。そしてある日、やっとウィルスはいなくなった。

ビジネスでは物事はそう簡単に解決しないものだが、ライセンス交渉は決着まで秒読みの段階に入っていた。八七年十一月までに書類の作成を終え、僕らがボールペンをなめ、羽根ペンをインクに浸して、いまにも契約に調印しようかという矢先、大変な事態が起こった。二十三日の夕方、六時半ごろのことだ。

仕事を終えた僕が仕事場のドアの鍵をかけたそのとき、ディアドリーが夕闇に姿を現し、アイオーナの社長アラン・ミルマンから電話が入っていると告げた。

「やあ、ジェームズ。いまシカゴのシアーズの外にある公衆電話からかけているんだ。いままで、ドライテックの売り込みで彼らと会っていたんだけど……ええーとね、ちょっと問題があるんだ」

「またデザイン上の問題かい？　それとも透明ビン？　きっと、それだ。透明ビンはゴミが見えて汚いって言うんでしょ？」

「ジェームズ。問題はもっと深刻なんだ」

「機能しないって言ってるの？」

「いや、機能するってことは彼らも知っている。ジェームズ……すでに一台持っていたんだ」

「な、なんだって？」

「バイヤーがちょうど君のと同じようなサイクロン式掃除機を持っていたんだ。アムウェイが作ったんだって」

アムウェイはライセンス契約を結び、不具合があると難癖をつけ、契約を解消し、契約金を取り戻したうえ、デュアルサイクロンを自社で作ったんだ！

僕はショックのあまり、うしろにのけぞった。ディアドリーは僕の顔がみるみる青ざめるのに気がついたという。ああ、前にもこれとそっくり同じことがあったっけ。そうだ、まさにボールバローと同じだ。僕は怖ろしい既視感に襲われていた。アイオーナとのライセンス契約が危うくなることとは別に、その瞬間、僕は自分の一番大切な持ち物を奪い取られたような気持ちになった。

不当きわまりないと思ったね。自分の発明の研究開発と特許取得にあれだけの金と時間を投じてきたのは、この僕なんだ。借金し、財産を賭け、家族の幸せを危険にさらさなきゃならなかったんだぞ。なのに、僕が夢見ることさえできないほどの金と人手のあるどこかの巨大企業が自社生産し、販売を進めていた。僕らの先手を打ち、デュアルサイクロンは自社の独自製品だと主張していることが明るみに出たんだ。アイオーナとの契約はこれで頓挫するだろう。

電話を置くやいなや、一瞬、手負いのライオンのようなうなり声を上げ、手近にある物を二、三点たたき壊してから、米国の特許専門弁護士イーアン・マクラウドに電話をかけ、その代物を一つ入手するよう頼んだ。彼は客を装ってアムウェイの掃除機を買い、店頭の実演風景を撮影し、その写真を国際宅配便で僕に送ってきた。そして、僕の特許の少なくとも四点が侵害された可能性があると忠告した。見るのも不愉快なその代物自体は、数日後、郵便で届いた。

見たとたん、やられたと思ったね。それは見た目はまったくひどい代物だったけど、僕の考えた透明ゴミ収集ビンを付け、中には確かにデュアルサイクロンがあり、やはり僕のアイディアであるドライシャンプー付きで売られていた。ひどく醜いヤツだったけど、それがかえって僕のデザインをわざと根底から否定しているように思えた。やってくれるじゃないか。僕は怒った。

言うまでもなく、イラだっていたのは僕だけじゃなかった。アイオーナはコブラに睨まれたネズミのように恐怖で立ちすくんでいた。そして僕は、トラブルがまだまだ終わってないことを考え、背筋がゾクッとした。やっと重要なことが一区切りついたと思った矢先、米国での法廷闘争が再燃し、同時に僕のサイクロンが永久に葬り去られる恐れも再燃したんだ。

アムウェイを特許侵害で提訴した場合、勝つ公算はどれだけあるか。アイオーナはまずそれを弁護士に相談した。米国で特許訴訟を争うのはいつでも非常に困難である。というのは、この国は大変な競争文化――そうした競争を守るために発展してきた法律を持つ――なので、たとえば強力な特許のように、競争を阻害しそうなものは何でもつぶそうとする傾向があり、訴えられた側は比較的楽に勝訴するからだ。

ただし、僕らの事件は、理由はよくわからないけど有利だと言われた。あのね、米国では特許侵害の訴因として「機密情報の不正利用」を追加することができるんだ。アムウェイを信頼して情報（設計図と技術）を手渡したという僕の主張が、法廷で有利に働くのは明らかだった。だから僕らは闘える。でも、アイオーナはまず僕との再交渉を望んだ。

「裁判の面倒はうちが見るけど、訴訟費用は君の使用料から出してくれ。あと、この取引はもう以前ほどいい話じゃなくなったから、使用料の年間最低保証額は合意した額の半分以下にしたい。でも、君がそれでいいって言うなら、取引はまだ生きているよ」

僕にどんな選択肢があるっていうんだ。新しい条件をのむか、アムウェイを敵に回してもいいという別のライセンス先を探すしかないじゃないか。僕は憂鬱な気持ちで再契約を結び、訴訟に取り組み始めた。

ボールバローの件で、米国ではよそ者の弁護士が勝つことは稀だと知っていたので、僕らは事件が審理される町の地元弁護士を雇った。僕ら（すなわちアイオーナ、プロトタイプス・リミテッド、そしてジェームズ・ダイソン）は特許の侵害、機密情報の不正流用、そして僕にとって重要な僕への名誉毀損など、アムウェイに対してさまざまな訴訟を起こした。

もちろん、これは僕から見た話で、アムウェイのじゃない。実際、同社は訴状の内容をことごとく否認し、逆に僕に対して損害賠償を求める訴えを起こした。

それでもなお、僕らの法定代理人である優秀な弁護士ディック・バクスターは、最後にはこちらが優勢になると自信を持っていた。こちらにはいくつか内輪もめもあったから、僕らの顧問弁護士がいつまで事件に関われるかという問題もあったんだけどね。僕は彼らから「エイリアン」と言われた。彼らは明らかに自分たちのことを『スタートレック』の惑星連邦軍のつもりで全面的に闘っていたが、これはすべて僕らに多額の負担となってのしかかった。

訴訟が何カ月も、そして結局は何年も長引くにつれ、僕はほかの困難にも直面し始めた。アイオーナはドライテックの販売にただちに本腰を入れるつもりはなさそうで、売り上げはあまり伸びなかった。またファントム（その掃除機はいまこう呼ばれている）を市場に出回らせる努力も十分していなかった。なかでも最悪なのは、ドライテックの売り上げから僕は一銭も儲けていないことだった。使用料はすべて訴訟費用に消えていたんだ。僕がとるべき最善の行動は、ライセンス契約を解消することに思えた。

訴訟費用を払っているのは僕だから、アイオーナより製品をよく売る企業と新たにライセンス交渉することは簡単にできるし、新たな使用料の一部を訴訟費用に充てることもできたんだ。僕の弁護士は、アイオーナがファントムの販売努力を怠っていることを理由に、有利に契約解消できるとアドバイスした。八九年五月、僕はまさにそうした。

言うまでもなく、アイオーナは激怒し、僕がライセンス契約を不当に解消したとして、ただちに千二百万ドルの損害賠償を求める訴訟をトロントの最高裁判所で起こした。すべてが水素爆弾が爆発したかのようにメチャメチャになり、事態を法廷に持ち込まないため、僕らは結局、長時間に及ぶ再交渉の席に着いた。

最後には、公平かつ公正な和解に達し、訴訟費用を両者で均等に負担し、アムウェイ訴訟で勝訴したときには成果を均等に分配することで合意した。アイオーナは多くの国で製造販売する権利を僕に返すことにも同意し、僕らは再び最良の友になった。

プロジェクトはやがて利益を上げ始め、僕はさらなる多角化を視野に入れることができるようになった。製品が米国と日本の市場に出回ると、さしもの係争中の訴訟も、かのジョンソン・ワックス社の興味を止めることはできなかった。同社は訴訟の件を新聞で知り、僕の所在を突き止め連絡してきた。

「アムウェイとのもめごとは全部聞きましたよ。でも、わが社は違う。我々は君の技術を業務用市場向けにライセンスしたいだけなんだ」と彼らは言った。

アイオーナは縦型掃除機の小売市場のライセンスしか受けていなかったので、これは大きなチャンスだった。彼らは産業用、業務用に独占販売するタンク型掃除機とバックパック型掃除機（「ロケット・ヴァック」と呼ばれた）を提案してきた。

ロマンチックな理由から、僕はウィスコンシン州ラシーンにあるフランク・ロイド・ライト設計の同社ビルで契約に署名したいと言った。象徴的な意味で重要だと思ったからだ。でも、象徴的であろうがなかろうが、十二万ポンドの大金を断るつもりはさらさらなく、九〇年九月二十九日、僕は現地に飛んで契約を結んだ。そして、わずか一年でシースルーのかわいいタンク型掃除機の発売にこぎつけた。

九〇年末までに、自分自身と現状を評価するゆとりができた。僕はあれほど長い間苦しめられたひどい借金生活からやっと抜け出していた。Gフォースは日本で発売後三年たっても好調で、毎年きっかり六万ポンドが入ってきた。北米はドライテックで制覇したし、ジョンソン・ワックスとの取引で僕のサイクロンシステムはいまや世界中の業務用クリーナーに使うことができるようになった。

玉にキズ？

米国での訴訟は背後で火山のようにゴロゴロうるさく鳴り響き、その三年間、毎年約三十万ポンドの費用が僕を苦しめ、家族をおびえさせた。

でもね、おーい。人生は続くんだよ。僕はそれでも英国の縦型掃除機市場に挑戦する夢を描いていた。すべてがそこから始まったんだし、僕を最初に拒んだのもそこだからね。じりじりと円を描きながら少しずつその市場に戻り、僕を誹謗中傷した英国の連中が間違っていたことを証明するんだ。僕にはドライ掃除機があり、ピンクとラベンダー色の東洋のすき間製品があり、バックパック型とタンク型の掃除機があった。人々は少しずつわかりはじめていた。

でも、フーバー・ジュニアの紙パックを外し、ボール紙で作ったサイクロンを取り付けたとき、僕はもっと大きなことを頭に描いていた。そして、それを実行するときがきたんだ。

第14章

とうとう晴れて自由になった!

ジグソーパズルの最後の一片は全然合わない◇一人でやっていい?◇ようやく解決

九一年はじめ、ジェフリー・パイクの入れ知恵で、ヴァックス社から英国市場向けの縦型掃除機を作らないかと打診の電話があった頃には、僕はすでに肩の荷が軽くなりつつあるのを感じていた。いまやさまざまなライセンス先からの使用料はもちろん、新製品の頭金とデザイン料も転がり込んできた。

工房の少数スタッフと僕はライセンス先向けの掃除機や小物類のデザインをしていたが、ヴァックスとの取引はジグソーパズルを完成させる最後の一片のように見えた。彼らから提示された前金七万五千ドルは妥当な額だったので、僕は契約を結び、ただちに試作品のデザインを始めた。そして、わずか六カ月で模型とすべての最終設計図を完成させ、九一年の新年直前にそれらをヴァックスに送った。

ところが、しばらくたっても、ヴァックスが生産に入る気配はまったくなかった。

そこで初めて僕は問い合わせてみた。

「ああ、ハンドル部分のデザインが気に入らないんだ。ちょっと弱いかなと思って」と言うじゃないか。

で、僕はハンドルを再度デザインする。すると、またしばらく音沙汰がない。やがて、いじくり回す必要のあるほかのことを見つけだす。こんな調子が八カ月も続くと――もう七月になっていた――、ヴァックスはいつまでもぐずぐずした態度を続け、決して生産に入らないことは僕の目にもはっきりしてきた。故意にしているとは思わなかった。だって、その技術を市場から締め出すためだけに契約を結んだとは考えられなかったからね。でも、そのもたつきと誠意のなさには腹が立った。

最初の交渉で最低保証使用料の支払い発生日について主張しなかったのは僕のミスと言わざるを得ない。支払日の明記されない契約を結んではいけないんだ。そうしないと、一銭も支払われないまま、それが果てしなく続くからだ。僕は契約に支払日を入れることをヴァックス会長アラン・ブライザーと議論したけど、にべもなく断られてしまった。

「わが社はできるだけ早く生産に入るよ、ジェームズ。心配するなって。支払日を入れる必要なんてないさ」

「素晴らしい。もしできるだけ早く生産に入るというなら、支払日も早くしてもらえるよね」

しかし彼は何もしようとしなかった。そこで、ヴァックスから要求された主なデザインのやり直しを終え、九月になってもまた何も連絡がなかったとき、僕はブライザーに電話してこう通告した。

「君にこいつを作る気がないなら、僕がやる」

「ダメだ！ わが社は独占ライセンスを持っているんだぞ」彼はギャーギャーわめいた。

「構うもんか。君たちはやる気がないし、僕はもう待ちくたびれた。自分で生産に入る」

「訴えるぞ！」今度は脅した。

「早くそうしたほうがいいよ、相棒。僕にはもう生産ラインが始まった音が聞こえる」

カッとなったブレイザーは、このとき自ら契約破棄の手紙を送るという大きな間違いを犯した。その後ヴァックスは僕らに対して数百万ポンドの損害賠償を求める訴訟を起こした。僕らも、契約不履行として同社に対してさらに数百万ポンド上乗せした金額の損害賠償を求める訴えをただちに起こした。でも結局和解し、それを最後に袂を分かった。

ただ、さしあたり僕は、実際にはもう二年に及ぶんだけど、メガトン級の訴訟を二つ同時に抱えていた。気を紛らわそうと、プロトタイプス・リミテッドのために、とくに英国市場を意識した小売市場向けの新しいタンク型掃除機のデザインを始めた。あとで別会社のダイソン・アプライアンシズを設立できたら、すぐそちらにライセンス供与するつもりだったんだ。

資本金もなく、収入の大半をアムウェイ訴訟につぎ込んでいた僕には、外部からの投資なしでは生産に入ることなどできなかった。ボールバローを始めたとき、僕はデヴィッド・ウィリアムズという男に接触していた。そして、僕らの金型をすべて彼のプラスチック製造会社W・C・B・で組み立て、代金は製品の売り上げから分割で差し引いてもらっていた。好都合なことに、彼は英国最大のプラスチック加工会社リンパックを経営していた。

ウィリアムズと僕はボールバローのときのように、掃除機でも類似の契約を入念に練り上げたが、例によって、口うるさい法律家のヤツらがよってたかってがんじがらめの契約にしてしまったため、何もかもが難航し、大仕事になってしまった。製造に必要なわずかな金型を手に入れるだけで、法務費がたった数日で四万五千ポンドに膨れあがったとき、僕はもうすべてを忘れ、これからの人生は何か別のことをしようと考え始めていた。

ところが、どこからともなく素晴らしいことが起きたんだ。『オズの魔法使い』でもそうだけど、サイクロンではそんなことがしばしばあるんだよね。つまり、小人風の種族マンチキンの小さな木の家が竜巻に空高く巻き上げられ、溝の真ん中にいた悪い魔女の上に着地したとき、マンチキンが感じたに違いない一種の解放くない状況だったけど。悪い魔女にとってはうれしくない状況だったけど。

なんのことか、わかんないよね。実はこういうことなんだ。

リンパックとの契約の詰めは弁護士たちに任せ、僕は休暇を取ってディアドリーとフランスのプロヴァンスに行き、僕らの将来について話し合った。アムウェイ訴訟から手を引くのが、たぶん一番いいかもしれないと思ったんだ。訴訟がなきゃ、あれだけ多額の金をもっと生産的なことに使えるのだから。

その段階では、まだ訴訟はディケンズの小説『荒涼館』に出てくる「ジャーンディス対ジャーンディス裁判」のように、まるで永遠に続き、関係者全員の人生を覆い包んでしまうかのように見えた。僕はあきらめるタイプの人間じゃないけど、人生は長くないからね。それに、金のことで言い争い、証言録取に延々と応じるよりは、もっとほかのことをしたかったんだ。ただディアドリーは僕よりしぶとかった。あんなに大金を費やしたんだからあきらめずに闘争を続けるべきだとよく言っていた。

ある晩、僕らがワインを片手にコオロギの音色に耳を澄ませながら、自分の悩みなんて小さい小さい、闘いなんてする価値がないと、ほろ酔い気分に浸っていたとき、電話が鳴った。

弁護士のディック・バクスターからだった。

「何だと思う？」彼は言った。知るわけないじゃない。

「訴訟の解決について話し合っているんだ」

でも、僕が何度目かの証言録取に応じるために米国へ飛び立つ日が迫っても、まだ和解に達していなかった。ヒースロー空港で荷物をチェックインし、出発ゲートへ向かっているとき、ふと思い立ってディック・バクスターに電話した。僕が頭上の搭乗案内を見つめていると、彼が電話に出た。

「ジェームズ、すべて終わったよ。もう君の証言録取は必要ない。僕らは……」

最後の言葉は周囲の騒音にかき消された。でも、それを聞くまでもなく、僕は安堵の笑みを浮かべた。もう訴訟費用は要らないんだ。

そこで僕はきびすを返してチェックインデスクで荷物とチケット代を取り戻し、ターミナル4から英国の明るい日差しのもとへ出て、車で帰宅の途についた。バクスターの言葉はいつまでも耳に鳴り響いていた。

これは、フーバーの紙パックを外した日以来、僕の人生で最大の転機だったと言ってもいいだろう。自分で掃除機を生産するための唯一最大の問題は資金不足だった。そんなときに、もう訴訟費用に多額の金を失わずにすむということはさながら天の恵みだった。わずか数日前に僕にすべてをあきらめさせようとした元凶、あのキャッシュフローの漏出をついに止めてくれたのだから。堤防の小さな穴に指を突っ込んで水漏れを防いだ寓話のオランダ少年のように。もっといいのは、アムウェイが自社製品を発売し続け、僕らの共同ライセンス先にもなったことだ。そこで、双方でお互いに対する訴訟を取り下げ、アイオーナを含む三者で掃除機の販売を続けた。

障害だった訴訟がなくなり、以前のように金銭問題で悩むこともなくなった。そして、交渉が長引いているリンパックとの取引をあきらめ、デュアルサイクロンの自社生産に再び挑むことにした。すべてのリスクを自分で引き受け、またみじめな借金生活に戻りたくなったわけじゃない。それより他人の金を使い、引き換えに株式を少し譲渡するほうがいいと思ったんだ。最初に電話したのは、もちろんマーチャントバンクだった。

反応はおよそ信じられないものだった。どの銀行もこぞって僕が自分でいくら出せるか知りたがったんだ。それが最大の関心事だった。

「いいですか、僕らは事業化のメドはもう立っているんです。ただ金型を作るのに七十五万ポンド必要なだけなんです。僕は特許の取得にすでに百五十万ポンドもかけてきましたが、特許は満杯の紙パックのように一つの漏れもありません。また、このシステムの開発にも十二年間で二百万から三百万ポンドかけてきました。その結果、製品はこれまで日本と米国で素晴らしい販売実績を上げています。技術の有効性にも技術に対する消費者の反応にも問題はありません。ただ金型を製造して量産体制を整え、店頭に並べるための資金が最後にあと少し必要なだけなんです」

「大変ご立派ですよ。でも、この百万ポンドのうち四分の三は私たちから出すとして、あなたはいくら出すつもりなんですか?」

「だから言ったじゃないですか。僕はすでに約四百万ポンドも使っているし、この十二年間は……」

「ええ、ええ、わかります。でも、実際いくら出すつもりがあるんですか?」

これが銀行の態度だった。八、九行のうち四行の名前を挙げれば、クローズ・ブラザーズ、アラン・パトリコフ・アソシエイツ、チャーターハウス・インベストメンツ、そして最も革新的なベンチャー・キャピタリストと言われていた3iさえも。このとんでもない経理屋たちには現金しか理解できないんだ。このようにアイディアやデザイン、経験よりも金を高く評価するのは、サッチャー世代のもう一つの遺産だ。現金を持っている人間が力のある人間なんだ。すでに投資された金すら目じゃない。いったん使ってしまった金には、たとえそれから何かが生まれたとしても、もう力はなくなるのだ。

わずかに興味を示した銀行も一、二行はあったが、それも僕が自分で経営しないことが条件だった。「ダイソンさん、あなたはデザイナーですよね。ビジネスについて何かご存じですか?」とうるさく言うんだ。

「お言葉ですけど、僕は実に多くの事業を成功させてきたんですよ。しかも、この十二年間は、あなたもご存じの研究開発という最もむずかしい事業をしてきたんですから」

「ダイソンさん、問題はそこじゃないんです。私たちが資金を出すとなれば、話はまったく変わるんですよ」

まったく間抜けな理由で門前払いを食らわせられるたびに、僕は怒りで髪をかきむしった。あのバカなヤツらは「デザイナーはビジネスやマーケティング、販売について何も知らない」と言うけど、そんなの大間違いだ。製品がわかるのは、人々が何を望んでいるのかわかるのは、モノを作る人々なんだ。この銀行家のような連中こそ、建設業者やメーカーから力を奪って英国をダメにした元凶じゃないか。

僕はウェールズ省の補助金給付業務を担当する独立公共機関、ウェールズ開発庁に当地での掃除機生産計画を申請したことがある。担当者は最初は例の「もっといい掃除機があるというなら、フーバーかエレクトロラックスがとっくに作っていたんじゃないですか?」というセリフを口にしたが、試作品を見て気に入ってくれた。ウェールズ省の強い勧めで、僕は二万ポンドも払って首都カーディフにある四大会計事務所の一つを通じて申請書を提出した。設計図が上層部に上がる段階で、どの経理屋もいったんは却下するけど、その後で試作品を見ると惚れるんだ。

僕がイタリアで金型の価格交渉をしている間に、ウェールズ省との会議で資金援助が決まったのに、当時のウェールズ省担当大臣デヴィッド・ハントによって即座に却下された。僕は驚かなかった。デヴィッド・ハントって知ってる?

ウェールズ省の誰もが明らかにサイクロンに夢中だった。なのにハントは「もっといい掃除機があるというなら……」と繰り返し、極端に資金不足の計画だと言い張ったんだ。ほかの誰もが資金計画は妥当だと考えていたので、その後数カ月間、僕はウェールズ省からうるさく再申請を迫られた。でも、断固として譲らなかった。彼らが現状のまま受け入れるか、すべて忘れるかだ。

デヴィッド・ハントは心を動かさなかった。そこで僕は、ミュージカル映画『チキチキバンバン』でジェームズ・ロバートソン判事がディック・ヴァン・ダイクに言ったように、「せっかく機会をあげたのに、しくじったな」と言ってやった。

政府のバカめ、マーチャントバンクのバカめ。とにかく資金を借りなきゃならなかった。しかし七十五万ポンドもの資金融資は、地元銀行の支店長に頼むには話が大きすぎた。

ロイズ銀行への最初の申請は、スウォンジーにある本店で即座に却下された。でも僕はマイク・ページという銀行家らしからぬ支店長と出会えてとてもラッキーだった。彼は僕のために奔走し、チェルシーとバースの自宅を担保に六十万ポンドの融資を取り付けてくれた。このときもまた僕はディアドリーの気丈さに驚かされた。すでにこれほど我慢を重ねているのに、再びわが家を失うかもしれないのに、微動だにしなかったんだ。

あとは、金型を注文し、掃除機の生産を進めるだけだ。

だけど、ちょっと待てよ。どんな掃除機だっけ？　不浄なお金の話に夢中になって、話がどこまでいったか忘れてしまった。あの素晴らしいページさんは、もちろん僕らが資金を何に使うか確認せずに六十万ポンドもの大金を融通してくれたわけじゃない。それは、最初の、とても美しい縦型ダイソン・デュアルサイクロンのためだったんだ。


でも、最後に掃除機の話をしたときは、まだヴァックスと張り合うために乾・湿両用のタンク型カーペット掃除機の製造を計画中だったはず。シリンダー型八十万台、縦型百十万台に対して、ヴァックスの年間八十万台の市場シェアはとても魅力だった。この市場について大事なことは、僕らがそれをまさに一網打尽にできることだった。

従来の技術では、水洗いは悪夢だった。ドライクリーニングするときは機械に袋を装着しなきゃならないし、水洗いのときは水がこぼれるのを防ぐため袋を外して浮動弁を付けなきゃならなかった。一度に一つの仕事しかできず、しかも水洗いのあとは水を捨て、機械を乾かし、袋を装着する手間が長々とかかったから、役に立つなんてものじゃなかった。だから、その年間八十万の客をたちまち僕らの手中に収められることはわかっていたんだ。

しかし消費者テストでは、僕らの製品はかなり使いにくいと思われていたし、市場シェア三分の一のヴァックス製品よりはるかに優れてはいたけど、僕が本来考える発明からはかけ離れたものだった。

カーペットの掃除に関しては、単純にドライクリーニングパウダーをカーペットにふりかけ、吸い込むだけで効果的なことを発見した。それは縦型掃除機が完璧にできる仕事だった。乾・湿両用システムの場合は、カーペットの上に洗った所と洗わなかった所の境目ができたり、便器に水を捨てたりしなければならない欠点があったんだ。

ヴァックスの市場シェアに目がくらみ、僕らは本来の主義から逸れてしまった。つまり自分に忠実でなかったんだ。すでに実証済みのGフォースによく似た機械を作るほうがよっぽど良かった。ドライクリーニングパウダーを機械と一緒に売ることもいつだってできたし。なぜかというと、カーペット芳香剤「シェイク&ヴァック」の成功で、たとえ僕らの機械が実際にカーペットをきれいにできると思ってもらえなくても、人々は掃除の前にパウダー芳香剤をふりかけることにもう慣れていたからだ。シェイク&ヴァックは結局、カーペットに不快な匂いを残す以外の何物でもなかったけど、人々は買っていた。

僕らの感触を裏付ける数字はなかったから、工房にじっと座ってそんな方向転換を決めるのは、かなり重大なことだった。でも、僕らは決めた。そうしてダイソン・デュアルサイクロンが生まれたんだ。その後九二年五月に新モデルのデザインができる（そして、喜ぶページ氏に自分の仕事をするよう説得する）まで、人間の妊娠期間と同じくらいの期間が必要だった。それは、まさしく胎児の手足の指が育つために必要な時間だったんだ。

Book4
Doing a dyson

第4部 ダイソンする

第15章

ダイソン・デュアルサイクロンの完成

タコと格闘◇自分がタフだと思うなら、ここに来てごらん◇デュアルサイクロンをバルコニーから何度も放り投げる◇ムダな取っ手でなく、何か役立つ特別なものを◇色をシルバーにして。あとは少し落ち着いた黄色に◇見通しのいいビン◇そして、ついにデザイン哲学

いよいよ僕が最新の技術革新を取り入れて完全に僕の手でデザインし、僕一人の指示で生産、発売、販売した掃除機の話となります。

この頃には、日本と米国からの使用料収入で給料を払うことができたので、僕は小さなチームを抱えて、庭の片隅にあるかつての馬車置き場で一緒に仕事をしていた。僕が最初に使い始めたときは、まだ電気も水道も照明も暖房もなくてわびしかったけれど、長年かけて徐々に手を入れ、修復してきたおかげで、その頃にはかなり素晴らしい仕事場とオフィスになっていた。

チームはシミオン・ジュップ、ピーター・ギャミック、ギャロフ・ジョーンズ、マーク・ビッカースタッフェの四人で、みな王立美術大学（RCA）を卒業直後の二十代のデザイナー・エンジニアだった。この素晴らしい仲間と一緒にいると、まるで自分もRCAを出たばかりの

ような気持ちになり、長年の苦闘で刻まれた顔のしわや白髪なんて忘れることができた。さらに、ジューディス・ヒューズがいた。彼女はチームをまとめ、仕切り、調子を維持する司令塔だった。快活で機転が利き、ひょうきんで親しみやすく、鉄の心臓も震え上がらせるような有無を言わさぬ声の持ち主だった。昔ならさしずめ「快男子」と呼ばれていたタイプだったから、すぐチームになくてはならない存在になり、いまでも僕らと一緒に働いている。

これは決して僕を筆頭にした親分子分の集団じゃなかった。僕らは、「世界に挑戦できる掃除機をデザインする」ってミッションを背負ったものすごくエキサイティングなバンドだった。

このチームで僕はやっと、自分が信じていたことを誰にも邪魔されずにすべて実行に移すことができたんだ。「デザインと機能は、切り離せない関係にある」とか、「完全なる美というのはエンジニアリングの追求から生まれる」だとか、「新製品の技術的利点は、技術そのものを生かして製品を楽しく使えるようにすれば必ず消費者に理解してもらえる」といったことをね。

技術を遊びでなく楽しく生かした好例は、瞬間切替機能が付いた伸縮式ホースだ。いまのデュアルサイクロンのハンドルにある黄色いボタンを押してホースを伸ばせば、通常は届かなくてイライラする部屋の隅や高い場所もきれいに掃除できる。楽なことは誰の目にもわかるでしょ。消費者はその機能を楽しんでいる、と僕は思うよ。顧客からの反応を見ると、それはお気に入りの機能の一つで、デュアルサイクロンがまさに男性の人気を集めた最初の掃除機になった理由の一つでもあるんだ。でも、その快適な機能を実現するためにどれほどの手間と時間がかかっているかは、誰にも想像できない。ホースを軽く「スルッと」引くだけで、たとえば戸口の上に積もった人や犬の毛なんかも吸い取ることができるのは、すべて瞬間切替機能のおかげなんだ。

ところが、八二年に僕の実演でそのホースを見たエレクトロラックスは、八六年発売の自社機種にそれを搭載したけれど、さすがにバルブまで頭が回らなかった。ホースを搭載しただけで、大げさに「高い所の掃除」を強調したんだ。でも、「高い所の掃除」をするには、ホースを一分近くいじり回さなきゃならなかった。見た目の特徴は真似できても、肝心の瞬間性には気がつかなかったんだ。これでシリンダー型掃除機と同じようにホースの吸引が楽になるはずだったのに。

次にエレクトロラックスはホースを搭載したのは自社が初めてだと主張し、あらゆるメディアで宣伝した。バカめ。まあ、すぐにそれはやめさせたけど。でも、僕らがまだヨーロッパでホース搭載機を生産していなかったのは事実だから、彼らにとっては有利だった。僕らはホースの切替機能を完璧に実現しようと躍起になっていたので、開発が大幅に遅れたんだ。

何しろ大変な仕事だったからね。彼らは僕のように完璧主義者じゃないから、思いついたらすぐホース型のものを売り出すことができた。しかも、あとになって、いくら「ウチの製品のほうが瞬間切替スイッチが付いているからいいでしょ」と言っても、そんなものを見たこともない消費者にわからせるのは簡単じゃなかった。エレクトロラックスはそれをよく知っていたんだ。

ところが、僕のこの潔癖症が長期的には強みになった。

デザインにどんなに小さな改良を加えても、それは必ずライバルに利用されてしまう。たとえば、僕らの成功に慌てたフーバーは、自社製品のほうが吸引力が高いことを主張する戦略に出た。そして、吸引力測定器と称する代物をフーバーとウチのホースのノズルに付けて測定し、結果を比較するという巧妙な宣伝を打ったんだ。吸込口を完全に覆って、圧力を計測したとあちらさんは言っていたけどね。フーバーが勝った。

もちろん、フーバーが勝つに決まってるでしょ。というのは、僕はホースを開発していたとき、そのサイズや形状、吸引力の強さを考えると子どもには危険なものになるなって心配していたんだ。子どもは好奇心が旺盛だから、きっと中をのぞき込む。それで目が吸い込まれなんかしたら大変だ。そこで、僕はノズルに排気弁だけでなく、コッド・マウス・オープニングと呼ばれるもの（口を開けた鱈に形が似ているから）を付け、それを細長い溝の入った広めの包皮のようなケースに収め、吸入ポイントが目で、あるいは吸引力測定器で完全に塞がれないようにしたんだ。だから、そのバカげたテストに「落ちた」んだよ。（このアイディアを考えていた当時、僕はロンドンのムーアフィールルズ眼科病院に電話し、どのくらいの圧力をかければ眼球が吸い出されるか看護師に聞いてみたんだ。最初はいたずら電話と思ったらしいけど、彼女は実際にはかなり高い圧力が必要だと教えてくれた。そんなことをなぜ知っていたかというと、彼女自身、掃除機のノズルをしばしば目に当ててみるからなんだって。信じられない！）

発明というのは、とぎれずに続く流動的なプロセスである。発明は新たな発明を生む。事実、ほとんどの発明はそうして生まれる。無から生まれることなんて滅多にない。だから、僕の最初の掃除機「ＤＣ01」（そう呼ばれることになった）はデュアルサイクロンがベースになっているけれど、その後十二年にわたるイノベーションを経て、そして発売直前の九カ月の間に、ほかの数多くの改良がもたらされた。

当時、乾・湿両用タンク型掃除機の袋小路を抜け出した僕たちは、縦型掃除機用の曲線タービンファンの開発を着々と進め、理論的な行き詰まりで失った時間を取り戻していた。設計はすべて二階にあるオフィスのコンピュータで行い、模型は階下の「工場」で作った。働くには素晴らしい環境だった。いるのはデザイナーとエンジニアだけで、誰にも干渉されなかったからね。横から口出しする営業マンも広告マンもマーケティングマネージャーもいなかった。頭にあるのは、自分たちの夢の製品を作り出すことだけ。市場調査もフォーカスグループも関係なかった。正直、それはデザイナーの夢精だった。そんなの滅多にないことだよ。世の中はそうじゃないもの。

自分一人の判断で何もかも先に進め、百万ポンドもする金型を注文するなんて、普通はやらせてもらえないでしょ。何か悪いことでもしているみたいだった。僕らが何をしているのか外の人には全然わからなかったから、まったく信頼されなかったわけじゃないにしても、ときには信用の問題で厳しい壁にぶち当たった。たとえば、何でもいいけど、いざ金型を購入しようとすると、取引に不安を感じた相手から代金を現金で前払いするよう求められた。

しかも、デザイナーはビジネスの最前線に立てるというのが僕の長年の夢だったから、実際に金型を注文し、製造業者に指示を与えるには、僕ら自身が単なるデザイナーからビジネスマンに変身する必要があった。でも、その前に、デザインすべき製品があった。

新型機は基本的にはGフォースと同じ形にするつもりだったが、そのピンク・マシーンの内臓をさらけ出したようにすべてを見せるスタイルとは逆に、もっと航空的、工学的にしたかった。

まず最初に、配管をすべて本体内部にしまって目立たなくした。Gフォースは宇宙タコが自分と取っ組み合いをしているような感じだったからね。また、ただ一つの最も重要な先端技術をよりはっきり見せるために、サイクロンとゴミ収集ビンをより目立つようにした。

サイクロンとヘッドの部分には何百もの小さな技術的改良を加え、同時に、完成デザインではネジや継ぎ目、部品を減らすことに全力を注いだ。そうすることで、機能の本質に沿った最も効率的なフォルムが生まれ、また生産に必要な金型の数を減らすことができた。生産コストがまだ正確に予測できなかったので、これが一番大事な点だった（プラスチック金型は一台約二万ポンドもするので、不必要と思われる部品はもったいぶらずに全部ボツにした）。

これはみな、あのコミック誌『イーグル』のSF『ダン・デア』に夢中だった五〇年代からずっと抱いてきた、NASA（米航空宇宙局）の技術に似ている製品を作りたいという僕の夢の一部だったんだ。

だから絶対に壊れないことがきわめて重要だった。そこで本体にはゴム成分（ブタジエン）含有量が非常に高いプラスチックであるABC樹脂を、透明ビンにはポリカーボネートというプラスチックを使った。これは治安の悪い地域で店舗の窓ガラスに使われるタイプの素材で、レンガや野球バットの衝撃にも耐えるほど強固なんだ（ブレア首相なら、「容赦なき」デザインと呼ぶかもしれない）。

僕は耐久性についてかなり詳しかった。ジョンソン・ワックスとのライセンス事業で、二種類の業務用掃除機の開発を一年ほどやった経験があったからなんだ（どちらも「ヴェクトロン」として知られ、タンク型のほうはとくに楽しかった。透明なビンに入ったサイクロンが三百六十度どこからも見えて、『スターウォーズ』のR2D2ロボットを若くかっこよくした感じだった）。

業務用掃除機は、普通の家庭よりはるかに汚い過酷な環境で、一日八時間、毎日酷使されることに一生耐えなきゃならない。消費者用なのに業務用と似た仕様で作られていることも、DC01に人気がある理由なんだ。

エンジニアならハンマーテストはよく知っていると思う。もちろん僕らも機械をたたき壊すテストは何回もしたけど、もっとすごいこともしていた。馬車置き場の一階の床は大理石、二階オフィスからの階段は鋳鉄製だった。不運なデュアルサイクロンの多くは階段の上から放り投げられ、勢いよく下に転がって床に激突したんだ。

いま考えると、何もそこまでテストしなくてもと思うけど、たぶん少し幼稚だったんだろうね。音がすごかったから、誰かが掃除機を持ち上げたとたん、残りのメンバーは塹壕の兵士のようにその場にうずくまって耳を手でふさいだものだ。みんな長時間働きづめだったから、緊張をほぐすのにいくらかは役に立ったと思うよ。でも、床にとっては災難だった。

動くテスト道具を最初に作ったのもこの頃だった。掃除機をつかんでカーペットの同じ場所を前後に押し続ける自動操縦のロボットアームで、一日二十四時間、週七日、何カ月もぶっ続けで車を走らせる自動車整備工のようなものだ。このテストは機械の持久力を知る貴重な指標となったけど、僕らが夜寝ているときも、週末で不在のときも休まず掃除し続けていたので、火事の心配が少しあった。

でもスプリンクラーを買うゆとりはなかったから、自分たちで工夫したんだ。庭の水道の蛇口から長いホースを引き込み、壁から天井をはわせてテスト道具の真上まで伸ばし、余った分は天井に巻いて固定し口を密封した。そして蛇口は開きっぱなしにする。こうしておけば、加熱やショートが原因で道具から火が出たとしても、炎がホースを溶かして水を下にまき散らし、火を消すだろうと思ったんだ。幸いにも、それを試す機会は訪れなかったけど。

この宇宙工学技術の持久力と強度が確認できたら、次は、人目を引くためだけの、あるいは見かけ倒しの小細工をなくす番だ。大気圏へ再突入するとき、ポキッと折れたりパッと燃え上がってしまうかもしれないでしょ。つまり、脱臭剤とかカーペット切替ダイヤルのようなバカげたつまみやボタンをなくすのよ。最近の掃除機、そしてほとんどの家電製品のデザインには、先端技術を気取っただけの無意味な遊びが氾濫している。これらのがらくたはすべて、デザイナーの怠慢と関係がある。つまらない技術やお粗末なデザインの製品を小手先で面白く見せようとするからなんだ。機能崇拝者の日本人にはカーペット切替ダイヤルを付けてくれとずいぶんせっつかれた。でも僕は、自分のＤＣ01にはそんな不必要なものは一切付けないつもりだった。

僕らはセールスマンのいない環境で、マーケティングの心配などせずにただ自分たちの理想の製品をデザインしていただけだから、「付属品」を取り去るのは簡単だった。でも、小売店との商談ではヘッドの高さ調節機能はあるかといつも聞かれた。僕らは、このヘッドにはカーペットの毛足の長さ、それどころか石や木の床に合わせて自動的に角度を自在に調節する機能が付いていると説明したけど、くだらないセールストークをするにはＤＣ01はいまいち付属機能が少ないように思われたんじゃないかな。

たとえば、ＤＣ01にはコード自動巻取り機能が付いていなかった。縦型の場合はコードをハンドルの突起に自分の手で巻き付けるほうがよっぽど早いし、トラブルの原因になりかねないくだらないものを一つなくせるからだ。

もちろん、本体を垂直状態から解除するペダルもなかった（僕の経験では、それはいつもスイッチを入れるペダルと混同される）。その代わり、重心をぐるりと囲むフレームを付けた。ということは、掃除するときの自然な角度、つまり四十五度で機械は完全にバランスを保ち、それより低い角度になっても常態に戻るんだ。垂直状態から倒すには、ヘッドを足で下げるだけでいい。そのために小さなへこみを両脇に付けた（混同するといけないから足形のへこみをね）。いいかい、両脇だよ。だって、サッカーのイングランド代表だったジョン・バーンズやクリス・ワドルなんかが買っても、右足しか使えないなんてことはしたくないでしょ？

さらに安定性を高めるため、伸縮式ホースを基部につなぎ、ホースを長く伸ばして使っているときも、つまずかないよう掃除機を自分のうしろに従えられるようにした。同様に、二つの大きな車輪によってダイソンを引きずらなくても操縦、回転しやすくし、また階段を楽に上れるようにした。

清掃用部品、ブラシ、すき間用ノズルなどの付属品は、戸棚にしまい込んだまま忘れられたり紛失することのないよう、すべて本体に収納されていた。

しかし、ＮＡＳＡらしく見せるのに最も重要だったのは、たぶん色だろう。僕らは本体を機械仕上げのアルミでできたように見せたかった。最先端のハイテク製品という特性を一番良く伝えると思ったからだ。アルミニウムはもちろん重すぎるし高価になりすぎる。でも、ほとんど透明のプラスチックにアルミニウムの薄片を加えることで、ユニークな金属効果のあるプラスチックを作ることができた。

　実際、アルミニウムはきわめて良質の接合剤でプラスチックになじみやすい性質だが、初期の段階では、アルミニウムがところどころ固まって霜降り牛肉のような縞模様が生じやすかった。僕らはアルミニウムの流れをコンピュータで分析し、どの時点で縞をつけ始めるか突き止め、直前で縞になるのを防ぐことでやっとその問題を解決した。

　黄色を採用したのは、デザインを強調する、誰も使ったことがないので僕らのカラーになる、製品が楽しく見える、この三つの理由からだ。黄色は工事現場で危険注意のサインや保護用ヘルメットに使われているし、自然界でも、黄色はスズメバチやトラのように「危険—近寄るな」という意味があるから、この機械は捕食者だぞというメッセージがよく伝わるでしょ。

　何はさておき、それまでの家電のうんざりするほどやぼったいブルーと赤紫色を使用しなかったことで、DC01の機能的、ハイテクな特性が強調された。スッキリした金属的なデザインは家庭的な雰囲気をまったく感じさせないものだったから、初めは戸惑った消費者もいたかもしれない。でも、その感じを最初からわかってもらうことが必要なんだ。

　ピンクとラベンダーの「サイクロン」と「Gフォース」もそうだったけど、黄色とシルバーはDC01の大きな特徴となった。発売当初、ダイソンの掃除機はやっと人目につきだしたばかりでまだ名前は知られてなかったから、店頭で「あのシルバーと黄色の掃除機」はないかと問い合わせる人が多かった。

　競合他社は最初こそこの配色を陰でくすくす笑っていたが、僕らに市場を奪われるのを見たフーバー、エレクトロラックス、ミーレの各社は、九六年までにこぞって黄色を配した新機種を発売した。特許の関係で僕らの技術はマネできなかったので、それが彼らにできる精一杯のことだったんだ。でも、消費者はごまかされなかった。家電製品を買うときは色だけでなく、性能も考慮するから、いくら色でごまかそうとしたってその手にはのらないんだ。

この配色は、機械は「デザイナー」のしかるべき理由にもとづいて作られなきゃならない、という考えにとても近い。機能がすべてだから、凝りすぎたデザインはもってのほか。うるさく繰り返すけど、デザインは機能性の追求から生まれるんだ。たとえばハンドル前面のリブは、アルミパイプの無骨なカーブを本体の流れるようなラインにすんなり調和させるために、またハンドルのその部分を強化するために入れられた。おかげで、オートバイのフィンを思わせるハイテクな外観という副次的なデザイン効果も生まれた。

サイクロンの左側にある曲線状の黄色いフィンの付いたプレモーター静電フィルターは、アフターモーターフィルターとともに、モーターブラシの摩耗によって発生する炭素粒子（〇・〇一ミクロンまで有効）を捕らえる。これらはほかの掃除機では室内に排出される。ほかの曲線と逆の曲線を描く黄色の小さなフィンを置いたことで、対称性を破る「デザイン」効果が生まれた。フィン付きフィルターを簡単に出し入れできるようにしたのは掃除をしやすくするためだったけど、それでビデオゲームやCD-ROMを連想させてハイテクっぽいイメージをさらに高めるためでもあったんだ。ゴミ収集ビン上部の段差構造も内部に収めるパーツの形で自然にそうなっただけだ。「アールデコ風」だと言われるけど、わざとそうしたのじゃない。

アレ、また「僕は、僕は」と言いはる悪い癖が出た。基本に戻ろう。

収集ビンはもちろん透明だ。たぶん、これこそ最も重要な特徴だったかもしれない。一番ブルーネルっぽいしね。これがあるからこそ、サイクロンが回転する様子もゴミがどこにたまるかも見ることができ、機械の働きを理解することができるんだ。だけど、多くの潜在ライセンス先は透明だと機械が汚く見えると思ってこのアイディアに難色を示し、アイオーナは薄い色のビンを米国で生産した。たいていの小売店も同じ考えで、英国の最大手百貨店ジョン・ルイスは初めてこれを見たとき、薄く色を付けたほうが見た目にいいだろうと言った（同社は実際に半透明のプラスチック・ビンを製造し、九四年はじめに一部の店舗で販売してみたが、すぐにやはり透明のほうがいいと言ってきた）。

とはいえ、見た目が奇妙で用途の明快なボールバローがショールームで目立ったように、透明な収集ビンにゴミが一杯詰まった掃除機は潜在顧客の目を引くはずだった。なぜなら、普通の人は家を一番きれいにする掃除機を買いたいだけなのだから、この掃除機の長所をくどくど説明しても難解すぎてなかなかわかってもらえないだろう。自分の目で確かめることができないのなら、誰かのつまらないセールストークを聞いたほうがまだましということになる。

でも、店頭に勢揃いしたきれいな掃除機のなかに、満杯のゴミが一目でわかるこの奇妙な外観の掃除機を見たら、どう？　絶対に効果あると思わない？

もう一つの思いがけない効果は、僕の言う「ドイツのトイレ」の原則だった。人は排泄のあと、水を流す前に自分がしたものを見ようとするでしょ。トイレで十分間粘ったかいがあったとわかるとうれしいものなんだ。収集ビンにたまったすごい量のゴミを自分の目で見るのもそれと同じ。やっぱり掃除したかいがあったと思ってうれしくなるんだよね。

もっといいのは、たとえばお金やボールペンのキャップ、切手、ペットのネズミなど、捨てたくないものを誤って吸い込んでしまっても、あとでビンを見て気がつくかもしれないこと。紛失したと思ったものを探すことだってできるんだ。南フランスに滞在中、ランチに招いた女性客がダイヤモンドの婚約指輪をなくしたことがある。場所はどうも外のプールサイドのようだったので、僕はしばらく庭中に掃除機をかけまくり、およそ十分後、サイクロン内部でくるくる回っている指輪を見つけた（注意―自宅でやってはいけません）。

独創的なデザインが人に与える効果はまちまちで、予想がつかないものだ。僕は取材に来たジャーナリストからこう言われたことがある。「ゴミが集まるところを透明にして、外にある廃棄物をことごとく見せつけるというのは、既成のデザインとは逆の発想ですね。これは、リチャード・ロジャーズが、建物のまさに心臓部である空調機器とエスカレーターをむき出しにしたポンピドゥー・センターの設計で先駆けた、ポストモダニズムの建築スタイルに賛同するものなんでしょうか？」

「いいえ、ゴミが一杯になったらわかるようにしただけです」

革新的なことなら何でも中傷する人はいつでもいるし、それをまったく扱えない人もわずかながらいる。この問題に関して僕が気に入っている名言は、BBCテレビの番組『マネー・プログラム』の取材に応じたある一人の男性から発せられた言葉だ。記者にDC01の透明ビンについて感想を聞かれたその人は、「なんとなくいいとは思えないな。言っていることわかるかい？」とあの典型的な英国口調で言ったんだ。

もう何年もの間、僕は自分のデザイン哲学や発明哲学についてたびたび聞かれてきたので、ときどき質問した人たちのためにそれを文章に書き留めようとしてきた。でも、簡潔にまとめるのはむずかしい。というのは、そのほとんどは自分が見たり学んだりしたことが頭の中にごちゃごちゃに混在しているだけだからだ。でも、言ってみれば次のようなことになるかな。

1．製図板を眺めていてもアイディアは生まれない

だから、これをしてはいけない。僕はかねてからフランシス・ベーコンの「クモとハチ」の類推が好きだった。彼の説明によると、クモは自分だけを頼りに体内から糸を吐き出して巣を張り、毒のみ生産する。それに対してハチは、自然界一般の原材料を加工して、ハチミツを生産する（ま、そんなような話だ。もしかしたら、思い違いがあるかもしれない）。

いずれにしても、ベーコンは書斎にこもるのでなく、むしろ田舎を歩き、自然を観察しながらいつも良いアイディアを思いついていた。だから、外へ出ていろいろなものを見よう。そしてアイディアが浮かんだら、それをつかみ、書

き留め、うまくいくまでいじくり回そう。ただ机の前に座っていればアイディアが浮かぶなんて思わないこと（ただし、これだけは忘れないでよ。ベーコンは冷凍チキンを発明しようとして肺炎で死んだんだってさ）。

2．日用品は売れる

成熟市場の製品を改良するのはむずかしいけれど、成功すれば市場を創出する必要はない。たとえばクライヴ・シンクレアのC5が実現したようにね。前にも言ったように、外界と孤立して考えていても助けにはならない。自宅にある製品の気に入らないところをリストアップしてみよう。僕は最初の試みでフーバー・ジュニアの悪い点を二十カ所も見つけた。

3．新しい技術で注意すべきこと

これは説明するまでもないかもしれないけど、人々が「発明した」と僕に書いてくるものの多くは、面白くて役に立ちはするが、既存技術の改良にすぎないため、誰でも合法的にマネできる。本当の新技術というのは特許が取れる発明のことだ。それなら、誰にもマネできない。

自分がどんなものを思いついても、それはたいてい以前誰かがどこかでわずかに似たものを作っていた可能性がある。そんなわけだから、特許審査に際しては、自分のしていることが彼らのしたことに比べていかに独創的でユニークであるかを指摘しなきゃならない。これはとくに米国特許商標庁では多くの場合かなり困難で（前に話したように）、審査官がうるさくて閉口することもしばしばある。

特許を取得しようとすると、たぶん二万ポンドはかかるだろう。それも一回で取得できた場合だ。でも、そんなことは滅多にない。僕が米国である特許を取ろうとしたとき、何らかの精神的な問題のため、審査を何度も中断する格別むずかしい審査官にあたった。僕らのしていることがユニークなことは認めて、いったんは特許成立への道を開く。だけど六週間後に申請却下の手紙が届き、すべてをまた最初からやり直さなきゃならなくなるんだ。その特許を一つ取得するためだけに特許専門弁護士の費用が十五万ドルもかかった。

特許を取るにはこのように高い費用がかかるので、より多くの客、すなわち主要な消費者か生産者がいる国でしか申請する意味はない。なぜなら、特許権者が特許侵害の訴えを起こせるのは、模倣品が製造されている国か、販売されている国のどちらかに限られているからだ。サイクロンの特許を、たとえばメキシコで申請するぜいたくなどとても僕にはできなかった。

自分の発明に新規性がある、つまり新技術だと証明するのが非常に困難なこともある。前に「先行技術」について触れたが、自分が見つけた発明のほとんどは、どこかに何らかの形で少し似ているものがある可能性がかなり高いからだ。しかも、それは誰かが実用化を試みた事実がなくても、思いついただけでもいいんだ。

先行技術は特許権を付与されている必要さえなく、公表された事実だけでいい。ウィンドサーファーの悲劇的な話がいい例だ。

元々のアイディアは、カリフォルニアの数人の少年たちから生まれた。ボードの上にマストを立てたんだ。ただ、帆が倒れるたびにボードもひっくり返ることが問題だった。そこで帆を操作する手段として、ほかのボートのようにロープでなく、リグ部分とボード部分をつなぎ合わせるユニバーサルジョイントを考えついた。彼らはこの素晴らしい技術を古き良きエジソン流の方法で開発し、大成功を収めた。

ところが、その後誰かが特許に異議を申し立てた。どこかの腹立たしいヤツが十年前、あるヨット雑誌に、自由に動くジョイントを底に付けたマストの作り方をスケッチ入りで説明した手紙を送っていたことがわかったんだ。彼は自分でその特許を取ったわけでもないし、小さな問題をすべて解決したのでも、それを実用化したのでもない。が、それが先行技術だ。雑誌に掲載されたことで、十年後にウィンドサーファーの特許は無効にされ、誰もがマネできるようになったんだ。

エレクトロラックスにホースのアイディアを盗用されたとき、僕が無力だったのも同じことだ。ホースの特許を申請したとき、僕らは米国の誰かくだらんヤツがはるか二〇年代に縦型掃除機の背面にホースを付けたことを発見した。彼はそれを実用化したわけでも生産したわけでもなかった。それでも、六十年後に完全に実用化した僕の特許成立を阻むには十分だったんだ。

おまけに、特許の恐ろしいところは、特許が成立しても費用はそれで終わりにならないことだ。以降、特許を毎年更新するために、国によっては最高二千ポンドもの莫大な金額が請求されるからだ。しかもこれは、零細の発明家にはまず払えそうもない金額だ。というのも、発明はまだビジネスとして儲かっていないはずだから。英国の更新料は一部の国ほど高くないけど、それでも年に最高四百ポンドかかることもある。

僕は、発明は本や音楽と同じようにクリエィティブな芸術だと思っている。芸術には毎年の更新料なんか請求されないじゃないか。仮に僕が年間更新料を払えないとしても、なぜ特許庁が僕から特許を取り上げていいんだ？

たかが書類にハンコを押すだけのくせに。行政当局は新技術の発見にあぐらをかかせないためだと主張している。だけど、それこそくだらんね。ホント。更新料なんて、ふところにゆとりのある大企業に有利なだけで、零細の発明家に不利なのは明らかじゃないか。

これは人権問題だと思う。だから僕は、この本を書いている合間に英国貿易産業省をヨーロッパ人権法廷に提訴した。

4. エジソン流の原則を守る

エンジニアリングは一つのものの考え方、あるいは少なくとも仕事の方法だ。どんなことも半年やれば専門家になれるが、あまり数字ばかりをいじる仕事は避け、現場で経験を積むこと。既成概念にとらわれない自由な発想、すなわち水平思考は飛躍的発展をもたらすことがあるし、しばしば新たな発明に結びつく（たとえば、ちょうどデュアルサイクロンがボールバローから生まれたようにね）。

テストにテストを重ね、ありきたりの手法や他人の意見を取り入れるのでなく、自分の目が捕らえた事実のみを信じること。ときには世論や市場調査と真っ向から対立することもあるかもしれない。でも、それらは「何が起きたか」を教えてくれるだけなんだ。「何が起きているか」を教えてくれる調査なんてないんだよ。

5. 発明はたえまない変革ありき

マルクス＝レーニン主義の歴史観を擁護するわけじゃないけど、どんなこともあらゆる角度、機能から何度もよく考え、改良を重ね、「あらゆる」問題を解決するまで決して満足しないこと。そうすれば、必ずライバルより優位に立てる。あらゆるレベルでの機能的な問題を解決し、できるだけ高い完成度に達することがなぜ大事かというと、それが消費者の満足を高めるだけでなく、関連特許につながるからだ。

関連特許はきわめて重要だ。特許の有効期間は二十年間で、思うほど長くはない。いい例が草刈り機だ。フライモの特許が切れたとたん、クアルキャストをはじめ各社によってたかって食い物にされた。もし僕が最初の発明で満足していたら、似たような目に会っていたかもしれない。しかし技術改良を続けたおかげで、いまやこの機械で百件以上の関連特許を持っている。その多くはサイクロンの改良に関する特許なので、僕らの独占権は無期限に伸びるはずだ。

自分の発明を手放したくなければ、たえず改良を重ねること。それしか道はない。

6. 機能が生みだす表現豊かなデザインを

重要なのは内側。僕らはそれを証明したと思う。外側から考え始めたら、失敗することは目に見えている。たとえばコンピュータのデザイナーが、キーボードはわずかにバラの香りがする紫色の十字形で、真ん中がくぼんでいて角は少し浮いていなくちゃと初めから決めてかかったら、有用なものや特許性のあるものはおそらく何も生まれないだろう。

ただし、いったん自分の技術を確立したら、それを引き立たせるデザインを創り出すことはできる（ひょっとしたら、はるか昔にバイアム＝ショー美術学校で教わっていたのはそれかもしれない。何でもまず輪郭からでなく真ん中から描けと言われていたのだから）。

機能から生まれたデザインは、これは良いよ、買うべきだよとモノが自ら語ってくれるんだ。もし「不快」あるいは「ナンセンス」に見える製品なら、おのずと効果は知れたものだ。

僕が崇拝する一人で、戦後デザインの古典である大衆小型車「ミニ」を五九年に発明したアレック・イシゴニスは、デザインとは単にモノに形を与えることでなく、新技術を統合して機能を改良することだと信じていた。ミニが成功するには、技術的長所を引き立たせる外観はもちろんのこと、空間を節約するエンジン配置、エンジンとギアボックス両方へのオイル供給といった特徴も同じように重要だったんだ。「スタイルを与えただけの車はすたれる」と彼は言ったが、同じ型のミニの生産が三十年以上も続いたことがその正しさを証明している。

プロダクト、製品っていうのはきちんと機能して初めて素敵なんだ。まず機能があって形が生まれる。あとは好きなようによそと差をつければいい。オレンジ、赤、ピンク、ラベンダー、シルバー、グレー……と色をつけていくんだ。だって、消費者を楽しませるのは何も悪いことじゃないんだから。僕らだって、みんなでボールバローに乗っている写真やディアドリーとサム、僕が庭でＤＣ01を押している写真を宣伝に使ったりした。

製品に人間性を持たせることもできる。リブやフィンはＤＣ01を宇宙機器っぽく見せるが、ちょっと機械が息をしているようにも見せている。Ｇフォースではピンク色とチューブの曲線がそれを際だたせている。後発のシリンダー型ＤＣ02も、大きな昆虫のようだと形容されているが、掃除中にときどき視界に入る姿は二十一世紀のロボットペットのようだ。

見た目が平凡では製品は売れない。外観がほかの製品と変わらなかったら、気の毒な消費者はどうやって見分けたらいいいんだ？

もし僕が従来の掃除機の特徴を踏襲していた

ら、この素晴らしい技術はいまだに誰にも見られず、評価されず、愛されないままお蔵入りしていただろう。

7．スタミナと確信は必須

辛いがこれは真実である。先例破りは人を動揺させるだろう。居座るテナントを立ち退かせるのは困難をきわめるだろう。それは思いのほか長い時間がかかるだろう。開発に十年？　想像できるかい？　それから、きわどい交渉、耐乏生活、風前の灯火も？　度胸がないとやれないよ。

8．すべてを完全にコントロールする

アイディアを思いついてから、研究開発、テストと試作品の製作、模型作りと設計、金型製造、生産、販売とマーケティング、そして全国の家庭へ。それは最初にビジョンを描いた人（あるいは頑固者）が正しく予見していれば、おおかた成功するだろう。

たびたび述べてきたように、僕は賢い人間でなく、根気強い人間でいるつもりだ。だって、根気強くがんばってきたおかげで、とうとうサイクロン式掃除機を自分の手でものにしたんだからね。

九二年五月二日、僕は完全に実用性のある、見た目も完璧なデュアルサイクロン第一号を見つめていた。僕らはトウィッケナム競技場の五カ国対抗ラグビーの勝者のように、それを肩に担いでしばらく歩き回ったあと、家のあちこちで露出不足の写真を撮りまくった。だって、快挙なんだとわかっていたからね。

フーバー掃除機の紙パックを取り外し、その穴にシリアルの箱を差し込んだとき、僕は三十一歳だった。九二年五月二日は、くしくも僕の四十五歳の誕生日だった。

第16章

ラッダイト派の反対運動についてもう少々

七十五万ドルであげるよ◇「ダイソン」――いい響きでしょ?◇イタリアの金型は最高◇山麓から歓迎される◇それから、誰かが実際に買ってくれる

手作りの掃除機は素晴らしかったけど、製造コストが四万ポンド前後と高く、家電市場に大きな一石を投じるまでにはいたらなかった。あとはただ生産、発売、販売するのみ。それだけだった。

計画を先に進め、生産を開始するための金型を注文するには、まだ軍資金が足りなかった。そう、確かにロイズ銀行から六十万ポンドの融資を受けてはいた。ただ金型だけでも九十万ポンドかかるうえ、生産の開始というのは計画通りにいかないものだ。予測できない問題や遅れが次々に発生する恐れがあるから、できれば万全の備えをしておくことがベストなんだ。それに、僕には一つにとどまらない理由で融資の当てがあった。

もう日本にはうんざりしていたんだ。エイペックス(そして、八八年にライセンスを引き継いだアルコ)は結局、最低保証額を超える使用

料を支払ったことは一度もなかった。僕はこの六年間、彼らの鉛筆書きのちゃちな報告書と悪戦苦闘しながら、日本と英国を何度も往復していた。でも、彼らとの交渉にすっかり疲れ果て、しまいには抵抗する気も失っていたんだ。

その影響は身体にも及んだ。たび重なる旅行で家族と離れて暮らすのが寂しかったこともあって、心労は体をむしばんでいた（当時のことで子どもたちが一番覚えているのは、僕がお土産によく持ち帰った日本の変わった小物類だという。いまはもうすたれた古い時計やビデオゲーム、ロボット、さまざまなバカげたミニチュア技術製品が、愛する家族と離れて暮らした当時の記念として、屋根裏部屋のどこかに山積みになっているはずだ）。

とにかく睡眠をたっぷり取る必要があった。僕はマーガレット・サッチャーじゃないんだから。十時間、あるいは丸一日寝たぐらいでは回復しなかった。慢性的な時差ぼけにも苦しんでいた。あとで気がついたんだけど、それって蓄積するんだね。僕は少なくとも毎月一回、ときには二回、日本か北米に出張していたから、時差で失われた時間が増えるにつれ、ますます神経が張りつめ、イライラし、短気になり、物事に集中できなくなっていった。

頼りは睡眠薬のテマゼパムだけ。ところが、それを飲むと午前三時に目が覚めてしまい、また一錠飲まなきゃ眠れなくなってしまうんだ。初めは薬で助かっていると思っていたけど、やがて家でも飲まなきゃいられなくなった。そして、しまいには精神に混乱をきたすんだ。すごいでしょ。僕は数を数えることすらできなくなっていた。

決して変わらない年間六万ポンドのはした金のために取引を続ける価値はもうなくなったので、権利を完全に売り払った。つまり、七十五万ポンドという少なからぬ金額、すなわち払い込み済み使用料で、日本で製造・販売する権利をすべて与えたんだ。

金額は妥当とは言えなかったが、デュアルサイクロンの生産開始を急いでいたし、英国に金を出す気がないとしたら、ほかに選択肢はなかったんだ。当時の僕にとってそれは大きな苦痛だったし、人生の節目となる重大事件だった。だって、エイペックスとの取引がすべてを可能にしてくれたんだからね。ただ、少なくともその売却で、僕は英国市場に自信を持って取り組めることになった。

もちろん、会社を設立しなきゃならなかった。でも売却金の支払いは実際には翌年になるというので、会社は資本金わずか二千ポンドで設立された。

お望みならカンパニーズ・ハウス（英国貿易産業省の会社登記等を担当する部署）にどうぞ。ダイソン・アプライアンシズ社の資本金は昔も今も二千ポンドと掲載されている（実際はいま二千二百二十二ポンドになっているはずだけど、理由はつまらないから省略）。その株価はいまや三億ポンドに近いんじゃないかな。何と十年でほぼ五十万パーセントの成長率？ なかなかのものでしょ。

しかし、設立時の資本金は、事業に対する創業者の自信の表れとみなされる。だから金型メーカーや広告代理店などに分割払いで仕事を委託しようとしても、僕らはいつも資本金二千ポンドと知った相手から「よく見ろ。どうも危なそうだぞ」と軽蔑の目を向けられ、現金で前払いしなきゃならなかった。

それでも、会社の設立と会社名はきわめて重要だった。なぜなら、まさに多国籍企業の前に立ちはだかろうとしていた僕の大きな強みは、顔の見えない大企業が支配する弱肉強食の世界で、自ら作った製品を自らの責任で顧客に売るということだったから、それを会社と製品の名にかけてはっきりさせたんだ。僕は将来的にほかの製品もデザインするつもりだったので、それがみんな僕個人と同一視されることになるんだ。ダイソンはとくに一般的な名前じゃないが、二音節で音の響きがよかった（まあ、僕はそう思うけど、どう？）。あと、かなり英国っぽいしね。

会社を設立し、融資を受け、素晴らしい製品が馬車置き場にある僕は、九二年春、金型を注文するためイタリアへ向かった。

イタリア製金型の素晴らしさに初めて出会ったのは、サイクロンでロトルクを助けていた頃だった。前に話したように、英国の金型メーカーとの取引に失敗した僕は、イタリアの家電メーカー、ザヌッシ社に話を持ちかけた。彼らは取引に応じ、ベネチアに近いアルプス山麓の町オデルツォにある本社周辺の下請け各社に仕事を分散させた。

プラスチック金型は一つ作るのさえ大変な仕事だったのに(一台の重量が最高二トンにもなる)、僕らは約四十個も必要だったから、どんな会社も単独で引き受けることはできなかったんだ。でも今回はザヌッシを迂回して中小業者を直接訪ね、六月末までに独立の金型メーカー十七、八社と各社数台ずつ製造する契約を結んだ。

ところで、金型メーカーは多くの点で建設業者とよく似ている。初めの見積もりがどうであれ、注文内容を少しでも変えれば、そのたびに必ず価格を上げてくるんだ。最初からそれが計算に入っているんだろう。変更の結果、たとえ機械がより小型で単純になっても、おそらく価格は倍になるはずだ。それは予想しておかなきゃならない。

でも、僕は当時、資金繰りが厳しかったので、予算の九十万ポンド以上は一銭たりとも出せる余裕はなかった。そこで僕はウチのデザイナーたちに、一度注文したら内容は変更できない、最初の仕様を変更したければ金型が英国に納品されてから自分たちで行うと言明したんだ。そうすればイタリアメーカーは見積もり価格を引き上げるチャンスがなくなるからね。で、僕は不人気をかこった。

とは言っても、イタリア人は一緒に働くにはとても楽しい連中なんだ。英国の金型メーカーなら、英国の建設業者と同様、どんな要求にも、どんな内容変更にも、どんなわかりきった難しいことにも、きっと大きく息を吸い、舌打ちし、頭を振りながら応じるだろう。

ところが、イタリア人の反応はよだれを流すことなんだ。「それもっと大きくできる?」とか「この方法はまだ一度も試したことないんだけど、できる?」と聞かれても、「もちろん!」と言ってやたら喜んでみせるんだ。

金型製造としては手早い仕事ぶりで、十一月末までに依頼した全メーカーの納品態勢が整った。イタリア人トラック運転手一人のボイコットとイタリアの税関ストというちょっとしたトラブルはあったものの、トラックはクリスマスの頃にはオーストリア経由で英国に到着した。

金型はウェールズで組み立てる予定になっていた。当地に新しく進出したフィリップス・プラスチックスという米国企業に成形を依頼してあったからだ。ただ、それは皮肉な選択だった。だってフィリップスは、つい最近まで僕への資金援助を拒んでいた、ウェールズ開発庁から二百万ポンドの補助金をもらって工場を建設していたんだ。同庁が僕らでなくフィリップスを選んだのは、米国企業だったからとしか思えないね。ウェールズ省は米国や日本の企業誘致を自慢するのがホント大好きだから。英国企業に投資したい人なんていないんじゃない?

それにしても、なぜそんな決定をするのか理解に苦しむよ。補助金はその性格上、英国内の雇用を脅かさない企業に出すものでしょ。当時、英国の掃除機は六〇%が輸入品だったから、僕らがイギリス人の職を奪うことはなかった。でも、国内にはプラスチック企業は多いから、フィリップスの進出でどこかが打撃を受けたかも知れないんだ。

ま、でも僕はビジネスで負け惜しみを言いたくない人間だったので、フィリップスと部品の成形と完成品の組み立てをしてもらう契約を結んだ。組み立ては彼らにとっていい副業になるし、僕らにとってもそのほうが楽だった。

ウェールズの労働者は優秀で効率がよく、クリスマス後に設置された金型によって、九三年一月末には初の製品となるDC01が生産ラインから続々と誕生した。

そろそろ消費者が決断するときがきた。

ウェールズで誕生した最初の千台余りのDC01は、九二年七月にアイザック・ウォルフソン・グレート・ユニバーサル・ストアズ(GU

S）によって予約されていたものだ。同社は英国最大の通販グループで、なかでもブライアン・ミルズやチョイス、ジャネット・フレーザー、ケイズなどの通販カタログを持ち、英国北部を地盤にしていた。DC01を初めて売るのは、初めて生産ラインから出てくるのを見るのと同じくらいワクワクした。GUSのチーフバイヤー、ブライアン・ラマントに会うため、僕はまるでロックバンドが自分たちの楽器を大切に運ぶように、掃除機を鉄の留め金の付いた黒い大きなカーボンファイバー製のケースに入れ、初めて訪れるマンチェスターに車で向かった。

この商談は冗談ではすまされないほど大事なものだった。これまでとかく僕はセールスマンのことをけなしてきたけど、当時、通信販売は英国の掃除機売り上げの二〇％を占め、GUSは少なくともその半分を押さえていた。だから、金を扱うバイヤーには不釣り合いな名字を持つこざっぱりとしたラマントは、僕が一発勝負で印象づけなきゃならない相手だったんだ。

実に仕事熱心な男だったので、僕らの話し合いは数時間も続いた。彼は最初、この代物がカーペットのドライクリーニング機として使えることを信じなかった。でも、僕がゾーブ・イット・アップという商品名のカーペット用洗浄粉末を持参していたので、「外で黒スグリ飲料の『ライビーナ』を何本か買ってきてくれ、僕は実演用のカーペットを探してくるから」と提案した。

ガソリンスタンドで飲料を一箱見つけ、オフィスに戻った僕は、それをカーペットにぶちまけ、ゾーブ・イット・アップを上に振りかけてから、わずかなシミさえ残さずきれいに掃除した。

「へえー。確かにとても優れものの掃除機だね、ジェームズ。でも一つだけ聞きたいんだけど。僕がなんで、知名度が高くて良く売れるのがわかっているフーバーやエレクトロラックスをカタログから外して、この無名のダイソン製品を代わりに入れなきゃならないの？」

六時間の商談と、マンチェスターの街中をライビーナを探して走り回ったあとでは、とてもおふざけにつき合う気分じゃなかった。カッとなった僕は、そんなときの常で、本音を言った。「だって、君んところのカタログはつまらないからだよ、ブライアン。それが理由だ」

するとと彼は笑ってこう言った。「生意気言ってくれるじゃない。わかった。じゃあ、入れてみよう」

ラマントは僕らにイエスと言ってくれた初めてのバイヤーで、約千台買ってくれた。ただし、ちょっと変な条件を出した。販促物には「時速九〇〇マイルのサイクロン」って言葉を入れないというんだ。主婦を驚かすといけないからなんだって。サイクロンがいくら素晴らしいからといっても、それはとても大胆な決断だった。とりわけ、一月までに製品を用意するという僕の約束にもとづいてカタログに差し込むというのだから（GUSのような通販カタログは制作にかなり時間がかかるため、掲載製品は発行時の少なくとも六カ月前に注文を出していなきゃならないんだ）。

この商談成立後、僕らは大型雑貨店リトルウッズのカタログ掲載にも何とかこぎつけ、グラタンズなどからはもう掃除機は十分だときっぱり断られたけど、フル生産するだけの注文はすでに確保していた。

当時、僕は一般小売店にはあえて積極的に売り込まなかった。競合他社に間近に迫った発売をあまり早くかぎつけられたくなかったからだ。しかし、生産に入る直前の、金型がイタリアからウェールズに向かっている最中に、英国最大の百貨店ジョン・ルイスと実に二百五十台もの注文をまとめた。バイヤーのイアン・トンプソンがDC01にベタ惚れしたんだ。

それ以降、事態はまさに動き始めた。

発売後、僕はイースタン&ウェスタン（E&S）電力会社の系列販売店に行き、初のチェーンストア顧客を獲得した。（ただしE&Sは、僕らが彼らの管轄区域で何らかの広告を打つという条件を付けた。資金力に信用のない僕らはいう条件を付けた。資金力に信用のない僕らは広告代理店に現金で前払いしなきゃならなかったが、ほかに選択の余地はなかった。E&Sとの取引はそれだけ重要だったんだ。その広告キャンペーンは後日もっと増えることになる)。サウス・イースタン・エレクトリシティ、スコティッシュ・パワー、スコティッシュ・ハイドロなどの系列販売店もあとに続いた。ただダイソンの地元の電力会社である中西部管轄区のSWEBは、バカげた値引きを要求したので、二度と顔を合わせなかった。

そして九三年四月、ランベローズから大きな注文が入り、未来はかなり明るく見えた。市場にインパクトを与えるには、まだカリーズとコメットに入り込む必要があった。でも両社とも大企業との取引にしか関心がなかったので、とりあえず僕らは初期の成果を維持し、商談を持ちかけられるだけの基盤強化を図らなければならなかった。

その初期の基盤づくりへの脅威が自社の仕入れ先からもたらされるとは、全然予想していなかった。

第17章

今週の新発売トップは……

フィリップスにペテンにかけられ、発奮する◇自社工場◇小売業者の腰は重くても、売り上げは急増◇ついにカリーズとコメットを動かす。アイガー北壁を登る◇アッというまにナンバーワン。そして、フーバーにさようなら

フィリップス・プラスチックスは米国大手企業の新規子会社だったが、僕らから請け負った成形が唯一の仕事だった。さもなければ、真新しい工場はガラガラのはずだったから、四十個あまりの金型を使った成形はきわめて大きな仕事だった。僕らは地域に仕事を提供し、彼らに補助金を与えたウェールズ開発庁の判断が正しかったことを証明し、工場に何かすることを与えたんだ。製品の組み立てで余剰利益まで得ていた彼らにとって、それはおいしい取引だった。

ところが残念なことに、彼らの品質管理システムはまったくお粗末で、ときにはこちらから最高五人もの監督官をウェールズの工場まで派遣し、仕事を監視しなきゃならなかった。質の悪い製品が市場に流れる危険があったからだ。それはいかなる企業にとっても評判を傷つける恐い問題だけど、設立後数カ月のダイソン社にとっては致命的な打撃になりうるんだ。

九三年上半期の売り上げは僕らの営業努力によって順調に推移し、五月末までの販売台数はおそらく一万二千台に達していただろう。ところが五月二十七日、フィリップス米国本社の幹部一行がクルーイド州レクサムの工場を予告なしに訪れ、僕に面会を求めてきた。そのとき僕はロンドンにいたので、一時間しか時間が取れなかった。アメリカ人は来て、見て、ペテンにかけた。

「組立費を二倍に引き上げたい」と彼らは気取ったふうにゆっくり言った。「それと、プラスチック部品の価格も一六％引き上げます」

「おやおや、一度に？　どうして組立費を二倍にしたいんですか？」

「損失が出ているからです」

「つまり、おたくはプラスチック成形が本業なので、製品の組み立てでなく部品の成形をしたいとおっしゃるんですね？」

「その通り」

「そして、損失が出ているから、もちろん旧価格では組み立ての仕事を続けたくない？」

「まったく、その通り」

「結構です。うちが組み立てましょう。そうすればおたくはしたくない仕事、正直言ってあまり得意でない仕事で損失を出さずにすみますし。承知しました。さて、この部品の一六％アップについてですが」

彼らは度肝を抜かれたようだった。

「自分で組み立てることなんかできませんよ」

「それはこちらの問題です。ご心配なく」

一行はバツの悪そうな顔をして立ち去った。数日後、フィリップスから組み立て（前に述べたように、それは副業として結構うまみがあった）をするつもりはないので、成形もしたくないという手紙が届いた。おそらく腹立ちまぎれに書いたのだろうが、本音はつり上げた新価格で組み立ての仕事を取りたくて脅しをかけていたんだと思う。だけど、彼らは一つだけ見逃していた。僕が、アメリカ人にはさんざん痛めつけられてきたんだ、いまさらなめられてたまるか、と思っていたことをね。

うーんと弱ったように「そうですか。結構。

では、ほかの成形業者を探しましょう」と僕は言ったが、心の奥底では「まったく、何てこった」と思っていた。でも、予想した通り彼らがろくでなしの正体を現したから、かえって僕の覚悟は定まった。

「ところで、ダイソンさん。現時点から成形費を一六％でなく三二％引き上げますので、旧価格での納品はもうありません。これまでに受けた注文については、すべて新価格との差額を一月からさかのぼって請求するつもりです。また、組立費も一月からさかのぼって倍の価格で請求します」

はい、さようなら。

あまりにも不当な要求だった。でも、もう彼らとは関係を絶ったんだから、一刻も早くどこかで生産を再開しなきゃならない。

まず第一に、あの九十万ポンドもかけてイタリアで製造した金型を移さなきゃならなかった。ただ、あちらは仕事、こちらは業者を探す時間が必要だったから、金型は一つずつ順に搬出しようと提案した。ところがフィリップスは、金型を移動する前に代金を全額支払えと無理な要求を押しつけてきたんだ。

「いいかい。金型を人質にしたいんだったら、一台でも四十台でもできるんだよ。一つ欠けてもこの掃除機は作れないんだから。ほとんどの金型を搬出させてくれないか。そうしたら最後の一台を運び出す前に一銭残らず支払う。金額だけ教えてよ」

彼らは了解した。僕らは金型を徐々に運び出し、その間フィリップスは残った金型で成形を続けられるよう、両社で金型撤去や生産・注文のスケジュールをはじめ、合意内容をきわめて慎重な文言で取り決めた。

しかし、撤去スケジュールの第一段階である三十台の金型を移すときになって、フィリップスは協定を完全に破棄し、工場への立ち入りと金型の引き渡しを拒んだ。

またもや裁判が必要になった。僕らは急遽、ロンドンの高等法院に金型の返還命令を出すよう申し立てたが、フィリップスは根拠の疑わしい七万千ポンドの請求書を提出した。裁判所からやっと裁決が下された。公判を経て判決が下されるまで、僕らは七万千ポンドを裁判所に預けなきゃならない、そしてフィリップスは金型を即座に返還しなきゃならない、というんだ。その七万千ポンドに関しては、つい最近フィリップスと和解に達し回収したばかりだ。

また裁判。イヤになっちゃう。僕はそんなに攻撃的で訴訟好きな人間なんだろうか？　違うと思うけどな。ただ、僕にこうした訴訟を招く何かがあるんだろうかと思うことはたびたびある。僕は本来争い好きな人間じゃないけど、こと権利に直接関わる問題では、ときには裁判に訴えるのが唯一の方法なんだよね。せっかく制度があるんだし、自分の所有物を守るためには仕方ないってこともある。

うんざりするほど金と時間のかかった裁判のあと、ようやく取り戻した金型は六月になんとフィリップスに全部壊されてしまっていた。それまで生産をストップしなきゃならなかったから、最悪だった。油を差さなかったり、手入れを怠っていただけでなく、ホースやワイヤーが全部切られるなど、故意に壊されていたんだ。胸が痛くなった。それでも全部修理して、ポーツマスにあるＥＭプラスチックスという会社に搬送する準備を整えた。そこが生産を引き受ける手はずになっていたんだ。

ところが、また計画が狂った。裁決が下るまでの腹立たしい二十日の間に他社から仕事が入ったＥＭは、もう僕らに関心を失っていたんだ。仕方がないのでエレクトロマグニールという小さな金型製造会社に金型を一時保管し、すぐに生産に戻る道を見つけなきゃならなかった。

まもなく僕らは金型をドロイッチのチェス・プラスチックス社、バーミンガムのＢＭプラスチックス社、そしてヘメルヘンプステッド、ポーツマス、ドイツ、オランダ、イタリア、フランスと、あちこちへ転々と移した。そして、自社工場での生産を決意した。

素晴らしい不動産マネージャー、ロブ・ジェームズの助けもあって、僕らは二週間でチッペナムに理想的な物件を見つけ、引っ越した。そこはバンパース・ファームと呼ばれた広さ二万平方フィートの元郵政公社の倉庫で、賃貸料は一平方フィート当たり三ポンド、契約期間は三年だった。だって、働くにはとにかく変わった場所だった。だって、郵便配達車がじかに横付けできるよう建物に十八ものシャッターの付いた出入り口があったんだ。だから、冬はすきま風がビュービュー入るけど、夏はシャッターを開け放して快適に働くことができた（そこは十二月にはもう手狭になってしまったため、外にプレハブ式ポータキャビン六棟とコンテナ四個、部品を保管するため広さ一万平方フィートのテントを建てなきゃならなかった。テントには遠くからよく見える二つの巨大な尖頭があったから、地元のタクシー運転手などは「マドンナ」と呼んでいた！）。

僕らがすべてを工場に運び込んだのは六月二十七日金曜から二十八日土曜にかけての夜。そして驚くべきことに、四日後には生産を開始した。生産ラインではヨーロッパ中から納品された部品を十四人がかりで組み立てた。あの苛立たしい一時休止を経て、少量ながらやっとまた掃除機の製造にこぎつけたんだ。設立直後の苦しい二、三カ月を経て、キャッシュフローは三月から上向いていたし、いまは自らの手で自ら管理しながら製造することで、僕らはより良い製品を、より多く、より早く生産できるようになった（ここに越してから二、三週間後、一日の生産量が百台に達したことを発表すると、大きな歓声が工場中に響き渡ったことをいまでも覚えている）。

そんなわけで、九三年七月一日、僕は自分の工場で自分のスタッフによって製造されたデュアルサイクロンを両手で抱きしめていた。十五年前、あの七八年十月の雨の夜、仕事からの帰り道で初めて夢に描いたデュアルサイクロン。感無量だね。

何とか販路を開拓して売り上げは伸び続けていたけど、コメットやカリーズはまださっぱり関心を示さなかった。コメットのバイヤーなんて僕の電話に出ることすらしなかった。事業成功のカギはこの二社が握っていたのに、ダイソンの知名度が低いことを理由に取引に応じなかったんだ。

家電市場ではブランドが重要だといわれる。でも、僕にはそんな神話は打破できるとわかっていた。ブランドは二つの製品が同じ場合にのみ重要なんだ。どちらかが技術的、デザイン的に優れていれば、それは重要じゃない。フーバーは自社の名前をあまりに長く利用しすぎてきた。すべての製品が同じである限り、売り込みはたやすいことだったんだ。だって、うちの製品はパナソニックやエレクトロラックスと同じだよ、だったらこっちを買えば？　ってことだから。

彼らのブランド依存はダイソンの登場ですっかり打ち砕かれてしまった。なぜなら、男が街でシルクハットをかぶり、馬車で職場に通っていた時代以来初めて、消費者により良いものを選ぶ機会を提供したからだ。そして消費者には突然、ブランド名以外に考慮するものができたんだ。僕らはそれを強調するため、製品に会社名をあまり大きく入れなかった。コーンフレークやコーラを売っているのなら、ブランド構築はまぎれもなく重要である。でも、技術を売っている場合、ブランドが意味を持ってはいけないんだ。

なのに、カリーズやコメットは決まってこう言うんだ。「サイクロン式は個人的には好きですよ。でもちょうどヴァックスが縦型の新製品を発売したので、わが社はそちらでいきます。あっちのブランドのほうがよく知られていますからね」

しかもブランド企業は、その不公平な優位を保つためにはどんなこともなりふり構わずやる。自社製品を売り込むため小売店に社員を派遣し、店頭で実演させているけど、店の従業員と同じ服装をさせ、さも販売員のように振る舞わせているじゃないか。

まだ小売店への売り込みに苦戦していたとき、僕はディアドリーと一緒にエディンバラのある店を訪れ、特定のブランドを買おうとしたらどうなるか試してみた。

「私ならフーバーをお勧めしますけど」と小柄

な女性販売員はあきれたように言った。

「あいにく、無料航空券のごたごた以来、フーバーはやめたんだ」

「あら、それならご心配なく。結局みんな補償されたんですから」

「いや、できればエレクトロラックスにしたいんだ」（これを僕はやっとのことで言ってみた）

「フーバーのほうがいいですよ」

「エレクトロラックス」

「あんまり信頼できませんよ。いまはフーバーにはきちんとした保証が付いていますし……」

「ねえ、もしかして君はフーバーの社員？」

「えっ、あの実を言うと……」

僕は驚きもしなかった。こうるさいイカサマ女め。おまけに、フーバーの紙パックのような臭いまでした。

小売店に自社の手先をもぐり込ませているのが、実際のところメーカーだけじゃないことはあとでわかった。けどね、連中は店の販売員に割引価格を与えて自社製品に転向させるんだ。僕が同じことをしたら、それを何年もやっている連中からは、まるでインチキをしているみたいに「ずるい手」と陰口をたたかれたけど。でも、やってみてよかったのは、小売店の店員たちがダイソン製品のファンになり、自信を持って大量に売ってくれたことだ。

もっとも、一部の店員はまだ有力企業に取り込まれていたため、僕は工場での生産が順調だったこともあって、取引先の小売店の一部に匿名の電話をかけ、チェックを入れ始めた。来店客が「フーバー」を求めたら、自動的にフーバーが渡されているんじゃないかと心配していたんだ（それは要らぬ心配だった。フーバーは来店客の八〇％が「フーバー」を求めると吹聴していたけど、実際に買っていく客は一七％にすぎないことには口を閉ざしていたからだ）。

九三年冬のある日、僕はたまたまジョン・ルイスのブリストル店で「おとり販売」らしきことが行われているという噂を聞きつけた。これはある製品を買おうと来店した客に販売員が自分の好む別の製品を売りつける商法である。

イングランド西部には僕の親しい友達や親戚

がいた。だから普通なら、そんなことしても「いつもうまくいくとは限らないさ」と思うところだけど、これは見過ごすわけにはいかなかった。だって、みんながダイソン以外の製品を買わされたらイヤじゃない。僕はお忍びで店を訪れることにした。

「縦型掃除機を買おうと思っているんだけど」とブリストル店に着いた僕は、できるだけ掃除機メーカーの人間に見えないように言った。そして「これはどう?」とダイソンを指さした。

「まさか、旦那」とゲーリーは言った(かわいそうだから仮名にしておくね)。「英国製品なんか買っちゃいけませんよ。デザインに凝ってるだけで、女心みたいにはかないんだから。こっちのセボにしたほうがいい。ドイツ製で品質がいいよ」

「なぜそのほうがいいの?」

「いいプラスチックを使っているんだ」

「どんなプラスチック?」

「知るもんか。でも、ダイソンよりはいいよ」

「誰に聞いたの?」僕はあくまでも優しくさりげなく尋ねた。

「セボの営業マン」

「あのね、ゲーリー」と僕は目を細めて名札の名前を見ながら言った。「もしものために教えてあげるけど、セボは洗い桶みたいに一トン当たり六百ポンドの高密度ポリエチレンでできている。ダイソンのほうは一トン当たり三千五百ポンドのABS樹脂とポリカーボネートでできている。要するに六倍もコストがかかるんだけど、丈夫だから僕らは使っているんだ。ダイソンは国産メーカーなんだよ、ゲーリー。ダイソンはダイソン製品でジョン・ルイスに客を集めているのに、君は品質の劣るプラスチックでできたセボを買えと勧めている。もちろん技術はもっと劣っているけど。ま、それはともかく、あげくに『ドイツ製』のほうが価値があるような言い方をしている。ところで、僕はダイソンとは利害関係があってね。名前はジェームズ・ダイソン。こいつを作っている本人なんだ」

こう言われたゲーリーは、アンダーマネージャー(それ以来僕と親しくなった彼は、ブリストル店をジョン・ルイスで最もダイソンが売れる店舗にした)を捜しにこそこそ逃げていった。彼の提案で二週間以内に同店で店員研修をすることになった僕は、当日セボを持参し、ダイソンがポリカーボネートを素材に選んだ理由をみんなに説明した。どうも疑わしいと思ったのか、店員の一人がハンマーを持ってきた。

僕は彼女にダイソンをたたくよう言った。彼女はそうした。

「いや、力いっぱいたたくんだ」

そこで彼女はもっと力を込めてハンマーをたたきつけた。ハンマーは何度当たってもただ跳ね返るだけだった。

「セボをたたいて」と僕は言った。

それは一撃で粉々に壊れた。

売り上げは九三~四年を通して伸び続けていたが、カリーズとコメットに入り込めなかった僕らは、まだ市場の五〇%から除外されていた。また独立小売店ルートも開拓していなかったので、それでさらに一五~二〇%の市場から閉め出されていた。まさに卵が先か、鶏が先かの状況だった。これらの小売店に入り込むにはダイソンがよく売れることを証明しなきゃならなかったのに、まだ三〇%の消費者しか買うことはできないんだから。

掃除機業界の市場調査はGFKレクトラックという独立企業が実施しており、どのメーカーも調査報告を定期購読していた。同社が発表する定期的な売り上げ番付で、当社は月を追うごとに順位を上げ、とうとう十位にランクインした。そして、僕らは番付の順位が上がるたびに、この流通大手二社のもとへ通い続けた。

とうとう九四年の暮れ近くに、ダイソンの製品は店頭の売れ筋であること、競合他社のどんな機種より五倍も売れていることをカリーズに示すことができた。五回目のアタックでようやく商談がまとまったんだ。コメットもすぐあとに続き、二社とも九五年が明けるまでに当社の強い味方になっていた。

両社が取引を躊躇した理由は三つあった。すなわち、多国籍企業の常連と競合するにはダイ

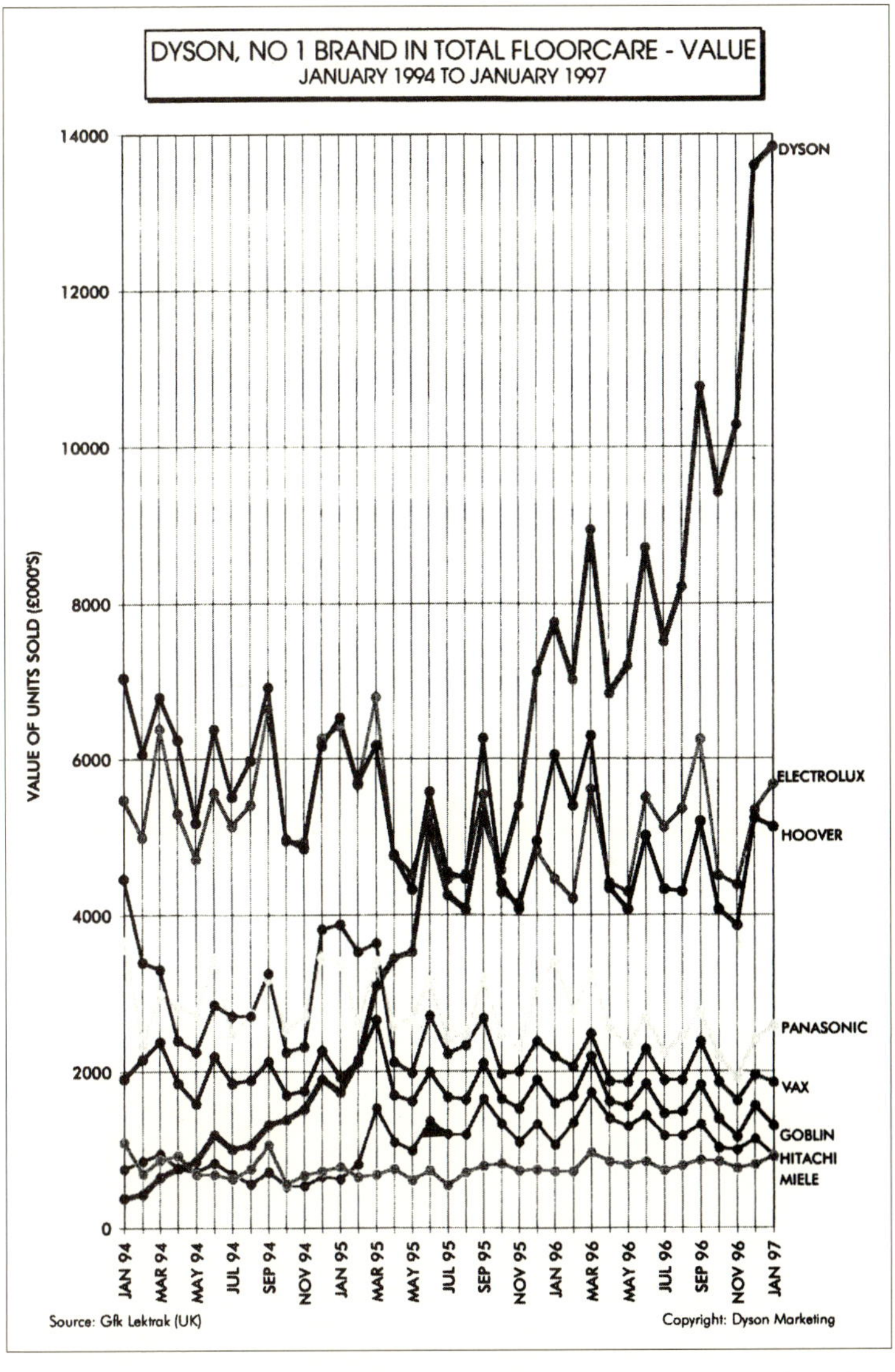

英GFKレクトラックによる掃除機の売り上げ番付（1994年1月〜97年1月）

ソンは規模が小さすぎる、と思ったこと。ダイソンの製品が他製品とあまりに違っていたので、扱ってバカにされないかと恐れたこと。そして、値引きと安値攻勢がすべての業界で、価格が他社の二倍もする製品がよく売れるとはとても思えなかったことだ。要するに、掃除機は看板になる会社名と、多少の色の選択肢があればよかったんだ。僕らには看板となる名前も色の選択肢もなく、あるのは他製品との違いを説明した小さな商品紹介ラベルだけだった。技術的な優位と独創的なデザインだけで売るつもりだったからね。

しかし、いったん両社に受け入れられると、売り上げグラフはまさにアイガーの北壁となった。カリーズとコメットは客からの返品がないことに気づくとますます販促に力を入れた。他製品との違いを説明した商品紹介ラベルを利用することに同意したんだ。そして、ダイソンを買った客が何か発見でもしたような気分で家にそれを持ち帰り、友達に実演して見せる。すると今度は彼らが店に買いに来る。その好循環に気づくと、ますます注文数を増やした。

僕らがしていたのは、言ってみれば、メルセデスやポルシェをフォード・エスコートのように大量に売ることだったんだ。フーバーは、それを「一時的現象」と呼び、デュアルサイクロンを「すき間製品」と形容するぐらいのことしかできなかった。六月には大型家庭用品のディスカウントチェーン、アルゴスに入り込み、九月までに堂々の売り上げナンバーワンになった。大半の製品より二倍高い価格でも、他社より多くの掃除機を売り、わずか六カ月で十位から一位に登りつめたんだ。

もし僕らのがすき間製品というんなら、フーバーのは何だったんだろう？

もしかしてフローリングのすき間？

第18章

紙パックにさようなら

デュアルサイクロンって何?◇新聞・雑誌記事の価値と効果◇ほんのわずかな広告は誰も傷つけない◇良い広告・悪い広告◇ビジネスのあらゆる面を自ら統轄し、広告会社には一銭たりとも払わないことが大事

ところで、多くの人はデュアルサイクロンが英国で一番売れている掃除機だと聞いて驚く。自分の家には一台もないし、よその家でも見たことがないと言うんだ。競合他社がそれほど素直に受け止めてくれたらよかったのに。何の因果か、GFKレクトラックが僕の成功を示す証拠を発表してしまったからね。競合他社はみなその統計を見ているんだ。彼らに知られなければ、むしろもっとたくさん売れたと思うよ。各社とも僕らをこきおろすキャンペーンとか、エア・マイルズ(英国航空のマイレージ)やケチな景品を使った情けない販促などで、あんなに激しく抵抗することもなかっただろうから。

たとえばフーバーは、例の役にも立たない吸引力計測器を証拠に、自社製品の吸引力を誇示するパンフレットを小売店にばらまき始めた。三洋電機(欧州)なんか、ダイソンより吸引力が高いという広告まで出した。普通、そこまで

する？　異常だよね。だって、事実じゃないし、自動車メーカーがポルシェとの比較広告を出すようなものだから。ポルシェを能力や優秀さの尺度として、また自社のイメージを高めるシンボルとして利用するようなものなんだ。そうした広告手法は昔からあるけど、三洋のような巨大企業が僕らのような新興企業相手に行うなんてね。自ら墓穴を掘るようなこっけいな形で、僕らが急速に「掃除機業界のポルシェ」になったことを認めたようなものでしょ。

それでも、ダイソンが数量ベースでも金額ベースでも業界の売り上げトップで、ＤＣ01とＤＣ02が売り上げランキングの一位と二位を占めていると言われ、「じゃ、なぜ見たことないんだろ？」と聞く人はまだ多い。

でもね、考えてみてよ。英国には二千二百万世帯あるんだ。かりに百万台売ったとしても（実際には、すでに百五十万台売っているけど、それだと僕にはパッパと計算できないから）、二千二百万世帯のうち二千百万世帯にまだデュアルサイクロンがない計算になる（かわいそうに、家の中は汚れているだろうな）。

統計的に言えば、二十一世帯（おそらく五十人ぐらいが住んでいる）を訪ねても、僕のシルバー／イエローの最新機を見られないってことだ。しかも、購買層は圧倒的に二十五～四十五歳だから、すでに一台持っている家も多いだろうし。それに、白物家電のショールームになど、そうしょっちゅう行かないよね。行ったとしても、掃除機をしょっちゅう見るわけじゃないし、見たとしても、デュアルサイクロンは？　掃除機は全部で四十機種あるんだ。確かに美しく、かっこよく、機能的なのは一目でわかるけど（そして、きっと一番高い）、それが一番売れている機種だなんてわかりっこないでしょ。

いくら売れていても、それを販促ネタにしようとは思わなかった。フーバーは、自分が業界のトップ企業だから製品も売れるとしか考えてこなかった。僕は、いささか思い上がった言い方かもしれないが、「売れていること」は何かを買う理由にはならないと思っている。デザインが好きだから、アイディアが気に入ったから、いい掃除機だって聞いたから、買うんだ。

フーバーは「わが社がナンバーワン」と言えば保守的な英国の消費者に受けるだろうと考えてきた。ただ小売店やブローカーはそうだけど、消費者がモノを買うときはもっと主体的に選んでいると思う。フーバーは、僕らへの攻撃とマーケティングで、消費者に「この新製品は信用できない」と思わせられると信じていた。でも、それは彼らがきわめて保守的な会社で、トップ企業であることに自尊心がくすぐられるからだ。だけど一般消費者は、見栄っぱりの保守的な会社なんかにちっとも興味を示さなかった。いったんブランド神話が崩されれば、あとはもう時間の問題だった。一人勝ちの僕らが自社の市場シェアの大きさを宣伝したって、わざとらしいし、意味ないよね。

僕らがいつのまにかトップに躍りでたように見えたのは、会社が広告でなく新聞や雑誌の記事で紹介されることが多かったからだ。安あがりなことはともかく、このほうが効果は高い。だって、客観的事実という点で広告より説得力があるもの。ただ、顧客になりそうな人の目は引くけど、広く注目をあびるという点では及ばない。また、こちらのコントロールも利かない。僕は試したことないけど、ジャーナリストに無理に書かせることはできないでしょ。記事を書いてくれたときだって、僕はその内容に口を挟んだり、事前に内容を見せてくれと頼んだりしたことは一度もない。メディアには僕自身や製品をありのままに見てほしいし、できれば好きになってほしい。願うのはそれだけ。

しかし、メディアに興味を持たれるってことは、こんな見た目の変わった製品を持っている一つの利点だね。本当に他と異なるものには、ミーレやパナソニックなどのそっくり製品にはない人間味があり、ユーモアを感じさせることすらあるんだ。ジャーナリストの仕事は、とくにデザインや技術の分野で――ビジネスの分野でも――、話題になりそうなものを見つけ、いち早く、またはできるだけ早く取材することだ。それがまた得意らしいし。一つの記事がきっかけで報道に火がつき、広告にはできない一種の信用を与えることがある。あのね、広告が有効なのは、消費者が「自分は何かを売りつけられている」と気づくまでなんだから。

その点、僕らはとても幸運だった。メディアがデュアルサイクロンにいち早く目をつけ、自ら試し、初めはビジネス物語、そして最後は、紙パックを追放した理由と意義を説明したプロダクト物語を書いてくれたからね。このパブリシティがあったからこそ、消費者はデュアルサイクロン技術の意味をよく理解し、買う気になったんだ。

僕はすでにボールバローでメディアの影響力を実感していた。当時は、広告を出す金なんてどこにもなかった。ところが、ずいぶん前に話したけど、一つの短いプレスリリースが『サンデー・タイムズ』記者グラハム・ローズからの問い合わせに結びつき、あふれるほどの記事を生み、ボールバローの人気につながった。そしてボールバローがBBCテレビの科学番組『トゥモローズワールド』やビジネス番組『マネー・プログラム』などに登場すると、また新聞記事（ニュースや一般欄）が増えるんだ。まるで夢のようだったね。

メディアの影響力は、たとえば九三年に起きたフーバーの無料航空券スキャンダルを見てもよくわかる。このドタバタ劇はまた、悪いパブリシティなんてものは存在しないことをありありと証明してくれた。だって、おかげでフーバーには莫大な記事スペースやテレビの放送時間がタダでころがりこんだのだから。しかも、どのニュースも「フーバーほど力のある成功した名門企業がこんなことをしなければならなかったのは、実に意外である」という言葉から始まった。どんなメッセージが伝わったと思う？

景品をほしがる人たちでなく、むしろ掃除機を買う人たちに、フーバーは掃除機の「名門」で「成功した」メーカーだってことが伝わったんだ。当時の数字をよく見れば、フーバーの売り上げは、彼らのバカげた企画がメディアの物笑いの種になっていたまさにその時期に、大幅に伸びたことがわかる（当時の損失は約四千五百万ポンドにのぼったと同社は言っているが、僕は信じない)。ただし、それは短期的な儲けにすぎなかった。長期的には白社の評判を取り返しがつかないほど傷つけたからだ。

広告の問題は、いつも効果があるとは限らないことだ。つい大金を投じてしまうけど、利益をもたらす保証はないんだ。買う、買わないは人の勝手だからね。たとえば当時、僕らの前には、掃除機の代名詞だった「フーバー」という越えなきゃならない巨大な山が立ちはだかっていた。広告に巨額の費用をかければダイソンの名前はもっと有名になっただろうけど、必ずしもそれで売れるとは限らなかった。それができるのは、客観的事実を伝える記事の力だけだった。真の報道は、広告ができることを何でも上回るのだ。

ところで、広告はパブリシティほどの影響力はないとバカにしてきたけど、製品を発売すれば記事になるってものじゃないよね。それは認める。でも前述のように、E&Sから当社製品を在庫する条件として同社のテレビ広告放映地域(アングリアテレビとサザンテレビ)で広告を流すよう要求されたとき、確かに僕はどんな広告キャンペーンも考えていなかった。

広告を制作しなきゃならなくなった僕は、きっと誰も同じだろうけど、広告会社を雇わなくてはと思った。広告会社は八〇年代はじめからプロ集団として注目を集めていたんだ。広告業界には大の親友が二人いた。写真家で映画監督のアル・ランドルとスタイリストでプロデューサーのジョージア・ロワゾウである。BMWなどの広告制作を手がけていたアルとは、かなり昔、一緒に仕事をしたことがあった。ドッグフードのコマーシャル用にロボットの犬を作ってやったんだ。彼はエバンズ・ハント・スコットという会社を紹介してくれた。

僕はそこのケン・スコットと会い、気に入った。ハントも感じのいい男だった。その後、彼らのオフィスに行って担当者にこちらの要望を伝えた。彼は「クリエイティブ」たちに三十秒のコマーシャル用絵コンテを二案制作させた。

どちらの案もひどかったが、時間がなかったので仕方なくそのうちの一つを採用した。アルのアイディアで多少は手直ししたけど、それは米国で撮影した本物の竜巻の映像にDC01内で回転するサイクロンの映像をはさみ、「サイクロンの力を利用する」とかいうナレーションを、故サイモン・カデルの「おい、みんな聞いてくれ」といった感じでかぶせるものだった。

仕上がりは最悪だった。サイクロンを人目を引くためだけの小細工として扱い、くだらない他社製品との差異を訴えることも、技術の優位性について説明することもしていなかったからだ。制作費はわずか三万二千ポンドだったが、ドブに捨てたようなものだった。ま、E&Sの要求は一応満たしていたけどね。すべてが終わると、僕はまたアルに会って言った。

「この代理店ってのは、どうも僕にはあわないよ。担当のプランナーともマネージャーとも幹部たちとも話したくない。"クリエイティブ"の連中に直接自分の考えを説明したいんだ。でも、彼らは会議に出てこない。"クリエイティブ"だからだって」

さらにこう続けた。

「でも"クリエイティブ"たちは、本当は全然、創造的じゃないんだ。だって、じっと製図板の前に座ってアイディアが浮かぶのをひたすら待っているだけなんだもの。それって、最悪だよ。創造には会話が必要なんだ。創造的な仕事をしている連中のなかで、創造性について一番騒ぎ立てるのは広告業界じゃないか。なのに、ほら、まったく創造的じゃないんだから。ダイソン社のデザイナーたちは本物のクリエーションをしているよ。ところが、この"クリエイティブ"たちは、ただ会員制のグルーチョ・クラブにいるだけではるかに高給を取っている。それを思うと、胸くそが悪くなる。悪いけど、僕はそんな業界なんか応援したくないね」

熱弁をふるった僕は最後にこう言った。「代理店じゃなくって、フリーの人を紹介してくれない？　僕と一緒にじっくり膝を詰めて話せるような人を」

アルはすぐにトニー・ムランカというヨークシャー生まれの大柄な男を連れてきた。僕はトニーと一緒にチッペナムの工場で一週間ずっと、毎日、朝から晩まで自分の哲学、目標、そして言っておくべきことすべてについて話し合った。

サイクロンの良い点を説明するには、紙パックの悪い点を説明しなきゃならない。それは明らかだった。単に掃除機の「救世主の再臨」とうたうだけでは不十分なんだ。これは既存製品を根本から改良したものだから、なぜそうしたのか、既存品のどこに欠陥があるのかをきちんと説明しなきゃならないのだ。デュアルサイクロンは「一〇〇％の威力を、一〇〇％保ちます」と言っても効果はないだろう。消費者は自分の掃除機がそうでないことに気づいていないからだ。けれど、紙パックが吸引力を低下させることを説明すれば、改良が必要なことはわかってもらえる。

僕らが「紙パックにさようなら」キャンペーンを始めたのはそんな理由からだ。

大の大人が二人、一週間も部屋にかんづめになって、技術的に優れた点をこんなに多く持つ製品がたった一つだけ持たないものに的を絞ったキャンペーンを頭をひねって考えたんだ。気の毒に、よくやったと思うよ。

「紙パックにさようなら」キャンペーンは、不適切に「プロアクティブ」（＝先手をとる・僕が大嫌いな言葉）なマーケティング手法として非難された。なぜ、製品がどのようにドライクリーニングし、階段を上るのか、伸縮式ホースはどんなものかを説明しないのかって？　答えは二つ。メッセージは一度に一つしか売り込めない。さもないと消費者の信用を失うから。そしてもちろん、僕らの機械は、ほかのすべての掃除機が悩んできた問題を克服したことを明らかにしなきゃならなかったから。

汚い紙パックに焦点を当てるなんてロマンチックでないと言われた。でも、僕らはむしろそれを魅力的と思った。そしてトニー・ムランカと相棒のコピーライター、ケン・ミューレン、僕の友人で写真家のアル・ランドルによる素晴らしい広告を制作し、『マリ・クレール』『インテリアズ』『イブニング・スタンダード』などに掲載した。百十九個の異なる紙パックを物干しロープに吊ったパンツみたいにずらりと並べ、そのバカバカしさを伝えるとともに、各パックの真下に「さようなら」という意味の外国語や熟語を入れたんだ。

　最初のテレビコマーシャルは苦心の結果、シンプルですてきなものに仕上がった。プロのモデルでなく、隣のどこにでもいそうな女性がカメラに近づいてきて、こう言う。

「これを見てください。掃除機の紙パックです。これが目詰まりするって知ってましたか？　だから、たった一部屋掃除しただけで、吸引力が五〇％も落ちてしまうことがあるんです」

　それから紙パックを破き、投げ捨てて言う。

「新しいダイソンには紙パックがありません。だから一〇〇％の吸引力を一〇〇％保ちます。もう紙パックは捨てたらどうですか」

　彼女がダイソンで紙パックを吸い込む。するとその中でそれがぐるぐる回っているのが見える。そして「新しいダイソンの掃除機。紙パックにさようならしました」という短いナレーションが入る。

　広告の賞めあてでなく、ただ掃除機を売るために作ったものだ。こうした広告の効果を測るのはいつでもむずかしい。でも、それが通販各社のダイソン売り切れにつながったことだけは確かだ。

　面白かったのは、この広告にミーレがクレームを付けたことだ。ダイソンは破れた紙パックの大きな破片を全部吸い込めなかったのじゃないかと言って、英国独立テレビジョン委員会（ＩＴＣ）に告発したんだ。しかしＩＴＣは、僕らがダイソン製品は実際にできること、広告のシーンは生で撮影したことを証明したので、当社を支持する裁定を下した。ミーレはこの頃からしきりに僕らをけなすようになるが、それはまた自社製品の欠点を暗に認めた証拠でもあった。

　シリンダー型機種ＤＣ02のテレビコマーシャルはもうちょっと楽しいものだった。スーツ姿の男に扮したパントマイム・アーティストが、紙パックの挟み口を探そうとして見つけられず、結局パックを機械の下に隠してこそこそ立ち去る場面を演じたんだ。

新聞・雑誌広告ではゴミの問題を思い切って取り上げ、大きなゴミの山、とくに花粉やウィルス、ダニの死骸、ペットの抜け毛をことさら見せて、「紙パック式掃除機に不利な証拠は増え続けています」という説明文を添えるのが僕らのやり方だった。「ドイツのトイレ」の原則を徹底させ、僕らの機械の性能を正直に見せる手法をとったんだ。

ジグソーパズルのように複雑なダイソン広告の最後を締めくくるのは、パンフレットと商品紹介ラベルだ。店頭でダイソンについて質問した人には、機械の構造と部品について説明し、メリットを列挙した三つ折りパンフレットが手渡された。誇張も口説き文句もなく、ただ事実あるのみ。

最後に物語を綴ったリーフレットがくる。これは英国の童話作家ビアトリックス・ポター（ピーター・ラビットの作者）の本をモデルにした小冊子で、トニー・ムランカの素晴らしいアイディアによるものだ。消費者に対し、僕という一人の人間によって発明、設計、デザインされ、本人の全責任において販売されるこの掃除機に二百ポンドもの大枚をはたいてくれと言うのであれば、彼らには当然僕がどんな人間であるかを知る権利がある。そして僕がイギリス人で、掃除機を作り、掃除機に心をくだいているマルムズベリー市のただの男だという事実は、明らかにすれば有益なセールスポイントになる、というんだ。

そこで僕らは、デュアルサイクロンと……ええと、みなさんがいま読んでいるこの物語を二、三百語にまとめた小冊子を制作した（トニーの友達でルーツ・モーターズ家のニック・ルーツによってすてきな文章になった）。そして小売店に頼みこんで、店頭のダイソン製品全部にこれを付けてもらった。すると、販売員がダイソン製品について少し詳しくなったし、掃除機を買いにきたわけでもない客さえも、足を止めてそれを読むようになった。

僕らはあまり広告を打ってこなかった。これまでにかけた広告費は総額でもまだ二百万ポンドに達しないと思う。たとえばルノーの広告費が毎年二千万ポンドだから、そんなに多くないよね。

ま、そんなわけで、僕はずっと外部の広告会社やマーケティングチームを雇わないことを鉄則にしてきた。広告全盛の英国だから、そうするのはいとも簡単だけど、やっぱり資源の悲しい無駄遣いだから。成功してふところが豊かな当社には、ときどき大手広告会社が乏しい才能を売り込みにくる。

でも結局、僕の方針が正しかったことを再確認するだけなんだよね。英国最大の広告会社サーチ&サーチのなりふり構わない営業攻勢は、その最たるものだった。「興味がない」と繰り返し断ったのに、テレビコマーシャルの提案書を勝手に送ってきたんだ。「これが当社の考えた貴社掃除機の広告プランです。素晴らしい案だと思いますので、ぜひご検討ください」

内容はこうだ。一人の男がカーペットの上に火薬の山を二つ作り、一方をダイソンで、もう一方を他社の掃除機で吸い込む。そしてまずダイソンで掃除した跡にマッチで火を付けるけど、何も起こらない。次にもう一つの跡に火を付けると、バンと爆発する。

つきあいきれないよ。ホントに。

それなのに、みんなこの手のものに金を払わされているんだ。バカの一つ覚えみたいな代物のためにね。

その案はなぜダイソンが競合製品と異なるかを何も説明していなかったし、昔からあるただの古くさい広告表現の一つにすぎなかった。ほら、よくあるじゃない。おつむの足りない男にこっけいなことをさせて、受けを狙う。アレよ。その方法だったら、製品は何だっていいんだし、いまでも手を変え、品を変えして頻繁に使われている。

一般的に言えば、問題はこうなんだ。五〇年代頃に有効な手法として出現したマーケティングは、たちまちまったく別個の経営部門として、そしてついには企業全体の動きを決める部門と見なされるようになった。そこまでは構わなかった。というのは、マーケティングはもともと工場から始まり、消費者にまで対象が広がったもので、生産者とユーザーの微妙な関係を順調に保つプロセスだったからだ。しかし、やがてマーケティングは本来のルーツから離れていった。マーケティングはより手軽になり、専門の代理店が続々と出現し、次第に、そして必然的に、マーケティングと広告はデザインと生産の現場から切り離されるようになった。

火薬のアイディアをまとめた「クリエイティブ」は、たぶん脱毛クリームの広告を半年担当したあとにトイレットペーパーの広告を手がけ、それから急いでこれをやり、続いてチーズの販促に移っていったのだろう。そんな人間が掃除機の売り方を知っているはずないでしょ。まだ誰も見たこともないようなものなら、なおさらだ。

現代のマーケターは、自分が消費者に訴えたいものがどう生まれ、どう作られているかを学ぶ時間も熱意も持っていない。ただ自分の浅く広い知識や技術を、すでに市場に存在し、世間からだんだん飽きられてきたものをより多く売るために使っているだけだ。九五年十二月号の『マーケティング』誌の記事で、世界的な広告会社グループ、ガーディアン・メディア・グループとWWWグループの非常勤取締役でコラムニストのジェレミー・ブルモアは、この悲しむべき状況がもたらした諸問題を僕よりずっと適切に説明している。

> 無視されているのは誰だろう？　それは発明家だ。デザイナー、エンジニア、化学者、醸造者、科学技術者だ。モノづくりにこだわる人々だ。おいしいステーキは焼き加減が大事だからと、熱さをいとわず調理しているのに、拒否される人々だ。

かつての自動車メーカーは自動車を愛する人々によって経営されていた。彼らは自動車の作り方に詳しく、常により良い自動車を作ろうとした。かつての小売業は店を愛する人々によって経営されていた。そして百数十年前、ジョージ・サファード・パーカーは万年筆に夢中だった。企業がより大きく複雑になると、モノづくりにこだわる実務に疎い人間では対処できなくなり、経理屋、弁護士、そして広告会社とマーケターに助けてもらわなければならなくなった。

そのときから、この国のモノを作る人の地位は低下してきた。そして、マーケターの台頭は、彼らのせいではないが、何の助けにもならなかった。それどころか、わが国の製造部門の地盤沈下とサービス部門の台頭は、一つにはモノを売ることからモノを作ることを切り離したことに関係しているかもしれないとすら私は思う。

つまり、自分が作ったら、自分で売れってことですよ。だから僕らはそうした。でも、何も爆発して吹き飛んだりしなかったよ。

もちろん、他社の市場シェアを除いては、ね。

第19章

掃除機における遺伝子工学

サイクロンの妹◇相棒探し◇歴史は考えうる最高の形で繰り返す◇ダイソン見たよ、どこで?あそこの階段で……ダイソン・アブソリュート、ダイソン・デ・スティル◇ダイソン・アンタークティク・ソロ◇さらなる探検の気配

ＤＣ01が市場を制覇したことで（九四年十月に金額ベースで、九五年二月に数量ベースで縦型掃除機のベストセラーとなった）、シリンダー型に取りかかる機は熟した。

あのね、世の中は二種類の人間に分かれているんだ。押す人と引く人。それは生まれ落ちた環境で分かれ、生涯変わることはない。僕らはただ単に、遺伝的に縦型かシリンダー型を好むようにできているんだ。どちらを好むかは国や大陸ごとに偏る傾向がある。たとえばヨーロッパ大陸では、シリンダー型へのこだわりが強い。何が何でも掃除機の本体をうしろにひきずりながら、長いホースとパイプの付いたヘッドを体の前で鮮やかに操りたいというんだよね。日本も同じ。

しかし、米国はもちろん誰もが直立不動の縦型だ（米国が世界一縦型好きなわけは、カーペットを床に敷きつめる習慣ができた最初の国だ

からじゃないかな。僕は前々からそうふんでいる。カーペットの場合、たたいてゴミを取るタイプのほうが掃くタイプより適しているからね）。

英国では、ほぼきっかり半々に分かれている。ただしロンドンと南部ではシリンダー型が圧倒的に好まれ、北部になるほど縦型が優勢になり、スコットランドは完全に縦型だ。地理的傾向は明らかにあるが、最終的な好みは母親の行動で決まる。母親が押すほうなら、子どもも押すほうになり、引くほうだったら、やはり引くほうになる。ＤＮＡ配列はまだ解明されていないけど、この掃除機の遺伝子は母から子へ直接受け継がれるらしいんだ（縦型ユーザーの九〇％は縦型ユーザーの母から生まれている）。もっとも、六〇〜七〇年代の性革命以前に父親が掃除機に対してどんな好みを持っていたか、統計はないけど。でも、いまは貴族階級が没落し、議会の上院が時代遅れになりつつある時代なんだから、掃除機は未来にふさわしい象徴だと思う。封建的な長子相続制を避け、母系で受け継ぐという意味でね。

この残り半分の市場を開拓することはきわめて重要だったので、選択肢は縦型の好みを受け継いだ子孫の量産にせっせと励むか、自らシリンダー型を生産するかの二つに一つだった。もちろん、シリンダー型を作る計画は前から持っていたけど、まず縦型サイクロンを消費者の頭の中にしっかり植えつけることが大事だったんだ。人は一度に一つの新製品、一つの新しいアイディアしか理解できないからね。それに、縦型だと市場は英国に限られてしまいそうだった（米国はアイオーナが担当しているからね）。さらに市場を広げるには、そろそろＤＣ02の出番を準備する時期にさしかかっていた。

サイクロンは水平の位置、つまり横に寝かせても技術的に問題ないことは最初からわかっていた。八〇年代はじめ、面白半分にラフな模型を作ったことがあるんだ。当時、一つだけ将来の難題になりそうに思えることがあった。すなわち、横向きのビンを取り外すときに、ゴミが床にこぼれるかもしれないことだった。でもすでに当時、本体のフタが散弾銃のようにパカッと開き、ビンの口が上向きになるようにすることで、その問題は解決していた。いざ生産に入れば、この開く本体が大きな特徴になるだろう。なぜなら、ほかのシリンダー型はどれも形がうり二つで、プラスチックのハンドバッグにしか見えない代物だったからだ——判で押したように不格好な箱形、機能を意識したデザインの欠如、それどころか機械であることを恥ずかしくて認めたくないかのように本質を隠し、もちろん、開ければ中にはまたみすぼらしい紙パック。

DC02の開発を計画していた頃、王立美術大学プロダクトデザイン科の試験官として卒業制作展に出席していた僕は、いつもの習慣で自社に入れたい卒業生を一、二名物色していた。採用したうちの一人が、優秀なエンジニアでプロダクトデザイナーのアンドルー・トンプソンだった。彼は最優秀賞に値する独創的な折りたたみ自転車を制作したが、受賞は逃した。僕は早速、シリンダー型開発要員としてアンドルーをつかまえ、すぐ二人で仕事に取りかかった。まもなくシミオン・ジュップ、ピーター・ギャミック、アレックス・ニックス、マーク・ビッカースタッフェが加わり、チームができた。

当時は気づきもしなかったけど、それはまさに歴史の繰り返しだった。アンドルーは、ジェレミー・フライと仕事をした二十五年前の僕とそっくりだったんだ。ひょっとすると僕は、ちょうどシー・トラックで成績が五段階の四しかもらえなかった自分を不運に思ったように、あんなに良いデザインで最優秀賞を取れなかった彼に同情したのかもしれない。

アンドルーが加わった段階では、手元にはまだブレッドボードしかなかったので、お楽しみはこれからだった。でも、シリンダー型市場は縦型よりも攻め甲斐がありそうだった。なぜなら、縦型は掃くのと同じくらいたいていゴミを取るけど、シリンダー型は大きな音を立てながらゴミを吸い込むことしかできないからだ。実際、昔は「サクションクリーナー」として知られていたほどで、実を言うとシリンダー型掃除機の命綱はいまでもその吸引力にある。だから、その生命線を断ち切る紙パックはおよそ必要ないものなんだ。

もっとも、あとの技術はほとんどDC01と変わらなかった。プレモーターとアフターモーターの静電フィルターは、消費者にときどき交換するのを忘れさせないため、もっとよく見えるようにすべきだと気づいた。そこで、中のゴミを捨てるために掃除機を開けたとき自然と目につくよう、フィルターを両面に付けた。

バース大学で空気力学を学んだコニー・ユーエンの手助けで、僕らはDC01よりさらに宇宙的なデザインに取り組み、成功した。DC02のすっきりした美しいデザインは、業界でもメディアでも、かつてない興奮を巻き起こした。

革新的なデザインや発明には、たいてい核となる一つの大きな進歩、発展がある。でも僕は、発明は相互に自然発生するものだと強く信じている。一種のモノ遺伝子の無性生殖と言ってもいいだろう。なかでも興味深いことのいくつかは、たいてい製品を実際にデザインするときに起こる。たとえば、デュアルサイクロンがさんざん報道されたあとなのに、DC02があんなにメディアの注目を集め、誰をも興奮させたのは、階段に腰かけ、上りさえする能力があったからだ。

さらにまた、人間っぽいユーモラスなところが、ジャーナリストにとっては――そして最も重要なことに消費者にとっては――たまらない魅力なんだ。それは家電業界の常識を覆す意味のあるデザイン・コンセプトでもある。僕らが初めて実現したんだけど、本体の下面に適切な角度をつけただけで、このとても小さな人間っぽいヤツが人の後をついて階段を上るんだからね。

このアイディアは、ちょっとした水平思考から生まれたんだ。シリンダー型には伸縮式ホースが付けられないので、階段の掃除は縦型よりも大きな問題となっていた。ほら、DC01のホースは平均的な階段の長さぐらいは楽に延ばせるから、掃除機を階段の下に置いたまま階段を一段ずつ掃除することができたじゃない。

シリンダー型の場合、たいていの人は階段のステップの上に危なっかしく置くことが多いようだったから、きちんとステップ上に腰かけられる機械でなきゃならないことははっきりしていた。そこで、どんな大きさや形のステップの上に腰かけても重心を安定させられるこの構造を考えだしたんだ。僕らは模型をいくつも作ってうまくいくことを確認した。それだけでなく、二、三のわずかな変更を加えれば、ホースを引っ張ると人の後から階段をバウンドしながら上らせることもできるとわかった。まさに小さなペットのようになりそうだった。

ほかに一般的な改良として、腰を深く曲げなくても持てるよう本体全体にぐるりと回した大形ハンドル、どんな姿勢でも使えて手首の負担を減らした動きのしなやかなヘッド、付属品の内部収納スペース（階段をしょっちゅうバウンドして上るんだから、外には収納できないでしょ？　大気圏に再突入するアポロ宇宙船の先端みたいに丸裸でないとダメなんだ）などが含まれていた。これらはもちろん、すべてサイクロン技術の付随的な改良にすぎなかった。

さあ、これでまた仕入れ先はいらぬ大騒ぎをした。シリンダー型掃除機市場は縦型ほど成熟していないのに、二百ポンドのＤＣ01は他社製品の二倍少々、ところが同じ価格のＤＣ02は平均的なシリンダー型の少なくとも三倍はしたからだ。いまでも覚えているけど、あるバイヤーからはこう言われて仕入れを断られた。

「ダイソン、今度ばかりはうぬぼれてるよ」

たまたま、僕のうぬぼれは当たった。ＤＣ02は九五年三月に発売され、八カ月後の十一月には金額ベースで、九六年三月には数量ベースでシリンダー型掃除機の売り上げ一位になった。やったね！

ＤＣ02が01と並んでトップの座に加わってから約一年後には、シルバーと黄色の基調色を少し変えた機種を発売し始めた。もう技術は最高だと認められたんだし、だったらちょっと色を変えて展開してみようかな、と。それにはほかの製品とまったく外観の異なるＤＣ02がうってつけだった。

九六年七月にＤＣ02アブソリュートを発売。

大形の車輪とサイクロン周囲のシュラウド、ホース、ヘッドを紫、ほかは従来のシルバーと黄色にしたことで、デザイン効果が劇的に高まった。

しかし、アブソリュートは色の変更にとどまらなかった。従来の掃除機は目詰まりして嫌なにおいのする紙パックを通して空気を排出していたけど、ダイソンは紙パックを使っていないので市場で一番きれいな空気を排出するとすでに認められており、何百人ものぜんそく患者から人生が変わったという手紙が寄せられていた。でも、できることはもっとあった。

近年のレジオネラ菌による急性肺炎の急増は菌がエアコン内で増殖することが原因だとわかったため、僕は殺菌スクリーンの開発に取り組んでいるエアコンメーカーに接触した。細菌はアブソリュートフィルターに捕らえられてもフィルター内部で増殖し、部屋の中に飛び出てしぶとく生き残ることがわかっていたからだ。僕らは殺菌スクリーン「バクティガード」をフィルターに組み込み、それを生物化学兵器を研究する応用微生物研究所（通称ポートンダウン）でテストされたHEPA（高性能微粒子捕捉）フィルターに付けることで、肺の内側に付着しやすい花粉などの有害な微粒子ばかりでなく、サルモネラ菌やリステリア菌のような危険なウィルスを捕らえて殺すフィルターを開発した。それがダイソン・アブソリュートだ。

次の展開は、さらに思い切った配色のDC02デ・スティルだった。やはりデザイナーの僕の息子ジェイコブが、ダイソンの掃除機を一台、デ・スティル風に赤、紫、黄色にスプレーしたんだ。デ・スティルとは一九一七年にオランダで生まれた芸術運動で、バウハウスや構成主義者とつながりが深く、色を使って構造を強調し、色以外のすべての装飾を避けた。ジェイコブは、会社が購入したばかりのデ・スティル風の椅子に触発され、ガールフレンドへのプレゼントとしてその一台をスプレーしたんだけど、みんなに気に入られてもう一台スプレーした。それから数週間、スプレー版は誰にも好評のようだったので、九六年末にデ・スティル・カラーのD

C02を限定二万台で発売すると、その独特の構成的、幾何学的なフォルムがさらに大きな注目を集めた。二百四十九ポンドの価格は標準モデルより少し高かったし、主流製品としては「デザイナー好み」のきらいはあったものの、製品ラインを補う素晴らしい新顔となった。

これまでの一族最後の新顔は、ダイソン社が九六年十月に実施予定の探検家ラナルフ（ラン）・ファインズ卿による南極単独遠征のスポンサーになったことから誕生した「ダイソン・アンタークティク・ソロ」である。縦型モデルは黄色の部分をライトブルーに変え、シリンダー型モデルはさらにシルバーの本体を白に変えた。探検計画自体はラナルフ卿が病気になったため中止されたが、この配色はすごい人気を呼び、たちまち売り切れた。

この新規事業は、ランが僕に自分の本を一冊送ってきたことから始まった。本はもちろんワクワクする面白い内容だったけど、僕がとてもうれしかったのは「一人の英国の先駆者からもう一人の先駆者へ」という献辞が書かれていたことだ。

ランが僕のことを知ったのは、夫人からマインヘッドで掃除機を買ってきてと頼まれたことがきっかけだった。店員にダイソンを勧められた彼は最初、英国製はほしくないと言ったけど、付いていた小冊子の話を読んで気が変わったのだそうだ。それは結局、僕が売ったなかで最も高くつく掃除機となった。

本を受け取ってまもなく、ランからきたる南極探検旅行について十分間話をしたいという電話がかかった。会うには会ったけど、僕はこの会談をどう考えればいいか正直言ってわからなかった。九分が過ぎた。そのとき、彼が前回の探検旅行で多発性硬化症患者のために百万ポンドの募金を集めた話をしたんだ。あとはもう僕はすっかり話にのめり込んだ。

三年間、会社の経営と利益を上げること以外何もしていなかったから、何か違うことができないかと思っていたところだったんだ。その意味では、ランのタイミングは完璧だった。僕は両親を二人ともガンで失っていたので、ガン研究のために何かしたいという気持ちが強かったし、ランと組むことにすごい魅力を感じたんだ。それがガンのための素晴らしい募金方法であるだけでなく、彼の生き方が僕自身とよく似ていたからだ。何でも要領よくやってきたのではなくて、大きな苦難に直面しても、長い間苦労しながらコツコツとがんばってきたんだ。僕は一回限りの派手な宣伝行為より、そうした地道な活動を後援するほうが好きだった。

まず第一に、乳ガンのチャリティ団体「ブレイクスルー」に、ガン患者の治療でなくガン研究のために百四十四万ポンドの寄付をした。僕自身、研究が専門だからね。次に、アンタークティク・ソロを十万台生産し、仕入れ先全員に利益の一部を運動に寄付するよう協力を求めた。見上げたことに、みんなは一台あたり五〜十ポンドの金額を喜んで寄付してくれた。

遺伝子工学、そしてちょっとした美容整形で新市場を切り開いてきたけど、突破すべき障壁はまだあった。DC02で、たとえ海面は歩けなくとも、海を渡る用意は間違いなくできた。海の向こうにある最後のフロンティアに目を向け、最後の製造宣言をするため、皮肉にもすべてが始まったところに再び戻るための用意ができたんだ。

第20章

いざ、家電王国に挑む

さて、ベスト掃除機賞はどれに……封筒を開けます……DC02◇デュアルサイクロンは神話になる◇フーバーのラター氏、怖ろしい告白をする◇日本——最後のフロンティア、誰もいまだ達したことのないところに達する◇オーストラリアでダイソンする◇ル・デュアルサイクロン◇米国で同時に成果達成。掃除機はまだこれからだ

DC02の発売後まもなく、僕らはさまざまな賞を取り始めた。すでにデザイン界から好ましく思われていたのは確かだが、勲章はシリンダー型を発売するまでお預けだった。ただし、その前に、Gフォースで体現した縦型技術は、異なる種類の評価を得つつあった。九〇年にはヴィクトリア・アルバート美術館に新設された二十世紀ギャラリーに所蔵され、家電製品で唯一の永久展示品となった。また、バトラーズ・ワーフのデザインミュージアム、ロッテルダムのボイマンス＝ファン・ベーニンゲン美術館、ロンドンの科学博物館でも永久展示されることになった。また、八九年には名古屋で開催された世界デザイン博で「ベストデザイン」賞を受賞した。

しかし、各賞を総なめにしたのはDC02だった。九五年に『デイリー・メール』紙の「アイディアル・ホーム」賞とチャータード・ソサイ

エティ・オブ・デザイナーズのプロダクト・デザイン賞を受賞。そして九六年には、インダストリアル・デザイン・アメリカの最優秀製品賞、DBAマーケティング・ウィークのエヴァーシェッド・グランプリとコンシューマー・プロダクト・デザイン賞、加えて英国デザイン・カウンシルのプロダクト・デザイン賞、DBAマーケティング賞、ECのイノベーション&デザイン部門ヤング・カンパニー賞も受賞した。同賞はのちに僕も九七年一月末に受賞している。

受賞のことはさておき、僕らは猛スピードで生産を拡大していた。九五年八月には生産能力が週三万台しかないチッペナム工場から引っ越さなければならなかった。僕の昔の指導教授トニー・ハントと新進建築家クリス・ウィルキンソンが素晴らしい新工場を設計してくれたものの、会社の拡大ペースが早すぎて建設に着工する前にもうそれでは間に合わなくなってしまった。それで前に話したウィルトシャー州マルムズベリーの工場に移らなきゃならなくなったんだ。ただ、ウィルキンソンとハントには、九六年秋に九万平方フィートの工場を二〇エーカーの敷地内に三倍に拡張するため、再び設計をしてもらった。あまりの急成長に、会社では生き物のように生成発展する有機的な家具を使わなきゃならなかったほどだ。

最初ここに引っ越してきたとき、僕は社員全員に特大のテーブルを持たせたいと思い、二×二フィート角の箱型部材を連結して十二フィート×四フィートの天板を置いた、二人掛けの仕事テーブルを作る作業を一人で始めた。部材の切断、溶接には一時間もかからなかった。いま当社にはこれらが百八十個あり、新規採用者が十人入るたびに一個ずつ増やしている。この作業があまりにひんぱんにあるので、テーブル製作の専任者を置いているほどだ。

会社の急成長を知っているのは僕らだけじゃなかった。九六年、マーケティング・カウンシルはダイソン・アプライアンシズを英国の超成長企業十社の一つに選んだ。売上高が九六年の三百五十万ポンドから九六年には八千五百万ポンドへと急増したからだ。これで英国で最も急成長している製造会社として正式に認められたわけ。言うまでもなく、いまはガタがきた僕らの昔のライバルたちは面白くなかった。ダイソン社の掃除機全体の市場シェアは九七年二月時点の金額ベースで四二・五％（フーバーは一三・六％、エレクトロラックスは一四・七％）だったが、大手の連中は記録が更新されるたびに僕らの悪口をたたいた。

ダイソン社が金額ベースで縦型の売り上げ一位になったとき、フーバーは「いや、でも販売台数はわが社のほうが多い」と言った。でも、僕らは数量ベースでも彼らをしのいだ。そしてシリンダー型市場でもまったく同じパターンが繰り返された。九七年でダイソン社はシリンダー型市場において金額ベースで二五・二％、数量ベースで一二・三％のシェアを占めており、掃除機市場全体では人気機種の一位（ＤＣ01）と二位（ＤＣ02）を独占している。

多国籍企業は、ほかに何か手の内を隠していた？　そりゃ、もちろん。九五年三月、フーバーは広告で自分たちがナンバーワンだと主張したけど、こちらの売れ行きのほうが明らかに上回っていた。彼らの主張の根拠？　過去十二カ月で当社より多く売ったというのだ。僕らは、現在形を使うのは間違いだと異議を唱えた。だって、本当は「わが社がナンバーワンだった」と言うべきなのだから。しかし広告基準審査委員会は、いまでも十件のうち九件はそうだけど、僕らに不利な裁定を下した。

縦型とシリンダー型の両市場で金額ベースでも数量ベースでも負けたフーバーは、やがて最後の砦であるブランド・シェアをがっしり守る作戦に出た。多数の機種を持つ彼らは、しばらくは「総販売数で僕らを上回っている」と言っていられた。ダイソン社が金額ベースでフーバーのブランド・シェアを初めて抜いたのは九六年のどこかで、その年末にはとうとう数量ベースでも抜いた。高価な二機種しか持たない僕らが、たくさんの安い機種を持つフーバーより多くの掃除機を売り上げたんだ。

数字をまとめると、現在までに僕の特許で製造された掃除機の世界での販売台数は十万台を超えている。ダイソンの年間売上高は三億ポンドである。

ああ、やだ、やだ。なんてはしたない。話したいのは金のことなんかじゃないんだ。

問題は、僕らが大企業をすべて打ち負かし、賞を獲得し、消費者がほしがる良いものを作り、一種の伝説的存在になったために、大企業は心配してビビり始めたということだ。ミーレはダイソンの広告のほとんどに文句をつけた。誰もがダイソンの色遣いと特許で守られていない特徴をコピーした。エレクトロラックスはほとんど複製に近い製品を愚かにも発売し、フーバーは適切な言葉を知らないバカ者のように悪態をついていた。

とりわけ面白かったのは、フーバーのヨーロッパ担当副社長マイク・ラターが攻撃の最前線に立ったBBCテレビの『マネー・プログラム』だね。

「わが社は一九一九年から英国市場にいます」と、例の通り八十年前から技術の最先端にいることを強調するように言い、こう続けたんだ。

「その間、つかの間の影響を与えて流れ星のごとく消え去った競合相手を十二、三社ほど見てきました。ダイソンもまたそんな例の一つです」

ヤッホー、マイク。まだいるよ。

エレクトロラックスの社長も同様に僕らを引き合いに出した。

「わが社が行ったテストでは、この製品について目新しいものは何もありません。エレクトロラックス製品とまったく変わりませんよ」

だからずっとコピーしようとしてきたんだね、きっと。

その後、司会者がこう説明した。「番組で全機種の売り上げを独自に調べ、その調査結果をお見せしたかったんですが、ダイソンは同意してくれたものの、残念ながらフーバー、エレクトロラックス、パナソニックには断られてしまいました」

なぜなんだろうね。

「フーバーは答えるつもりはありますか？」

そう聞かれたラター氏は、わが社は黄色の縦型を発売すると説明したうえで、アッと驚くようなことを言ってのけた。

「新技術を獲得する理由は二つあります。一つは、自社の機種に取り入れるためです」

それが僕が考えられる唯一の理由なので、もう一つの理由は何なのかものすごく知りたかった。

「もう一つは、他社に絶対使われないよう手元に置くためです」

えっ、何だって？

「フーバーはダイソンの技術をすぐ買い取るべきだったと後悔しています。そうして棚ざらしにしておけば、製品化されることもなかったのですから」

これなんだよね。英国大手メーカーの新技術に対する姿勢って。何かが変わって対応を迫られるのがイヤだから、発明家から奪って隠しておこうという発想なんだ。

そんなわけで、ダイソンの伝説化は続いた。『デザイン』誌の編集者カール・ガードナーは、「ダイソンする」という言葉が、「自分の発明をデザイン＋設計＋製造＋売り出す」という意味で使われているのを聞いたことがあると僕に言ったし、僕たちの成功が国会で取り上げられたこともある（ナイジェル・ジョーンズ議員、自由民主党、グロースターシャー州チェルトナム選挙区、九五年二月の科学予算の討論で、英国国会議事録第二五三巻、四三号、一三〇〇ページ参照）。

トニー・ブレア首相は英国の若手デザイナーへの激励になると言い、チャールズ皇太子までが僕の初期の悲しい身の上話に同情してこう言った。

「それは英国の典型的な話ですね。最高のアイディアに誰も注意を払わないのですから」

そしてメディアでは、二つの掃除機が通常のビジネスやデザインの話題を超えてもてはやされているようだ。この最もいい例、あるいは少なくとも最もおかしい例が、九六年二月二十四日付『スペクテイター』誌の人生相談欄に掲載されている。

(質問)ディナーパーティの雰囲気を盛り上げるにはどうしたらいいですか。私はお客が到着するといつも緊張して、誰に何を言ったらいいかわからなくなるんです。
――P・W・シャフツベリ

(回答)お客が到着したらダイソンの掃除機を実演して場を盛り上げたらどうですか? 英国でこの超強力吸引機を知っている人は驚くほど少ないので、ぐるぐる回るサイクロンに大量のゴミがどんどん吸い込まれ、透明なビンにたまっていくのを目の当たりにすると、みんな必ず大喜びするし、夢中になりますよ。この実演ならどんなパーティも活気づくことうけあいです。お客は、これからは――あるいは少なくとも目新しさが薄れるまで――自分も家でダイソンを使えば、ゴミがこんなに楽しくすばやく処理されるのを見られるんだ、楽しみだな、と思うからなんです。

しかし、サイクロン式掃除機が思いもよらずこれだけの成功を収めたなかで、一つだけどうにもならなかったことがある。それは悲しいパラドックスで、たえず僕をイラだたせてきた元凶だ。英国製品を外国に売ろうとすると、必ずナショナリズムの壁にぶつかるんだ。ドイツ人も日本人もアメリカ人もみな外国メーカーを疑ってかかり、国内ビジネスを守ろうとやっきになる。なのに、僕が自国で売ろうとすると、まさに正反対の反応に会うんだ! 英国では誰も自国の製造業に期待しない。英国製ビール、ウィスキー、チーズには涙を流さんばかりに喜ぶのに、技術を売ろうとすると、ドイツや日本や米国のものを望むんだ。英国製造業の悪評は文字通りどこでも聞かれる。でも英国の技術は飛躍的な進歩を遂げることができるし、九五年一月はじめに僕はそれを証明した。

DC02が発売されたとき、僕はほんのご挨拶程度のつもりでパンフレットを日本のGフォースのメーカーに送った。日本ではシリンダー型が好まれるのを知っていたので、興味を持つかもしれないと思ったからだ。そしたら、あれれ、いつのまにか工場に日本から十二人もの一団が来ているじゃないか。僕は、たぶん設計図がほしいんだろうとしか思わなかった。というのは、契約上、彼らには日本版を自ら製造する権利があったからだ。そのため、彼らに渡す設計図のコピーさえ用意していたほどだった。ところが、驚いたの何のって。この何年間、彼らのいさか変わった癖を見させてもらったけど、さすがにこれほど驚かされたことはなかった。

「DC02を買いたい」

買う？

「そう、買うんです。そちらが作って、こちらが輸入する」

それだけのこと。世界で最も競争の激しい市場が卵のようにポンと割れたんだ。あるいはセボ製掃除機の本体のように。

彼らの極端なまでの完璧主義のせいで作業は少し遅れた。でも、僕などいまだに足もとにも及ばないそうした完璧主義は見ていて気持ちがよかった。その日、サンプルを数点持ち帰った彼らは、あとで指紋が付いていたと苦情を言ってきた。顕微鏡でも見つけられないものを、千ヤード先から見つけられるんだよね。でも、僕らが部品を全部拭き、工場内のあらゆるものにプラスチックの袋をかぶせ、みんなに白い手袋を支給するようにしたら、すぐに満足した。

日本人は買ったばかりの家電製品の箱をどうやって開けているんだろう。僕はまだ見たことがないからあくまで想像だけど、まず白い手袋をして助産婦が赤ん坊を取り上げるように中の新品を取り上げ、白い布をしいたテーブルの上に置き、しばらくの間目を細めてよく眺めてから、腰に手を当てて「よし、指紋は付いていない」と言うんじゃないかしら。でなきゃ、なぜ指紋が僕らのものだってわかるんだろ？

汚れの問題が解決すると、あとは一気に走り出した。彼らは機械に「Mr．J」となかなかいい名前を付け、僕らは物語の小冊子を日本語に翻訳し、年間三千万ポンドに値する二十万台の掃除機（日本での販売価格は一台当たり約三百ポンド）の取引がまとまった。

彼らは当初、「Mr．J」をDC02よりやや小型にしたいといって――日本人は小さいものが好きだから――、模型を二、三個送ってきた。しかし、まもなく現状のままでいくことが決まったので、九五年七月に製品の出荷が始まった。誰も僕に投資しなかったとき、投資してくれたのは日本人であり、そしてダイソン・アプライアンシズにわざわざ足を運ぶ謙虚な気持ちと先見の明があり、ダイソン社初の海外顧客になったのも日本人だった。

マルムズベリーは一〇〇六年、一人のベネディクト会修道士が背中に二枚の羽根を付けてアビー塔から飛び降り、記録に残る世界初の航空墜落事故の死亡者になったとき、技術の最先端のしんがりにいた。ウィルトシャー州に中世からある静かなこの小さい町で、英国の技術はダメだという神話がついに葬られつつあることを思うと、そして、ここから大量の掃除機が何千マイルも離れたまさに電気製品の本場に輸出されていることを思うと、しみじみとした感慨がこみあげてくる。

日本への輸出で自信をつけた僕は、英国市場のシェアを二〇～三〇％占めることができれば、同じく海外でも成功できるはずだと思い始めた。掃除機は世界各国でたいてい使われている、地域差のほとんどない製品だからだ。でも何はさておき、海外で成功して英国のモノづくりに対する世界の見方を変えたい、それが僕らの務めだ、と思っていたんだ。

けれど、ただの輸出はしたくなかった。僕らは自らの事業を自ら行うことで英国を制覇してきたんだ。だから海外でも同じ形で成功したかった。単に流通業者を見つけるのではなく、進出先の国にどうしても子会社を設立したかった。その利点は、現地で自社の経営理念を徹底できるうえ、将来新たな製品を発売したとしても販売体制がすでに確立されていることだ。もし掃除機の流通業者と契約を結んだとしても、たとえばトースターを製造し始めたら、すべてをまた一からやり直さなきゃならないでしょ。難点は、子会社設立にかかる時間と費用。誰でもいいというわけにはいかないんだ。ダイソン流を理解し、経営できる人材でないとね。

僕が最初に考えたのは、フランスへの参入だった。隣国だし、デュアルサイクロンで利益を上げ始めたときに小さな農家を買っていたんだ。それにエッフェル塔からシトロエン、コンコルドまで、歴史的にデザインへの理解が深くておしゃれな国だからね。僕はフランス語のほうが少しは良く理解できたし、市場はドイツほど大きくないけど、もちろん英国と同じくらいの大きさはあった。


しかし九六年はじめ、ダイソン・フランスの設立に向け準備を進めていたとき、ロス・キャメロンという男から電話がかかってきた。ロスはウィスコンシン州ラシーンにあるジョンソン・ワックスで僕のプレゼンテーションを見て、業務用掃除機の契約をまとめることに尽力してくれたオーストラリア人である。その後、国際技術マネージャーになった彼は、ジョンソン・ワックスがまもなく掃除機の生産を中止することを電話で知らせてきたんだ。それは僕らの提携の終わりを意味した。会社が掃除機をあきらめるなんてがっかりだ、と彼は言った。何しろ、掃除機が初恋の相手だったからね。また仕事でいつも海外を飛び回っていることに嫌気もさしているようだった。僕はとっさにピッタリの解決策を思いついた。

「ダイソン・オーストラリアを設立したら？」
二、三日後、ロスから「了解」の電話が入った。決断が早い男なんだ。そしてただちにジョンソン・ワックスを辞め、その年の三月にダイソン・オーストラリアを設立した。
ロスはまさしく、僕らが会社の代表として求めるタイプの、根気強く頑固一徹に目標を達成する人間だった。初めて会ったとき、彼は急勾配の斜面の真下に家を建てている最中だったが、危険すぎるという理由で建築業者にレンガの運搬を断られてしまった。そこで二人の若い息子の手を借り、レンガを一つ残らず自分の手で斜面の下まで運んだんだ。それを毎朝、会社に出勤する前に欠かさず行った。英国の自動車メーカー、ブリティッシュ・レイランド社のオーストラリア法人でエンジニアとして働いたこともあるので、もともと技術的知識はあったし、モノを築ける男だったんだ。そして、会社はただ作られたのでなく、大きく築き上げられた。

僕の選択が間違っていなかったことは立証された。ダイソン・オーストラリアは輸入、マーケティング、販売の会社として設立から数年たつが、ロスは言うまでもなく経営に没頭している。営業スタッフを四、五名抱え、週末はシドニー郊外のプライベートビーチにある自宅から携帯電話で仕事を指示している。そしてうれしいことに、デュアルサイクロンはどの小売店でも素晴らしい成績を上げている。

ダイソン・フランスの設立は、フランスでよくあるように少し手間取った。やみくもに参入してたまたま会った最初の人間に事業を任すのでなく、適切な人材を見つけたかったからだ。

フランスではまず小売店への直接販売から始め、急速に英国のカリーズやコメットにあたるダルティやブランジェール——ここでも、いかに他国のほうが英国より変化や革新的技術をよく受け入れるかわかるでしょ——、そしてパリのコンラン・ショップ（ここには『エル・デコ』誌がよく取材に行くので、宣伝に役立った）や有名なギャルリー・ラファイエット（ここから何か賞をもらったような気がする）に入り込んだ。当初はマルムズベリーから直接フランスへ出荷し、送り状もここから送っていた。

業績は上々だったが、広告と販売の支援がなくては市場にくさびを入れることはできそうになかった。そこで九六年末、メイヤ・ブレシェというフランス人をダイソン・フランスの社長に据え、僕らは手を離した。会社に最終責任のある僕は一応総務部長の肩書きを持っているが、実質的な仕事はブレシェに任せている。オフィスはパリのクレテイユ地区にある。最初はいわゆる「ヨーロッパの玄関」と言われるリールを候補に考えていたが、結局、大学が多く、ダイソン社が頼りにする新卒の人材が豊富なパリを選んだ。

初めはスタッフでつまずいた。三カ国語を話せる学生を五人採用し、マルムズベリーの本社で研修を受けさせたところ、全員がそこを気に入ってフランスへ戻らないと言い出したんだ。彼らはいま本社の輸出部門で働いている。そしてとても有能だ。でも、次回採用した連中にはウィルトシャーの空気をかぐことすらさせなかったので、彼らはいま全員、ブレシェのもとでダイソン・オーストラリアと同様の輸入と販売の仕事を行っている。そして製品は、オーストラリアでのように、市場を席巻しつつある。

何か言い忘れたことはないよね？　英国は一〇〇％ダイソンになりかけている。日本は人気に便乗した。オーストラリアは軌道に乗りつつあり、そして全ヨーロッパはフランスから、無敵のサイクロン軍に門戸を開けるところだ。まあ、まだ米国は片づいてないけどね。でも、それは僕らの仕事じゃないもの。ホント、助かる。だって、自ら売る苦労はないし、僕も飛行機暮らしをせずにすむんだから。

アイオーナは万事順調だった。最初に一悶着、そしてたまに意見の衝突もあったけど、いまアイオーナとは微妙な調和が保たれ、固い友情で結ばれていた。九二年、「ファントム」がついに米国で発売され、アイオーナは社名をファントム・テクノロジーズとまで変えるほどの意気込みを見せていた。売れ行きは二、三年はパッとしなかったが、その後同社がインフォマーシャルを活用して再発売すると、九四～五年期に売り上げが急増し、テレビショッピングの売れ筋ナンバーワンになったと聞いている。好きな手法じゃないけど、有効ではある。

なぜファントムにやらせて、自分ではやらないかって？

まあ、いまの仕事だけでも手いっぱいだし、まったくその必要もなかったからね。ファントムが、一億ドルを売り上げれば、ダイソンにはその五％が入る。そう悪くないでしょ。フーバーのじめじめした紙パックを侮辱するよりましだし、何しろ投資する必要が一切ないんだから。なかでも最高なのは、姉妹会社と家族のように浮き沈みをともにしてきたことだね。もう十年以上も一緒にやってきて、あちらはこちらのデザインとエンジニアリングの力を信頼し、こちらもあちらの製造とマーケティングの力を信頼しているから、両社は相互に尊敬しあう関係に落ち着いている。それに、世界の向こう側に、自分と同じ立場にあり、同じ技術を持ち、同じ産みの苦しみを味わった会社がほかにあるというのは、どこか安心できるものなんだ。

ファントム／アイオーナが僕らを信頼するのに十年かかったことは仕方ないと思う。他人の技術に自社の将来を委ねるには、ものすごく時間がかかるものだから。僕らの関係が完全に実を結んだことは、ＤＣ01の米国版（ファントムはそれよりかなり大型だった）である九六年の「フュァリィ」の発売と、それに続いたＤＣ02の製造に象徴されている。

成果を同時に達成する。それが最高の関係ってものでしょ。

Book5
The way ahead

第5部　僕らの進むべき道

第21章

「ダイソン流」経営哲学

僕は自分のデザイン哲学についてよく聞かれるけど、会社の経営方法についても同じくらいよく根ほり葉ほり聞かれる。みんな製品をどう数字的、金銭的に成功させたかを知りたがるんだ。それはこの掃除機の質的な違いにある、と言うだけでは決してわかってもらえない。

公正を期すために言えば、たぶんそれよりはるかに重要なことがあるのかもしれない。でも経営哲学は、企業の日常活動から抽出しようとしてもなかなかできるものじゃない。だって、本当は何をどうすればいいかわかっているわけじゃなくて、ただしているだけなんだから。さながら馬に歩き方を聞くようなものだね。だから、ダイソン社がしていて他社がたぶんしていないことを洗いざらい説明すれば、きっと読者は自分でその哲学を理解することができるかもしれないと思ったんだ。

新入社員は必ず全員、入社初日に掃除機を作る

これは末端のスタッフから、九五年に輸出アドバイザーとして当社に加わった元貿易産業大臣リチャード・ニーダムなどの非常勤取締役まで、本当の話。みんなに気分よく楽しんでもらいたいし、誰でも何でもできるという僕の信念を再確認する意味もあるけど、社員の誰もがダイソンの掃除機の構造、機能、そしてデザインを意識した製品はなぜより良いのかを理解することになるからなんだ。

できた掃除機は、誰もが自宅に持ち帰って使ってみる。すると日常の環境でその良さがわかり、会社の存在理由も理解できる。でもそれをずっと家で使いたければ、二十ポンド支払わなきゃならない。何事もただでは手に入らないんだ――これは知っておく価値のあるまったく別のこと。

この研修の意図は、たとえ製品のごく一部にしか関わらない仕事につく社員にも、製品を丸ごと理解してもらうことにある。実際、それは次に述べる項目の核心となる要素である。

デザインを全体的にとらえる

九五年にマルムズベリーの新工場に移ったとき、オフィスの日よけにするための管と薄板による軽快な張力構造の屋根をはじめ、建物の内部と外部を一部改装する仕事を新進気鋭の建築家クリス・ウィルキンソンに依頼した。

濃淡の紫を配したインテリアはディアドリーがデザインし、そして前に話したハイテクのテーブルは僕らが作った。また社員一人ひとりのために、アントニオ・チッテリオがデザインした一脚四百ポンドの高価なヴィタラ・チェアを購入した。オフィスで最も重要な家具は何といっても椅子だからだ。ダイソン社では社員のお尻にも配慮しているわけですよ。

社員同士の意思疎通を図り、一つのチームとして一体感が持てるよう、オフィスは開放的に設計されている。オフィスの中心部にはデザイ

ンと設計担当の社員たちを配置し、当社の中心はあくまでもデザインとエンジニアリングであることを示している。でも、各部門の間には境界も、仕切も、壁も、フェンスも、溝も、壕も、堀も、地雷原もないからね。自由に動き回り、意見を言えることが絶対なんだ。

こうして社員みんなのデザイン意識を高め、創造的な仕事が奨励されていることをいつも感じられるようにしたいと思っている。

エンジニアリングとデザインを同時に考える。デザイナーはテストに参加し、同じくエンジニアはコンセプトづくりに参加する

他社では、デザイナーは製品の外観をデザインするだけで、ことによると部品の一部をスケッチするだけかもしれない。そしてエンジニアは製品の構造を設計する。テスト・エンジニアはテストを行う。模型製作者は模型を作り、機械技師は機械でモノを作る。ダイソンでは、珍しいことにこれら専門分野の壁がない。同じ部門にいる人はみな何でもする。

こうして、誰もが自分が何をしているかをそれとなく理解し、創造の自由を享受する。そして、それはさらに先に進む。

みんなの創造力と思考力を高める

あるいは、少なくとも創造的な仕事が奨励されていると感じられるようにする。もちろん現実には、ほとんどのアイディアは担当部門から出るべくして出るが、いつもそうとは限らない。

ハンドル部分に「お客様相談室」の電話番号を入れるアイディアは──これをしているのはダイソン社だけだ──、サービスデスクのジャッキーから出された。モーターシールを正しくきちんとはめ込むのに毎回手こずっていたときは、サービス部のピートという男が、ボルトをシリンダー頭部まで規定の手順で締めれば一〇〇％の効果があることを発見した。

メモは一切なし──絶対に

まず第一に、メモは人に責任を転嫁し、問題を避け、責任を放棄するだけの方法にすぎない。第二に、メモはメモに対する返事のメモ、それに対する返事のメモ……まだいくらでも続けられるけど、それだとメモと同じぐらい退屈だから……と、メモの連鎖反応を生むだけだ。第三に、これが最も重要なことだけど、どんなにメモが増えようと、誰もそれを読まない。

進歩の基本原則は、会話だ。人は話しかけられれば、耳を傾ける。独り言は執着につながるだけだ。メモはやぼったいし、心がこもっていないし、紛失する。メモは、きちんと仕事をしているという意味なら、できれば使わないほうがいい。それにメモは会話より手っ取り早いけど、誤解を招く恐れがはるかにあるんだ。

ところで、コンピュータ経由の伝言は落とし穴で、Eメールはもっと危ない。画面がひどくて見られたものじゃないから、読む気がしないんだ。それらも禁止することを考えている。

ノータイ、ノースーツ

どの会社にもイメージは必要だ。規模が小さく、設立まもない会社ほど、イメージは重要になる。それは、たとえば冷酷だ、魅力的だ、効率的だという評判のように、漠然としたつかみどころのないものではなく、人々が持ち帰ることのできる実在の、形ある、目に見えるものなのだ。脳裏に焼きついた思い出のように、あなたの会社、あなたの考え方を、あなたが売ろうとしているものを見る前にすら、シンプルなわかりやすいモチーフで人々の心にしっかりと刻みつけているものなんだ。

ところで、僕にとってスーツを着ないことは実際に口で言うより重要なものかもしれない。それは拘束されたくないということだからね、結局。だってそうなったら、スーツを着るのは制服を着るのと同じようにみじめなものになってしまうんだよ。

原理原則はこうだ。僕は社員に自分をビジネスマンだと思ってもらいたくない。僕とか、ほかの誰かと会議中に、ビジネスマンが口にするあの古くさいたわごとを言ってほしくないんだ。ビジネスマンのような考えを持った社員は、すぐ会社とは金儲けがすべてだと考えるようになるからね。でも、そうじゃないんだよ。僕にはビジネスマンを相手にする暇なんかない。彼らはいつも創造性の息の根を止めることしか頭にないスーツを着た事務屋なんだから。僕が何を着ようと僕の勝手で、誰にも口をはさむ余地はないけど、社員にもスーツを着るのをやめさせることにした。他人と異なることを至上目的とする僕の持論を植えつけるには、それが最良の方法だと思えるからだ。

ジーンズとTシャツを着た人間は隠れみのを持っていないし、本来の自分を隠して何かに順応させられていると感じることもないだろう。だから、何にでもハイハイと言う心配も減るわけだ。社員にはビジネスについて本当に考え、思い切った意見を出してほしい――人々に自分の会社がどんな会社かすぐ思い出させる何かを提供することは、単に派生的なものにすぎない。僕個人にとっては、それは自分が他人と異なっていること、上品ぶっていないことをほとんど象徴するものになったけど。ほら、見たことは忘れないって昔からよく言うじゃない。

僕が初めてこの考えに取りつかれたのは、八〇年代半ばのことだ(実際、それを僕に吹き込んだのは、いまも現地でダイソン社の面倒を見ているフランスの友人ダイアン・バウアーだった。あるとき会議へ向かう途中で、スーツを着るのは嫌いだという話をたまたましたら、彼女が驚いた顔で「なら、着るのをやめれば」と言ったんだ。だからそうした)。

僕が二十四人の一団を前に演説をぶったのは、米国最大の私企業ミリカンと会議を終えたあとのことだった。ところで米国東海岸のビジネス社会では、古風なIBMスーツに地味なネクタイでないとまともに相手にされない――でも僕は重役会議室にネクタイもせずに入っていき、ジャケットを床に脱ぎ捨て、ネクタイをすると年寄ってから耳が遠くなりますよ、と言ったんだ。

「ネクタイは喉頭の動きを妨げるので、聴力の低下を早めることが知られているんです」その説明を聞くと、米国経済界の有力者に数えられる二十四人は、ただちに上着を脱いでネクタイを外し、リラックスした。連中は、ホントおかしいんだから。週末の土曜に出社するときは必ずいつもジーンズ、トレーナー、厚手のネルシャツというラフな格好をしてるんだ。これもスーツ同様、創造的な思考を妨げる、もう一つの冷たい制服にすぎない。

たしかIBMだったと思うけど、全社員に会社のロゴ入りTシャツを支給した企業の話を読んだことがある。着ないと会社への忠誠心や会長への感謝の気持ちが疑われる。かといって、あまりカジュアルには見られたくない。思い悩んだ社員はみな、スーツの上にTシャツをはおった。同様の気質は、一年に一日、全員がスーツを着ないで職場に行き、自分の娘に一ドルを恵む「カジュアルデー」という風変わりな伝統にも表れている。僕らだったら、そんな手にはのらないね。

僕はスーツうんぬんにこだわりすぎているのかもしれない。なぜなら、人の行動の動機なんて本当はまったくわからないからだ。しかし学校や軍隊、刑務所などの組織を見てもわかるが、制服は体制順応と規律を奨励するためだけに開発されてきたとしか思えない。もし僕が軍事作戦を指揮しているんだったら、そんなものも役に立っていたかもしれないけど……。

こだわりはあるけど、僕は狂信的に押しつけはしないよ。適応できない人はいつだって多少いるんだし。新入社員はそれまでの習慣からスーツとネクタイを着てくる傾向がある。でも、それも六~八週間までだ。

人柄よりスーツとネクタイを見る？　そこまで思い詰めてないよ、僕は。

スーツはバイクライダーの革ジャン、あるいは消防士の消防服のようなものだ。ただの防護用なんだ。仲間の一員に見え、てきぱきとして見え、真面目で信頼できるように見えれば、人はそう見てくれるし、無能と見られることもないから着るんだ。でも、マーケティング会議にパンツ一丁で現れるには、それをさっと脱いでアッと言わせるぐらいの度胸がいるんだから。

社員には何を着ているかでなく、何をしているかで能力を発揮してほしい。未経験でも頭脳明晰な新卒を雇うのはそのためだ。会社を前進させ、斬新な発想のできる頭の柔らかい人間がほしいんだ。

僕がスーツを着ない理由も同じこと。見かけでなく、もっと深い理由で判断してほしいから。それはもちろん、この他人と異なることを尊ぶ文化と切っても切れない関係になる。ダイソン社を訪問した人々は、くつろいだ様子で、てきぱき振る舞い、他人と異なる考え方をする社員たちのことを思いながら、会社をあとにする。

そして、帰りの列車に乗ると、パリッとした緑色のダブルスーツの内ボタンを外し、ズボンがしわにならないよう膝のところをつまんで引っ張りながら座席に座り、「さわやかな会社があるもんだな」と内心思うんだ。

正直に言うと、一度だけ仕事にスーツを着ていったことがある。それはチャールズ皇太子が工場見学に訪れた日のことだ。言っとくけど、王室にゴマすりしたんじゃないからね。「皇太子が場違いに感じるといけないから防護服を着ていきなさい」とディアドリーにきつく言われたんだ。

社員食堂でなくカフェ

工場は二交替制なので、朝十時から夜七時までランチや休憩があるし、周囲には何もないので、社内レストランがどうしても必要だった。また一種の社交の場、あるいは少なくとも社員同士が気軽に知り合える雰囲気をつくることも大事だった。

僕は「社員食堂」とか給食のようなものにする考えはまったくなかった。それよりもっとコンランぽいもの、イングランド南部で提供できる新鮮なイタリア料理に近いものがほしかった。毎日昼になるとレストランまでリムジンで乗りつけ、ビーフと赤ワインのビジネスランチに四時間もかけ、職場に戻っても午後ずっと満腹で仕事にならない人がいるけど、僕はそんなタイプの人間じゃない。僕は社員と一緒に食事をとるから、おいしいパスタとサラダを手際よく作ってくれる女性が必要だった。

たまたまマルムズベリーにはデリカテッセン付きのアンティークショップがあった。アンティーク・ディーラーはたいていグルメだという説を僕は昔から信じていたけど、秘書のジューディス・ヒューズはそれを裏づけるように、ランチになるとすかさずそこへすっ飛んで行った。料理の味も美術品も絶妙だった。社内レストランを食通のアンティーク・ディーラーが運営するカフェスタイルにしたのは、このデリ兼アンティーク店の存在があったからだ。経営者のジェーンという女性が助っ人のディーラーをさらに集めてくれた。良質の、健康に良い、野菜中心の、油を極力使わない料理がもうすぐ食べられるんだ。

やっぱりと思った? そう、社員は少しも喜ばなかった。パスティー(肉などを詰めたパイ)&ポテトチップス、ベーコン&エッグ、パイ&ポテトチップス、ソーセージ&ポテトチップスを食べたがったんだ。イタリア料理のフユージリ(パスタの一種)やペスト・ソース(バジル、松の実、オリーブオイル、パルメザンチーズを混ぜたソース)、ナスのグラタン、キバナスズシロのサラダ、チェリートマト、ウイキョウ、蒸し魚、キーウィフルーツ、人参とオレンジのスープ、フルーツサラダはお呼びじゃなかった。

でも、ジェーンが一日四百五十食を出すようになってからわずか数日後には、社員は腹八分目で喜んで仕事に戻った。怖ろしいコレステロールから解放され、肌はツヤツヤと輝き、有機食品を食べた体は『ベイウォッチ』の水難監視救助隊員のように引き締まった。そしてジェーンは、さらに多くのアンティーク・ディーラーを物色していた。

ところで、マルムズベリーに来ることがあれば、キチュリー(米、ヒラマメ、香辛料で作ったインド料理）がお勧めです。

個人的主義から、社員には他人と異なっていることを奨励する

これは僕のアンチ優等生キャンペーンの一環だ。優等生になれる人はほとんどいない。いても、滅多に価値のあることをしないし、過大評価されている。頭が優秀でなくても、常識にとらわれない柔軟な発想と意志の強さがあれば、頭がいいのと同じくらい問題を解決できる可能性はある。もし型破りになれないなら、愚鈍になれ。わざと愚鈍になるんだ。なぜなら、世界には五十億の人々が決まり切った方法で、教えられた通りのことを考えているのだから。

そうして愚かになると、時間の半分は人に笑われるだろうけど、半分は何か面白いことを始められるはずだ。だって、とんちんかん相手に論理は通じないから、みんな論理的に考えることをストップされてしまうんだ。それでいいのよ。いままで何の解決策も生んでこなかったんだから。少し変人になれ、そうすれば人々を少し目覚めさせる。そして、僕らはみな目覚める必要があるんだ。

方法論的には、シャーロック・ホームズの推理の質を落とすことは理にかなってさえいる。なぜなら、そこから論理を排除したとき、あとに残ったものが、どんなに非論理的であっても答えに違いないからだ。そこから始めたらどう？　僕がこう考えるのは、おそらく自分が論理的に考えようと悩んだりしないからだろうけど。ま、いいや。その話はこれでおしまい。とにかく、他人と異なっていることはダイソン社が全社員に植えつけようとしている重要なことだ。社員にはビジネスマンのように振る舞うのでなく、普通の人間として振る舞い、顧客を友達として扱ってほしいから。

売ったものには責任を持つ

保証期間中、顧客は製品のハンドルに記された「お客様相談室」のホットラインに電話でき、

必要ならば新品を翌朝一番に無料で配達してもらえる。自分で言うのも何だけど、ユニークでいいサービスだと思わない？　そして、保証期間が終わったあともずっと、顧客がホットラインに電話すると、製品はただちに引き取られ、ウチで修理され、宅配便で送り返される。

ダイソン社では補修サービスを外部委託していない。技術者が自分の都合のいい時間に顧客の家を訪ね、お茶を一杯飲ませてもらい、しばらく尻をぼりぼりかいてから、「買い換えが必要ですね。これはもう寿命ですよ」と言うようなことはないんだ。

これは割高なサービスに思えるかもしれないけど、本当のサービスというのは、本当の革新と同じく、人々が何よりも求めているものなんだ。だから、苦情電話をかけてきた客も、ただちに新品が送られることを知ると喜んで感謝してくれる。せっかく大枚はたいて買った製品がもうおかしくなった（そんなことは滅多にないけどね）とカンカンになって電話してきたのに、もうすぐ新品が手に入ると聞くと最後は大喜びするんだ。

大学新卒者を採用する

その主な理由は、彼らがまだ世間にまみれていないからだ。スーツに縛りつけられているわけでもないし、会社から短期的な収益と早期退職だけを考えろと教え込まれているわけでもない。ダイソンはいままでになかったタイプの会社だから、まっさらな新卒のほうが「経験」ある人材よりも教育しやすいし、既成概念にとらわれにくいんだ。ときには知識不足のスタッフも確かにいるけど、いまウチには経験も才能も豊かな幹部集団もいるので、この組み合わせから有能な中間管理職の層が生まれている。それがダイソンの強みである。

新卒者を雇うのは、自分自身が若い頃、ジェレミー・フライから機会を与えられたことに深く感謝しているからだ。だって、まだ大学生の僕を受け入れてくれたんだよ。そして卒業するやいなや、シー・トラック事業を最初から全権委任してくれた。僕は上司から教わりながらでなく、自分が責任を持ってやることで物事を学んだ。その経験は楽しかったし、役にも立った。自分はパイオニアだと思えたのは、そのおかげなんだ。

そこで、掃除機を開発するために初めてプロトタイプス・リミテッドを設立したとき、王立美術大学（ＲＣＡ）のエンジニアリング学部の新卒者を雇い始めた。いまマルムズベリーの本社にはＲＣＡ卒業生が約二十人いる。どうせ新卒だから何もかもうまくできるわけないさ、なんて僕は一度も考えたことはない。実際、できたんだから。

ダイソン・アプライアンシズを始めたときは、デザイン、マーケティング、生産、金型製造、輸出を担当する新卒者を採用したが、その情熱、知性、創作力、精神力にはどれだけ感動と満足を与えられてきたことか。しかし、彼らも年を取りつつある。社員の平均年齢はちょうど二十五歳になった。

競合他社はときどき僕らのことをマーケティングがうまいだけだと言ってけなす。でもね、我が社のマーケティングは、オックスフォード大学語学部を出たレベッカ・トレンサムが入社直後からずっと担当しているし、製品のデザイン、設計もすべて新卒者が行ってきたんだ。体当たりで仕事を覚えていくこんな若者たちがもたらす雰囲気や活力は、金だけで働く年上の経験者からはとても得られないものだ。

もちろん、若い未経験者は安く雇えるので、資金不足に悩んだ初期の頃は大きな助けになったことも事実だ。でも、彼らの給料はどんどん上がるんだよ――本人たちが望むほどの早さじゃないにしても。

社員と対等につきあう――だって、そうだから

僕はほとんどの社員と日常的に言葉を交わしているが、ほぼ毎月一回、現場でグループ集会を開き対話の機会を設けている。会社が急成長しているため、いまはそれを三回に分けて行っている。工場の早番には午後一時四十五分、遅

番には午後二時五分、本社部門には午後五時という具合だ。

　話の内容は、競合他社の動向や自社の対応策といったマーケティングの問題から、経営幹部の人事異動、海外子会社の業績、広告キャンペーン、資産購入まで多岐に及ぶが、大体いつも約十分ですませる。たとえば、ラナルフ・ファインズ卿の南極単独遠征を後援したときは、本人に全社員の前で短い話をしてもらった。きっと、僕のくだらない長話よりよっぽどいい気分転換になったと思うよ。

　また大半の優良企業と同様、社員食堂、交替勤務体制の変更、年金などの福利厚生問題にも取り組んでいる。社員は僕に聞きたいことがあれば遠慮なく質問してくるが、あまり外向的でない人のためのクリニックもある。退職を決めた人のための投書箱もあって、それらの手紙には必ず個別に返事を出している。

　僕は普段からよく工場内を見て回っている。でも、それで意思疎通ができていると思うのは大きな間違い、幻想だ。というのは、僕のそばに来て質問したり、意見を言ったりするのはたいてい同じ顔ぶれだからだ。現場集会のよさは、会社の重要な問題や社員の福利厚生について、全社員に自分の口から直接伝えられることだ。じかに顔を向き合わせるから、今日はみんなのっているなとか、これはあまりいい知らせじゃなかったなとか、その場の雰囲気が手に取るようにわかるんだ。

　現場集会はダイソン社の経営哲学を再確認する良い機会でもある。それはただの「会社の方針」ではなく、むしろ哲学と呼ぶほうが正しい。なぜなら、僕が社員にうるさく言っていることは、何かの「やり方」ではなく、みんなにとって最も生産的だと思う「生き方」だからだ。たとえば、僕はこれらの集会で組立ラインは急ぐなとしばしば注意する。スピードは重要でないし、数量もそう。重要なのはただ一つ、すべてを慎重に、徹底的に、細心の注意を払ってすることだ。他社の生産方法に慣れた中途採用の組立工は、注意と品質を犠牲にして、ただ数字を達成するためだけに一日中フルスピードで働こうとするからね。

生産現場から上がってくる意見は、通常、下請業者から納品される部品の品質に集中する。それは経営陣と現場の組み立てスタッフが下請業者への対応をめぐって意見を交換できる、きわめて重要なアイディアのるつぼである。これは非常に有益なことがわかったので、将来は下請業者にも集会に参加してもらうつもりだ。受け入れてくれるといいけど。

最終組立は完全に手作業で行う

ちょっと珍しいけど、ダイソンの組立ラインはほとんど機械化されていない。ラインに融通性を持たせるためである。必要なら長くも短くもできるし、人員を増やすことも減らすこともできる。すぐにでも新しいラインを加えて組立方法を変えたり製品のデザインを変えたりすることもできる。それは僕らが組立スタッフの技能を何よりも信頼していることの表れだが、「なせばなる」ことを英国製造業に見せつけてもいるんだ。僕らは手作業で仕事しているることを本当に誇りに思っているし、機会あるごとにそう言っている。製造ラインが完全に自動化されているから、製品もどこかいいんだなんてとぼけは言わない。

実際、工場ではすべてが手作業で行われている。金型は置いてないし、部品も製造していないので、汚らしくて重い機械は一切ない。だから、設備は近代的でも雰囲気は工場より工芸家の工房に近い。

下請業者はたくさんいるので、監督には時間をかけている。でも僕らの専門は掃除機のデザインと製造であり、部品の製造じゃない。清潔で静かで快適な工場は、エンジニアリングやテスト、品質に気持ちを集中させるためにある。顧客を喜ばせ、事業を成功させるのはそれなんだから。

社員を優遇する

ダイソン社では給料がとても高いことに加え

（その結果、マルムズベリーと周辺地域から求職が殺到している）、無欠勤の社員に皆勤賞として均一の賞与を週ごとに払っている。全社員に生命保険、企業年金、一年に二十二日間の有給休暇、有給病気休暇、金曜日の早期退社が与えられている。カフェには多額の補助金が支給され（ヨーロッパ大陸風の最高級料理で、田園を散歩するのと同じくらい健康的なランチでも、二ポンドでお釣りがくるんだ）、チッペナムからの無料バスも運行している。

日本の影響

外の世界から見ると、僕らの考え方の一部はいくぶん日本的に映るかもしれない。でもそれはあまり英国的でないだけで、日本的なわけじゃない。ダイソンには、職場での体操や社訓の唱和、有給の未消化、会社丸抱えの活動（僕らもサッカーやネットボール、スカッシュの活動はしているけど）といった、古くさい発想は一つもない。ただ、僕らの取り組みの一つや二つは、とくに日本的とは自覚していなかったけど、似通ったところがあることに気がついたんだ。

反復的な発展は発明の一部だと前に話したけど、それは職場にも言える。日本人同様、僕らも決して製品に満足しないで、常に改良を心がけている。たとえ顧客自身のミスに原因があっても、どんな苦情も深刻に受け取め、問題を解決している。顧客からの意見や反応は会社の将来を予言し、指し示すものだから、それにもとづいて行動することに費用は惜しまない。

日本人が気づいているように、僕らも自分たちの強みが取締役や幹部社員の質にあるのでなく、社員みんなの質、努力、知性、そして何よりも情熱にあることを知っている。

僕らは異常なまでに製品にこだわっている。あるいは日本人のモノへの執着には及びもつかないかもしれないが、自分たちが製造するものは何であろうと絶対に完璧で、人をワクワクさせ、美しくなきゃならないと決めている。それが僕らのモノづくりの原動力であり、それがなきゃ事業はやっていない。

サプライヤーとの取引

僕らがサプライヤーに要求するのは次の四点だ。すなわち、(a)ダイソン社の注文を(b)指定の期日に(c)正しい数量と(d)定められた質で提供しなきゃならない。

そうであってほしい。

大事なのは、もしこの要求が一つでも満たされなかったら、彼らと僕らとの関係が傷つくだけでなく、もっと重要なことに、当社と顧客との関係も傷つくことだ。問題は、サプライヤーが当社のことをほとんど代金回収先としか見ないことだ。「さて、ダイソンさん。先日御社にプラスチックをトラック一台分送りましたが、お支払いは？」

もちろん、みながみなこんな風じゃない。しかし、そんな会社が一社でもあれば、生産ラインがすべて止まり、社員の士気がくじかれてしまうんだ。

なかにはダイソンの成功をともに分かち合えるとても良いサプライヤーもいる。僕はそのなかのベストな会社をサプライヤー選びの基準にしてきた。それがエイドリアン・ヒルのベルパー・ラバー社だ。九二年十一月に金型の製造が終わったとき、彼はイタリアへ飛んで来て、初めて成形したサンプルの組立を手伝ってくれた。ゴムの部品は全部同社が製造していたので、自社製品の出来具合はどうか、顧客の要求を満たしているかどうかを自分の目で確かめるため出向いてきたんだ。ベルパーは業績好調な家族経営の小さい会社で、以来ダイソンの主要サプライヤーになっている。

会社の成長につれ、品質も技術も改良するには、増え続けるサプライヤーの協力が欠かせないことに気づいた。この件については、スウィンドンにあるモトローラ社のデヴィッド・ブラウンに感謝している。九五年九月に同社の「シックス・シグマ」という品質管理プログラムを僕に紹介してくれたからだ。この素晴らしいプログラムのもとで、ダイソンは部品をリデザインし、サプライヤーは製造方法を変え厳しい検査を実施して、不合格品を百万個当たり六個にまで減らした。

僕らはサプライヤーを頼りにしているし、彼らもそれを知っている。その多くは初期の苦しい時代の僕らを信頼してくれた。いつかは必ず成功し、最初は少ない注文もいずれは相当の量になると信じてくれたんだ。たび重なる増産要求やデザイン変更にもよく対応してくれたし、ダイソン社の成功を彼らと分かち合えてこれたのはうれしい限りだ。

僕らは小売業者とも同様の関係にある。そのほとんどは、将来の成功を見込んで設立まもない小さな会社を信用してくれた。製品の直接の買い手は小売店や通販業者だが、僕らは最終顧客として消費者の存在を強く意識しているので、店員の能力と熱意が頼りなんだ。そこで、ダイソンの掃除機を店員自ら買って使ってみることや来店客用の商品紹介ラベルを機械に貼付することを奨励している。もちろん、こちらが販促や広告で支援しなきゃならないことは重々承知している。

社員の健康を気づかった椅子や食事から部品や製品の品質にいたるまで、それがダイソンのやり方だ。僕はいい方法だと思っている。少なくとも僕には良かった。

ただし、ひと言だけ警告を。もし僕らの掃除機が紙パック式だったら、それは何の値打ちもなかっただろう。

第22章

お土産付きで再び日本へ

二〇〇四年はじめまでに僕は世界で千万台の掃除機を売った。ダイソン社は三十五カ国にオフィスを構え、米国へ輸出を始めて一年あまりがたった。DC01とDC02に代わる改良型を相次いで投入し、重要な訴訟にことごとく勝訴。さらなる生産性の向上をめざして生産拠点を英国マルムズベリーからマレーシアへ移し、洗濯機を新発売して製品ラインを広げ始めた。僕個人にとっても、会社とサイクロン自体にとっても、新たな挑戦の機は熟した。

その挑戦とは日本だ。日本は僕のサイクロン技術を温かく迎えてくれた最初の国。「Gフォース」への愛情に近い熱狂的支持は、僕を破産から救い、成功への道に立たせてくれた。それだけじゃない。自分の技術を受け入れる市場があること、またより良い掃除機への需要が根強いことを証明して、落ち込んでいた僕の気持ちを奮い立たせてくれたんだ。とりわけ元気づけられたのは、世界で最先端の技術市場にサイクロンの居場所があると教えてくれたことだ。その意味で、日本は僕の最大の恩人だと思う。

もう、お返しをしてもいい頃だ。そこで、初めて単一市場に的を絞った新機種——実際は三モデル——を開発したんだ。日本でのニーズをとくに意識して設計されたそのDC12は、過去のどのダイソン製品よりも小型・軽量でパワーアップし、デザインもさらに良くなった。それは、はるか二十五年前、僕が自宅のキッチンでボール紙とマスキングテープのサイクロン試作品を作ったときから登り始めた山の、まさに雪をいただいた最高峰である。そして、僕なりの感謝の表明なんだ。

日本向けの製品を作りたいという気持ちはときとともに強まっていた。日本は「Gフォース」を愛し、以後も僕のサイクロン式掃除機を相当数買ってくれた。でも、それらは決して日本に適していたわけではなかったんだ。それは、わかっていた。

この二十年間、僕は多くの時間を日本で過ごし、人々や文化に親しみ、日本人のツボが何なのかよくわかってきたからね。エレクトロニクス技術のトップを走り続ける日本のデザイン意識が年々高まるのを見てきたし、日本のデザインの影響も受けてきた。

僕はイッセイ・ミヤケのインスピレーション溢れる服を長年愛用している。彼はこの五十年間で最も革新的、創造的なファッション・デザイナーだと思うね。これを書いているいまだって、彼のものしか身につけていない。あっ、あとヨウジ・ヤマモトのも少し。

イッセイ・ミヤケの無駄のない抑制されたデザインは、僕の好きな日本をほとんど象徴している。そのスッキリしたミニマリストのデザイン観は、僕自身のデザイン哲学と共通点が多い。

だからこそ、日本市場にくさびを打ち込む製品を作ることが重要なんだ。それはダイソンのこれまでの成功すべてを裏づけるものとなるだろう。

問題は、基本的にサイズだった。日本ではサイズが問題になるんだ。僕は二十五年間、欧米製品をデザインしてきたけど、どれも日本には大きすぎることは前々からわかっていた。

英国では、ほとんどの家やアパートに掃除機やバケツ、モップ、踏み台、ほうき、ブラシ、自転車などを収納する戸棚が階段の下に置かれている。でなければ、屋内のどこかにほうき収納戸棚がある。が、日本では違う。

僕らは日本のダイソン社員や消費者の家を見て、掃除機の収納にさけるスペースは二十五×二十×三十五センチほどの狭さしかないことに気がついた。また、日本では掃除機をわざわざ本体とホース、パイプ、ヘッドにばらして収納することも知った。これじゃお手上げだ。

答えらしきものがひらめいたのは、〇三年はじめにブラジルのアングラ・ドス・レイスのビーチで寝そべっていたときだった。僕はただちに帰国すると開発に取りかかった。でも、ここで話の先回りをさせてもらおう。この新製品DC12はベスト電器やヤマギワ、そして日本全国どの電器店の店頭にも並ぶと思う。

いま話している技術はDC01やDC02と関連がある。これらの機種がほぼきっかり十年前に発売されて以来、ダイソン掃除機はもうずいぶん進化を遂げたんだ。それは会社も同様である。

九七年一月のことだ。僕は『エレクトリカル・リテイリング・タイムズ』という業界誌で、紙パックのないサイクロン式とおぼしきエレクトロラックス製掃除機の写真を数点目にした。透明な収集ビンと明るい色の円錐の付いた、これもまた、ひどくずんぐりした代物だった。

二重構造のサイクロンという表現は特許侵害にあたるため、エレクトロラックスはパンフレット類での使用を慎重に避けていた。しかし、その掃除機を「デュアル・クリーニング・システム」と呼び、「サイクロン式カセット」という言葉も使って、「デュアル」と「サイクロン」が一対に聞こえるような使い方をしていた。

彼らが「デュアルサイクロン」と呼ばない機械には、原始的な円筒と僕たちのシュラウドにちょっと似たふるいらしきもの、そしてサイクロンの入った別の円筒が付いていた。また背面には、たくさんのチリやホコリを捕らえる巨大なフィルターも付いていたから、すぐ目詰まりして吸引力が低下するのはサイクロン式以前の旧式機械と何ら変わりなかった。しかもエレクトロラックスは「ダイソンによく似た製品」と吹聴していたそうだ。

そうじゃないでしょ。もちろん、また一つ訴訟が始まった。

ところが、提訴したのは僕らではなく、エレクトロラックスのほうだった。理由は、僕がある雑誌の記事で彼らの機械は性能が悪いと発言したというんだ。実際は、「彼らの機械は本来のサイクロン式にあるべき性能を発揮していない。なぜなら、ホコリが背面のフィルターを通って目詰まりを起こすため、紙パック式掃除機の性能しか得られないからだ」と言ったんだ。でも、その記事は、エレクトロラックス側の証人として出廷した元AEG社員（いまは同社の傘下にある）の記者が偏った内容で書いたものだった。だから僕らはまた法廷に立った。

そして法廷には、またもや、ほかの競合相手──今回はミーレ──がエレクトロラックスのわきに同席していた。誰かがしとめた獲物のおこぼれにあずかろうと草原の崖の上で目を光らせているハゲワシさながらに、僕らが無駄にしている時間の一刻一刻を、そして期待される宣伝効果を楽しそうに味わっていたんだ。しかし、訴訟は結局徒労に終わり、ハゲワシたちは腹をすかした。

はっきり言って、真似をされるなんて僕は考えもしなかった。だって、どのメーカーもサイクロン技術に新しいものは一切ない、紙パック式のほうが優れていると言って、僕や僕らの掃除機のことを酷評し、けなしていたんだよ。それに慣れきっていたから、まさか連中自らそれを作るとは思いもよらなかった。よく恥ずかしくないよね。

連中はその恥ずべき方向転換を「紙パック不要部門」という遠回しな表現で弁解した。「ダイソン社が紙パック不要部門を確立したので、われわれもその市場に参加したい。消費者はいまや紙パックが要らない掃除機を買っているようだから、紙パック不要機種も提供したい」と言ったんだ。

僕らが発売したときは、「紙パック不要」には重大な欠陥があると思わせようとしたくせに。

エレクトロラックスが真似をした動機の一つには、サイクロン方式全体の評判を落とそうとする意図があったんじゃないかな。自社のデュアル・システムで消費者は両方のいいところを得られると言っていたから。つまり、室内のていねいな掃除には紙パック式、ガレージのゴミやがらくたにはサイクロン式があると言うことで、サイクロン式はある種粗悪な屋外用清掃道具だと暗に示そうとしたんだ。

なかでも笑止千万だったのは、彼らが「新技術を生んだ」と主張してこんな広告を出したことだ。

「新技術が現れたとき、それを完璧にするのは誰ですか？　もちろん、エレクトロラックスです。紙パックよさようなら、新しいサイクロン・システムにこんにちわ」

この新技術とは一体何だ？　ただ紙パック式かサイクロン式かを選択する自由のことじゃないか。いやあ、ホント独創的だね。誰も思いつかないよ、こんなの。まるで自動車が発明されたあとに「あ、そうそう。われわれは馬でも引ける車を発明したんですよ」と言うようなものじゃないか。

フーバーも同じことをたくらんでいた。「大手家電メーカーとして、わが社はどの部門でも製品を提供できなければならない」とか何とか言って、北海油田の技術をもとに英国レスタシャー州ラフバラの研究会社により開発されたという「トリプル・ヴォールテックス」を九九年に発売したからだ。付け加えると、これはフーバーと話す数年前にウチの研究エンジニアに接触していた会社だった。僕らはフーバーを特許侵害で提訴した。

フーバーはダイソンの特許は無効だと言って応酬した。しかし、この主張は退けられたばかりか、フーバーはダイソンの特許侵害申し立てについてもことごとく有罪判決を受けた。フーバーが故意にダイソン・デュアルサイクロン掃除機の一部をコピーしたことが高等法院で立証されたからだ。九九年五月、独立研究機関の科学者たちがヴォールテックスV2000はダイソンDC04より二百倍も多くのホコリを放出することを発見し、係争中のフーバーは自社のサイクロンがホコリを故意に空気中に排出していることを認めたんだ（ヴォールテックスは吸引力もダイソンDC04の半分もなかった）。

フーバーは〇一年に英国で敗訴した。そして四百万ポンドの損害賠償プラス裁判費用をダイソン社に支払い、トリプル・ヴォールテックスを店頭から撤去するためさらに数百万ポンドもの莫大な損失をこうむった。こんなにあちこちで闘ってきたあとに、英国の裁判所がどんな大企業も他人のアイディアを盗もうとしたら罪は逃れられないと言う光景を見るなんて、実に爽快だったね。

ま、そこで米国市場での発売が迫っていたことから、僕らはデュアルサイクロンの次世代発展系である「ルートサイクロン」技術を搭載したDC07（縦型。日本ではラディックスサイクロンと呼ばれ、シリンダー型のDC08が発売されている）の設計に舞い戻った。それは初代機とほとんどの点で変わらなかったが、当社ではエンジニアの人数が三人から三百五十人に増えても、あの段階的なエジソン流手法で自社製品の改良と開発を続けていたんだ。

たとえば、サイクロンを小型化すれば空気の回転角度が急になり遠心力が上がることを発見した。しかし、すべてを小さなサイクロン一つに通そうとすると、圧力が大きく低下してしまう。そこで、小さなサイクロンの数を増やし、分離効率を高めるために個々のサイクロンの径を小さくすれば、数の増えたサイクロン全体の空気流量は増え、圧力の低下は抑えられる。DC07では空気は七個のサイクロンに分かれて通り、底部で再び一つの流れにまとまる。こうして、すでにかなり強力だった吸引力は五〇％も向上した。

ほかの改良点としては、たまったゴミを簡単に捨てられるトリガーリリースの収集ビン、より軽い本体、壁際のゴミも取るブラシ、リバーシブル・パイプ、交換不要な洗浄可能フィルターなどがある。

もちろん、見た目も素晴らしい。それらを見た日本人ジャーナリストは「ああ、iMacを真似たんですね」と言った。

とんでもない。大間違いだ。

九五年にアップル・コンピュータのiMac担当デザイナー、ジョナサン・アイブがダイソン製品を買い、あとで僕らはスティーブ・ジョブズにも一台送った。iMacが発売されたのはそれから三、四年後のことだ。たぶんアップルは透けて見えるプラスチックをすでにいじくり回していただろう。でも僕が言えるのは、事実はそうだったということだけ。逆ではない。

しかも、僕らが開発していたのはより良い掃除機だけじゃない。眼中にあったのは、およそ考えられる最高の掃除機のことだ。つまり、人がいなくても家の中を掃除してくれる掃除機である。

僕の掃除機に不満が一つ残るとすれば、それはどんなに機械自体が素晴らしくても、掃除をしたかったら、それまでしていたことを中断し、自分で掃除機を操って家中歩かなければならないことだ。退屈だよね。いまは二〇〇四年ですよ。僕らは原始人か？

そんなわけで、DC06と呼ばれた自動掃除機の試作品の開発が始まったけど、それは、以来ものすごく進化した。掃除ロボット。これは産業革命時の技術革新のように省力化のための装置でなく、労働をなくす装置だ。現在、掃除ロボット市場には一、二のぶざまな試みが見られる。しかし、それらはせいぜい電気で動くチリ取りとブラシにすぎない。吸引力がほとんどないんだ。ただ部屋の中をやたら転げ回って、内部の平たい容器に物を掃き入れるだけでね。言わせてもらえば、ちょっと時間の無駄じゃないかな。

一方、DC06には、コンピュータ三台、二千個以上の電子部品、二十七の回路基盤、七十以上のセンサー装置、二万二千八百七十三行のコンピュータ・プログラムが搭載され、毎秒二百の演算をこなす。言い換えれば、ダイソン社が生んだ僕が自分の手で作ることのできない初めての製品である。

事実、作ることのできる人はそう多くない。実際の発売前にメディアで発表するという異例の方法をとったのはそのためだ。電子工学のエンジニアを見つけるのは大変むずかしいし、電子機器の実績がまったくない僕たちにとって、優秀な人材を引きつけるのはなおさらむずかしかったろう。しかし、掃除ロボットのようなプロジェクトなら、目的は明らかだから、必要とするタイプの人材をきっと引きつけられると思ったんだ。

僕はここ数年、ほとんど掃除機と同じくらい洗濯機にもイライラさせられていた。なぜかというと、メーカーの指定通りバカバカしいほど長い時間をかけて洗濯しても、効果が全然ないからだ。衣類を洗濯機の中に突っ込み、外出して戻って様子を見てみると、衣類はただ温水の中に固まっているだけなんだ。洗濯機といっても、機能はせいぜいボイラーなみで、洗浄は強力な漂白剤と洗剤だけが頼りだ。この方法だと衣類を何時間も洗濯液の中につけておかなきゃならないが、長時間つけても汚れは落ちない。ただつかっているだけだから、洗濯液は繊維の織り目まで染み込むことができないんだ。

洗濯動作が効率的でなければ、汚れは落ちるわけがない。驚くべきことに、最高級の洗濯機で六十七分洗うよりも十五分手洗いするほうが汚れがよく落ちることを、僕らは発見した。手洗いのほうがはるかに洗浄力が高いことがわかると、それをどうにか再現できれば、より早くきれいに洗濯できる機械を開発できると思った。また、そろそろまったく新しいものを作る時期でもあった。十七年間もコツコツと掃除機づくりに励んできたんだ。掃除機は非常に競争の激しい市場だし、多国籍企業と競合するから、ほとんどの人は僕の立場なら一つの製品に専念することを選ぶだろう。でも僕はかねてから、画期的な製品がいくつかあれば会社の魅力はもっと増すと思っていたんだ。

掃除機は素晴らしい。僕は大好きだよ。生え替わらない皮膚、毛が抜けない犬や猫、家に吹き込んでこないホコリや土、カーペットに接触すると蒸発するダニを遺伝子操作で創らない限り、人は常に掃除機をほしがり、買うだろう。改良の余地はいくらでもあるから、いつもワクワクしていられるし、僕らはそうし続けるつもりだ。でも、もし洗濯機でも掃除機で実現したような技術的インパクトのある発明に成功すれば、会社はいまより倍以上の莫大な利益を上げられるだろう。

僕はブランド構築の話は好きじゃない。あらゆる製品は製品自体の良さで認められるべきだ。でもね、ダイソンの名前は最高の掃除機だけでなく、最高の家電製品の代名詞になることができるんだ。

しかし、手洗いの効果をどう再現すればいいんだろう?

手で洗うのがなぜそんなにいいんだろう? 揉むから? ゴシゴシこするから? 攪拌? 絞り?

その一番いいやり方は?

衣類を揉む一種のお化けみたいな機械の手で、それとも二十一世紀の仮想絞り機か何かで?

可能性は無限にあり、サイクロンがそうだったように、考えれば考えるほど意欲も興味もわいた。今回は独りぼっちじゃないし、チームワークがもたらす工夫やアイディアもあった。

すべての疑問に対する答えが見つかったのは、ほんの偶然からだった。試作品が突然、驚くべき好成績を出したんだ。僕らはドラムを通常よりずっと早く回転させると、何が起きるかを知りたくてテストしていた。問題はドラムの回転が毎分六十回転を超すと、遠心力によって衣類が洗濯槽の壁面に張りついてしまい、回転が止まって下にドサッと落ちるまでほとんどそのままの状態でいることだった。

試作機がそれほどの好成績を上げる原因をあらゆるテストで調べた結果、洗濯物をほぐすと洗浄力が高まることがわかった。それで洗濯液が衣類の繊維の間を効率よく通過し、一緒に汚れを取るんだ。僕らはドラムを二基配置する方法を考案し、あらゆるバリエーションを試した。それから、二つのドラムをそれぞれ逆回転させてみた。テスト結果は業界標準を大幅に上回っていた。

また、脱水時も、衣類がたえずドラム上部に上がったかと思うとまた下にたたきつけられるといったことがないので、しわになりにくい。二基のドラムは、両手で衣類を揉みほぐす効果を実際に再現する。衣類をあらゆる方向に絞ったり揺り動かして、ケチャップ、塗料、泥、草、ビール、コーヒー、ぐちゃっとつぶれたタコやイカや貝、卵、チーズ、オレンジジュース、糊、口紅、化粧品、チョコレート、ジャム、油、インク、カレー、しょうゆ、赤ん坊がゲップした朝食……などの分子を取り除くんだ。

ダイソンのシステムは泥汚れやシミに強い。それは低い水温で、短時間に、大量の洗濯物(六・八キロ)を洗えるということだ。どんな水温でも、同クラスのほかの機種より早くきれいに洗う。一度に大量の洗濯物を早く洗うので、洗濯にかかる時間は減る。十四キロの洗濯物(一週間の標準洗濯量)を四〇度の水温でわずか二時間十八分で洗うことができる。しかし同じ量を洗濯容量五キロの機械で洗えば、五時間五十四分もかかる。

掃除機と同様、大きな技術的変更とともに小さな改良もたくさん加えた。キッチンや家事室の洗濯機スペースは決まっていることが多いので、機械の大型化は無理だが、ドラムは何とか大きくすることができた(通常の容量六十リットルでなく九十五リットル)。レーシングカー用に設計されたベアリング付きサスペンション・システムを改良することで、ドラムの直径を大きくし、前面に適度なふくらみを持たせたことで、ドラムを深くすることができたんだ。また、扉をぐんと大きくして、大量の洗濯物や大型のベッドカバーを楽に出し入れできるようにした。

もう一つの改良点は、扉を密閉するためのあの嫌なゴム製ゲートルを追放したことだ。あれはヌルヌルして不快で汚らしいでしょ。洗い終わったきれいな衣類を取り出すんだから、どう見ても掃除機の紙パックと同じで取り除く必要があったんだ。新しいタイプの二重扉を、一枚はドラムに、もう一枚は機械前面に取り付けることで、それは可能になった。

洗濯機のもう一つうんざりする欠点は、操作部がすべて前面にあるために、洗濯の種類を選ぶのに腰をかがめたり、しゃがんだりしなければならないことだ。僕らはすべてを上から楽に操作できるよう、上部に斜め勾配のあるコントロールパネルを付け、防水シールで覆った。また前面下部には格納式のハンドルがあり、引っ張ると三つ目の車輪が出てくる（背面には車輪が二つある）から、洗濯機は簡単に動かせる。もちろん車輪が中に収まっているときは完全に安定している。そして、ポケットから落ちた硬貨を拾う硬貨トラップには透明カバーが付いているので、洗濯機の中に小銭がたまってもすぐわかる。

どう売れるか、僕には判断がつかなかった（現時点で、この洗濯機はまだ日本で販売されていない）。洗濯機を手がけるのは初めてだし、平均よりかなり高価格の製品で参入しようとしていたからだ。ところが、僕にとってうれしい驚きだったのは、ダイソンの洗濯機と掃除機を両方持っている人は、洗濯機のほうにもっと興奮しているらしいことだ。僕はいまのところかなり慎重に構えている。なぜなら、掃除機で経験したように、僕らはまだあの初期のゆっくりした市場形成期にあるからだ。

でも、それは掃除機のように、まずは上々の滑り出しを見せ、最高級価格帯の洗濯機市場で優勢を占めている。成功した理由は、なぜ二つのドラムが逆回転すると洗浄力が上がるかを説明するほうが、紙パックの目詰まりや吸引力の低下の問題について説明するより楽だったからかもしれない。これは、まだ多くの人にしっかり理解されていないんだ。ダイソン・デュアルサイクロンのファンにもね。

洗濯機では、初めてちょっとしたブランド・ロイヤルティがあった。自分の名前が製品に付いているだけで買ってもらえるなんて、これまで経験したことがなかった。でも、ダイソン掃除機を持っている人は、ダイソン洗濯機が一番信頼できると思うようになるかもしれないし、「掃除機では正しかった。だからこの洗濯機も成功させてやろう」と考えるかもしれないじゃない。僕はいまの栄光にあぐらをかくつもりも、名前でモノを売りたいとも思わない。だって、そこには無感動と沈滞しかないから。ただ、消費者のちょっとした信頼というのは、考えると興味あるね。

しかし、僕の名前が知られているのは英国だ。ここ日本では、はるか昔に知っていた「振り出し」に僕は戻った。そして、日本のみなさん向けに特別なものを用意して――。

前にも話した通り、それは〇三年一月、アングラ・ドス・レイスのビーチに横たわりながら、日本に合う新製品はどんなものか、どこをどう改良すればいいかと、いつものようにつらつら考えていたときひらめいた。

僕はホースとパイプがずっと気になっていた。かさばる、汚い、すっきりしない。この掃除機の核心となるデザイン哲学にどうもしっくりしなかったからだ。収納が大問題の日本市場向けにより良い小型の機種を製造したいという思いがふくらんでいった。そして、首にピッタリ巻いたスカーフのように、ホースが本体の周りにぴたっと巻き付いていたらどんなにいいだろう、そんな考えがふと頭に浮かんだ。見た目がスッキリするだろう。また、パイプは丈夫なポリカーボネート製の伸縮式にし、三脚のように全部を一本の筒にすっぽり収めて本体に固定するようにしたらどうか？　掃除機本体の小型化さえできれば、これはイケる。僕は急いで帰国し、開発を始めた。

ところで、これらの新しい工夫はただのウケをねらった小細工なんかじゃない。日本の掃除機市場を知っている人なら、その意味がよくわかるはずだ。

日本ほど毎年「新しい」掃除機が発売される国は世界のどこにもない。〇三年だけでも九十七の新製品が発売されている。でも、本当に新しいものなんて一つもないんだ。ただ目新しさを印象づけるために、古い機種に無駄な小細工を施しているだけなんだから。

それらのなかには、「空気の再循環」とか「排気の出ない掃除機」といったバカげたアイディアも含まれる。この無意味な小細工は排気をカーペットに送り込み、それをまた吸い込むことでいくつか利点があるとされる。これらの機械は空気が冷却されないためにモーターが過熱することを除けば、原理的にはいいアイディアである。だけど、モーターが過熱する危険があれば、出力を落とさなければならない。つまり、吸引力が落ちることになる。つまり、これはまったくのペテンにほかならないんだ。

さらにイオン発生装置なるものがある。おや、おや、おや。部屋に設置するタイプのイオン発生装置はとても大型でとても空気の流量が少ないので、たしかに室内の空気を少しはきれいにすることができる。でもね、掃除機に搭載されたイオン発生装置は小さすぎるし、空気の流れも速すぎるから、何も変わらない。何もイオン化されないんだ。もう一つの完全なペテンですよ、これは。

一方、ダイソンDC12は正真正銘の新製品だ。僕が英国でサイクロン式掃除機を発売したとき、その新しさは誰の目にも明らかだった。だって、紙パック不要の掃除機を売ったり作ったりするなんて、それまで誰も考えもしなかったからだ。ところが〇四年の日本には、ダイソンの評判に便乗した「サイクロン式」と称する機種がいくつかあるし、なかにはダイソンの掃除機も小細工を弄した製品の一つにすぎないと思っている人もいるんじゃない？

それは違うよ。ほかのはサイクロン式ではない。サイクロンで空気からゴミを濾過しているのでなく、紙パックより目詰まりのひどいフィルターで行っているからだ。かたや紙パック式の機械のほうは、紙パックが小さすぎて──ビジネス封筒より小さい──すぐ目詰まりする。それらはまさに世界最悪の掃除機だ。何たる悲劇。

なぜ悲劇かというと、清潔好きで収納スペースの問題を抱える日本人には、本物のサイクロン技術を搭載した掃除機しか解決策はないから。サイクロンは日本的問題の特効薬として、ずっと前に生まれていたかもしれないものなんだ。

DC12は真のサイクロン式で（六個のサイクロンをフル装備）、小型なうえにありがたい伸縮式パイプ付き。しかも、これまで日本にあったどんな掃除機よりも性能が高い。というのは、世界初のダイソン・デジタルモーターを搭載した掃除機だからだ。

ダイソン・デジタルモーターは、二百年近く前に英国のマイケル・ファラデーが電動機を発明して以来、モーターの歴史における唯一最大の進歩である。実際、モーターは当時からほとんど変わっていなかったのだ。いままでは、ね。

従来のAC（交流）直巻電動機は、銅の電機子に接着されたブラシと鉄のコアにグルグル巻きにされた銅のコイル（電線）を接続した構造である。これは時代とともに改良に改良が重ねられてきたので、それなりに効率はよい。しかし、各部の質をコントロールするのが非常にむずかしいため、きわめて不安定である。通常のダイソン掃除機に搭載するモーターの出力は毎分三万五千回転だが、各部を接着した構造ではこれ以上回転数を上げることはできない。ブラシが摩耗するため、モーターの寿命はさらに縮まる。

これに悩まされてきた（ちょうどホースとパイプにイラついていたように）僕らは、この七年間、デジタルモーターの開発に取り組み、そして成功した。これは家電製品に使われる世界初のデジタルモーターである。電機子の励磁位置を切り替えて回転させる「スイッチド・リラクタンス」という原理を採用し、ブラシの代わりに回転する鉄のモーターコアがあるだけだ。このタイプはたまに電車にも使われているが、回転力ははるかに高い。チップと回路基盤ででできたこのモーターは、通常のAC直巻電動機の三倍速く回転できる。つまり、ダイソン掃除機に内蔵される新モーターの回転数は毎分十万回転になるんだ。マクドネル・ダグラスやボーイングは喉から手が出るほどほしがるだろうね。

それだけじゃない。ダイソン・デジタルモーターはサイズが従来のモーターの半分しかないから、ずっと軽い。それとね、破損や摩耗とも無縁だから、寿命が少なくとも二倍は長持ちする。急いでいたこともあって、テスト・リグでの試験はとりあえず千時間で終わりにしたけど、それでも千時間といえば寿命は昔のモーターの倍もある。

もちろん、ほとんどの機械に使われているモーターのように汚いカーボンダストも出ないし、電圧に関係なく一定の回転数で回る。まさにあらゆる意味で、大きな、大きな進歩なんだ。しかもデジタルモーターには最も興味深い点がまだあるんだよ。

チップが内蔵されているため、DC12にはメモリーがある。しかもとても良いヤツがね。どの機械も自分のシリアル番号、モデル番号、製造年月日を知っているから、人間が覚えている必要はないんだ。サービスセンターに電話して自分の製品のシリアル番号を聞かれるほど煩わしいことはないよね。それって何だっけ？　どこを見ればいいんだろ？

ところが日本のダイソンお客様相談室に電話する場合、掃除機内蔵の小さなスピーカーに電話の受話器をあててファックスのような音がするのを聞くだけでいい。それは掃除機がカスタマーサービスに必要な情報をすべて伝えている音なんだ。「何かがホースに詰まっていますよ」そう言われるかもしれない。で、一件落着。

これほど大きな技術的飛躍を遂げたこと、それを母国の英国でなく、マイクロ技術の本家本元である日本でまず発売できることを、僕は誇りに思う。この五十年間、技術の小型化に必死で取り組んできた日本に、いまイギリス人の僕が自ら貢献するためやってきたのだから。僕が知る限り、日本で新技術を発売した欧米企業は一社もない（もちろん、ＤＣ12はいつか欧米でも発売する）。でも、日本のおかげでここまでこられた会社としては当然のことだよね、これは。

　大手電機メーカーが問題をすべて訴訟で解決しようとしない国で新発売するなんて、これほど気持ちいいことはない。それは日本流のやり方ではないからね。もちろん、ダイソンがまだ深刻な脅威とは見られていないからだけど、そうなる日が来るのは近いと思う。そして、店頭では食うか食われるかのゲリラ戦が始まるだろう。法廷でなくてね。それは一向にかまわない。その手の挑戦は嫌いじゃないから。

　この掃除機はまさにこれまでで最高の機械だ。掃除機の年間生産台数が二百万台に達するいまでも、僕らは素材にＡＢＳ樹脂とポリカーボネートを使用している。現存する最も丈夫なプラスチックだからだ。競合他社のようにもっと安いプラスチックを使えば、おそらくは一台あたり二ポンド、全体で年間四百万ポンドのコスト節減になる。上場企業だと、株主のために売上高利益率を終始上げる必要があるので、そうはいかないだろう。結果は、製品の質の低下。でも、ダイソンではそれはない。

　会社が力をつけるにつれ、僕らのテスト工程は一段と厳密になっている。しかも新技術を次々に急ピッチで送り出しているから、その工程はけた外れに多い。現在はマレーシアにテスト専用の巨大ビルを持ち、百五十人の社員がすべての機械的テスト・リグと反復テストを行っている。破壊テストと使用テストでは写真撮影と報告を伴う二百五十のテスト工程を繰り返し実施する。さらには金型を製造する前の試作品をすべてテストして欠陥をなくし、金型を注文して試作するという工程を二度繰り返す。この基本を守ることで欠陥を減らし、本格生産に入る頃には欠陥の数はゼロになるというわけだ。

　これだけ慎重を期すと、たび重なる新技術の開発も相まって物事に遅れが生じ、競合他社を利することになる。

　でもね、この反復を重ねるエジソン流の手法こそダイソン社の身上であり、今後も変わることはないと思う。それはまた、勤勉と地道な改良を尊ぶ日本人の労働観にきわめて近いものなんだ。

日本でのDC12発売にあたり、僕は日本の若手デザイナー、エンジニア、起業家にも欧米でのようにダイソンを発奮材料にしてほしい。不況に直面した大手企業が初めてリストラに踏み切り、若い世代の起業家が新たに育っている日本では、ちょっとした創造力と勤勉な努力、決して「できない」と言わずに既存のシステムを打ち破る覚悟によって、巨大企業を同じ土俵で打ち負かしたダイソンの例が参考になるはずだ。

僕はダイソンを日本に受け入れてもらう準備に四半世紀をかけた。そして、いま日本はダイソンを受け入れる準備ができたと思う。

この本には、マーケティング頼みの製品よりも中身の良さをおのずから語る製品に肩入れする僕の発言が数多く出てくる。それは日本人の信念でもあると思っているけど、どうかな。

以前、日本での取材中に広告の話題になったんだけれど、その時のジャーナリストは中国の『史記』を引き合いにこう応じた。

「桃李もの言わざれども、下おのずから蹊を成す（モモやスモモは何も言わないが、花や実の美しさにひかれて人々が集まってくるので、その下には自然と小道ができる）」

さあ、ダイソンへの道を歩き始めるときだ。

謝辞

ジャイルズ・コーレンと初めて会ったのは、彼が『タイムズ』誌の取材で僕を訪れた一九九五年のことだった。できた記事の構成は素晴らしかった。彼は驚くほど博識である。だから、「この本に協力する」と言ってくれたときはうれしかった。長時間にわたる僕のとりとめのない話を的確にまとめたことは奇跡に近い。

僕の成功は、ダイソン社員一人ひとりの独特な気風とたぐいまれな努力なくしてありえなかった。そのおかげで僕は冒険を楽しみ、また人間のすばらしさ、そして才能の素晴らしさをつくづく実感した。みんなに深く感謝したい。

妻ディアドリーは病的に辛辣な僕との生活を三十年間楽しんできたというけれど、度はずれに我慢強かったと思う。自らも美しい作品を創造するクリエーター、アーティストでありながら、一人で子育てしなければならないときが何度もあったからだ。三人の子ども、エミリー、ジェイコブ、サムは彼女の賢さと愛情の結晶である。この本をディアドリーに捧げる。

以下、すべてのダイソンスタッフにも感謝したい。

Craig Adam, Stan Adams, Paul Adams, Hugo Adams, Jason Alba, Michael Aldred, Paul Aldren, Steve Allen, Trudie Allen, Naomi Allison, Stephen Ames, Cheryl Anderson, Matthew Anderson, Glenn Andrew, Anne Andrews, Jonathan Aplin, Caroline Armstrong, Robert Arnold, Nick Aronson, Maurice Ash, Giles Ashbee, Tony Aspinall, Bob Astwood, Bulent Ates, Jeff Attewell, David Badger, Paul Bagwell, Dawn Bailey, Bakhtaver Bains, Natasha Baker, Shaun Baker, Fiona Baker, Angela Baker, Gary Ball, Dave Ball, James Ball, Ian Ballance, Karen Ballantyne, Nigel Bamford, Mario Barbieri, Jayne Barker, Deborah Barnes, Samantha Barnett, Miriam Baron, Rachel Barrett, Andrew Bartlett, Matthew Bastin, Adrian Bates, Paul Bavin, Tracey Beach, Rob Belsten, Richard Bendall, Steven Benfield, Michael Bennett, Judith Bentley, Sam Bernard, Danni Bernasconi, Judith Betzen, Gary Bidwell, Dave Bignell, Graham Bilbe, Dan Bird, Joanna Bishop, Tom Blackburn, Paul Blanche Harman, Nadine Blythe, Chris Boddy, Jason Bohin, Anne Bolton, Wendy Bolwell, Phil Bommer, Sian Bossy, Martin Bowen, Andy Bowers, Emma Boyne, James Braithwaite, Adrian Bray, Bruce Brenner, Elizabeth Bridges, Alan Briggs, Tiffany Brodribb, Sharon Bromly, John Broom, Nathan Brown, Michelle Brown, Alexander Brunskill, Natasha Buggins, Matthew Burgess, Mike Burlington, Guy Burlington, Ken Burns, Tim Bush, Tanya Bush, Derek Bushell, Gwenda Button, Joseph Caine, Louisianax Caliban, Jamie Cameron, Max Campbell-Jones, Alex Canning, Julia Carey, Graham Carter, Dave Cartwright, Abigail Cassidy, Robert Cast, Geoffrey Castle, John Cattermole, Steve Caygill, Oliver Chambers, Sally Champion, James Chan, Nick Chandler, Maria Charlton, Lizzie Charlton, Tahir Chaudhry, Rob Cherry, Ming Chi Cheung, Matthew Childe, Gavin Christman, Joanna Church, John Churchill, Alan Clark, Joanna Clark, Ryan Clark, John Clark, Sarah Clark, Katie Clark, Matt Clarke, Patricia, ClarkePaul Clarke, Jon Clear, Tracey Clemens, Pamela Cleverly, Justin Cliff, Kate Cloke, Andy Clothier, Jennifer Cole, Graham Cole, Jamie Coleman, Peter Collins, Charles Collis, Vinnie Collison, Mick Colthup, Daniel Constable, Scott Constable, Ian Cook, Tania Cook, Matthew Cookson, Nicola Cooper, Gina Corbett, Michael Corry, Gloria Cotton, Caren Cotton, Brett Coulton, Tammy Cound, Stephen Courtney, Michael Cox, Michael J Cox, Stephen Cox, John Craig, Tom Crawford, Carol Crawford, Sarah Cremin, Angela Cremin, Nancy Crisp, Nick Critchley, Nathan Croft, Darran Crook, Morwenna Cross, Lara Cross, Pete Crossley, Ed Culley, Jason Curle, Keith Curtis, Chris Curtis, Alison Curtis, Sam Czerpak, Hanping Dai, Charlie Davies, Richard Davies, Emma Davies, Gavin Davies, Gary Davies, William Davies, Alan Davis, Kate Davis, Chris Davis, Roger Dawe, Paul Dawson, Andrew Dawson, Rosemary Day, Karen Deacon, Gina Dean, Martin Denning, Jocelyn Dewey, Alix Dewhirst, Iain Dickerson, Stephen Dimbylow, Georgina Dix, Alan Dix, Anthony Dodd, Paul Douglas, Alan Down, Rachel Dowse, Pete Duckett, Roger Dunlop, Nigel Dymond, Sarah Eacott, Robin Eddington, Bronwen Edwards, Emma Edwards, Karina Edwards, Melinda Edwards, Lesley Elcock, Stuart Elliott, Simon Elliott, John Ellis, Ben Emery, Simon English, Inibehe Etuk, Nick Evans, Chris Evans, Dominic Excell, Andrew Fairley, Peter Fallon, Chaoying Fang, Marcus Farci, Matt Farnfield, Ralph Fawkes, Peter Fereday, Mathew Fewell, Linzi Field, Nick Field, Paul Finn-Kelcey, Mark Fishlock, Nick Fitton, Danny Fitzsimons, Geraldine Flay, Sara Flint, Iain Florence, Martin Folkesson, Tom Follows, Andrew Forbes, David Fowler, Darren Fox, Clive Frederickson, Tim French, Craig Freshwater, David Fryer, Howard Fulford, Stuart Galbraith, Amanda Gale, Helen Gallacher, Peter Gammack, Jackie Gardiner, Sarah Garrett, Chris Gay, Mike Gay, Richard Gearing, Tanya Genever, Stuart Genn, Selena George, Andrew Gibbon, Patrick Gibbs, Shirley Gifford, David Gingell, Emma Gingell, Guy

Goddard, Pete Gomer, Ricardo Gomiciaga, Sherrilyn Goode, Rob Goodyear, Neil Gordon, Robert Harper Gow, Alan Goward, Chris Graham, Quentin Grandison, Sarah Green, Andy Greenman, Gemma Greenman, Maria Greenslade, Owen Greenway, Stephen Greetham, Lucy Grenfell, Michael Grey, John Griffiths, Simon Grover, George Guest, Paul Hackwell, Martin Haigh, Jacquie Hailstone, Tracy Haines, Mike Hamill, Jason Hammond, Charlie Hampson, Tina Hampton, James Hanafin, Graham Hancock, Ruth Hand, Saida Hanine, Jenny Hannam, Barry Hansell, Louise Hanson, Mie Haraldsted, Clive Hardy, Colin Hare, James Harford, Chris Harman, Victoria Harries, Tom Harris, Vicki Harris, Lee Harris, Richard Harris, Matt Harrison, Matthew Hart, Sheila Hart, Gillian Hart, Heather Hartley, Lorraine Harvey, Chris Harvey, Dave Hawker, Louise Hawkes, Phil Hayden, Mark Haywood, Rebecca Hazell, Brian Healy, Gillian Heard, James Hearsey, Rosie Heavens, John Hedges, Paula Hegarty, Daniel Helps, Ronald Henner, David Henshall, Steven Herridge, Inka Herzer, Stephen Hewitt, Nic Hewson, Rick Hickmott, Katie Hill, Peter Hillier, Yvonne Hilton, Nigel Hinson, Malcolm Hird, Russell Hird, Christopher Hodgson, Peter Hodsoll, Anne Holder, Luke Hollingworth, Paul Holmes, Jim Holmes, Mike Holmes, Peter Holmes, Lee Hood, Ashley Hooper, Matt Hooper, Graham Hooper, Moin Hoque, John Hoskins, Richard Howard, Alun Howell, Victoria Howell, John Howes, Gordon Howes, Ian Hubbard, Nerys Hucker, Alison Hudd, Leigh Hughes, Darren Hughes, Annie-May Hugo, Howard Hunt, Sharon Hunt, Azizur Hussain, Jack Hussain, Peter Hutchinson, Niki Hutchinson, Danny Iddles, Doug Inge, Dave Ions, Pauline Ireland, Melanie Ivory, Aled James, Sian James, Clare James, Sam James, Tom Jenkins, Chris Jennings, Marianne Jensen, Mark Johnson, Gordon Johnstone, Dave Jones, Chris P Jones, Glyn Jones, Sam Joyce, Steve Jukes, Simeon Jupp, Jacqueline Kamp, Pete Kass, Lisa Kearsley, Eyvette Keenan, Dylan Keeton, Bert Kehrens, Paul Kellow, Simon Kelly, Cheryl Kemp, Andrew Kent, Stephanie Khiara, Susan Kilby, Zena Kindred, Justin King, Tony King, Sandra King, Elaine King, Emma Kirby, Matthew Kitchin, Jane Knee, Jo Knightley, Keith Knowles, Alex Knox, James Knox, Simon Lambe, Nicola Lamont, Chris Landa-Font, Sophie Lane, Simon Lane, Traci Langford, Simon Langham, Philip Laverty, Samantha Law, Elizabeth Law, Nicholas Lawton, Glen Leakey, Ken Lee, Roger Lee, Rupert Lee, Nigel Leighton, Ray Lesiakowski, Chris Lesniowski, Joe Lethbridge, Susan Leyfield, Sarah Liddell, Tom Little, Ian Lloyd-Graham, Simon Locke, Simon Long, Steve Lowden, Elizabeth Lucas, Jon Luce, Malcolm Luker, John MacDonald, Elaine Macduff, Linda MacFarlane, Malcolm MacGregor, Michael Mackay-Lewis, Joanne Macleod, Jim Maddison, Scott Maguire, Graham Mansfield, Wendy Marselle, Claire Marshall, Jerry Marshall, Clare Martin, Nicola Maslin, Richard Mason, Mark Mason, Penny Mason, Kerry Mason, Albert Mattinson, Deborah May, Pamela May, Clive May, Lindsey Maya, Rob McBeath, Matt McCahill, Martin McCourt, Andrew McCulloch, Andy McCulloch, Martin McDermott, Janice McDougall, Jeff McFarlane, Kenton McKay, Melvyn McKeown, David Mckeown, David Mcleod, James McManus, Dave McMullan, Zoe Mcwilliam, Andrew Meadows, John Merchant, Claire Meredith, Richard Messenger, Blair Meyler, Jo Middleton, Mandie Miles, Edna Miles, Alistair Miller, Andrew Mills, Will Milne, Mike Minihan, Dom Mistry, Zoe Mitchell, Allan Mitchell, Richard Mockridge, Alan Mole, Robert Moore, Gary Morgan, Frank Morgan, Matt Morgans, Zoe Morris, Julie Morrissey, Dave Mosdall, George Mukomba, Clare Mullin, Paul Mussard, Barry Mussard, Nigel Musty, John Musty, Nicola Mycock, John Myers, Charles Naumann, Rob Neale, Vicky Neate, David Neill, Rebecca Nenning, Terri New, Ian Newble, Jenny Newman, Tim Newton, Kevin Nicholson, Frederic Nicolas, Adriano Niro, Andrew Nixon, Emily Nixon, Ben Norton, Chris Nyonyintono, Tom Oakley, Pete O'Brien, Denis O'Connell, Mike O'Dwyer, Janine O'Dwyer, Yola Ohara, Hoe Seng Ooi, Chris Osborn, Gareth Owen, Alan Owen, Andrew Packham, Richard Palmer, Sue

Palmer, Margaret Panting, Charlie Paradise, Karen Park, Ian Park, Charlie Park, Kevin Parker, Adam Parker, Samuel Parker, Richard Parker, Ross Pascoe, Gary Pascoe, Robert Pascoe, Lorelei Pascoe, Karen Payne, Julia Payne, Sian Payne, Michael Peace, Sam Pearce, Gill Pearce, Janine Pearce, Stephanie Pearce, Marie Pearse, Mark Pearson, Andy Peedell, Martin Peek, Robert Pellow, Chris Perrin, Chris Perry, Johanne peters, James Petherbridge, Helen Petie, Neil Phillips, Jon Phillips, Ellen Piercy, Lawrance Pike, Aniko Pike, Rebecca Pike, Bill Pinchin, James Plant, Edgar Pollard, Phillip Pollard, Tina Ponter, Graham Poole, Stephen Poole, Mark Popkiss, Jon Porter, Nick Porter, Graham Porter, Kirstine Potter, Melanie Preece Smith, Peter Prentice, Gower Preston, Henry Price, Tim Price, Louise Price, Mike Pringle, Stephen Prosser, Duncan Pudney, Gian Purewall, Roberta Pylypi,w, Miles Quance, Penny Rastall, Gareth Ratcliffe, Chris Reay, Adam Reed, Paul Reed, Glyn Rees-Jones, Paul Rerrie, Virginie Rescourio, Dan Reynolds, Claire Reynolds, Owen Reynolds, Geraldine Riccio, Martin Rice, Wayne Richards, Peter Richardson, Christopher Richardson, Christley Rigby, Susan Riley, Mark Ritchens, Neil Ritchie, Kate Rixon, Emma Robbins, David Roberts, Natalie Roberts, Kate Robinson, Jon Robinson, Andy Robinson, Eileen Robinson, David Robinson, Paul Rosser, Matteo Rossi, James Ross-Smith, Katy Rouncefield, Andrew Rowsell, Chris Russell, Joy Russell-Slee, Afra Rust, Ben Sales, Andrew Samways, Jamie Sanders, Alan Sanderson, Sarah-Jane Sanford, Michael Saunders, Toby Saville, Sarah Sawyer, Colin Sawyer, Nigel Scott, Steven Scott, Lorraine Scott, Helen Scott, Ian Scrimgeour, Louise Scull, Tracey Scully, Jason Selby, Martin Selman, Kathryn Semon, Tim Sexton, Ben Seymour, Harvey Shackell, Nik Sharma, Adrian Sharp, Joanna Shaw, Amanda Sherborne, Susan Sherwin, Peter Shipp, Jeremy Shoosmith, Kevin Simmonds, Narrinder Singh, Clifford Slocombe, Gill Smith, Martyn Smith, Adam Smith, Gillian Smith, Janet Smith, Caroline Snell, Laura Snell, Neil Soutar, Julie Speck, Nick Spence, Allison Spiller, Tony Spring, Vanessa Startin-Field, Heidi Stephens, Evan Stevens, Victoria Stevens, Paul Stevenson, Sharon Stevenson, Katrina Stevenson, George Stevenson, Neil Stewart, Daniel Stewart, Louis Stickler, Tim Stickney, Adam Stinton, Andrew Stokes, David Strange, Ben Strutt, Tracy Stuart, Jocelyn Stuart-Grumbar, Naomi Stubbs, Richard Sudbury, Tracey Sumsion, Candice Sutton, Rodney Sutton, Andrew Sweeby, David Sykes, Louise Talkowski, Susan Tamin, Martin Tanner, Sue Tapson, Jonathan Taylor, Mark Taylor, Richard Taylor, Linda Teagle, Pip Temple, Gordon Thom, Jane Thomas, David Thomas, Jamie Thompson, Derek Thomson, Laura Tilley, Nicola Tilley, Julie Titcombe, Martin Townsend, Steve Tremlin, James Trentham, Jill Trudgian, Christina Tsogia, Nick Tuftnell, Jenny Turnbull, Jim Turner, Doug Turner, Suzanne Turner, Paul Turpin, Rob Upton, Jai Uthap, Han Van Assema, Mark Drake, Paul Vincent, Graham Vincent, James Niebel, Remco Vuijk, Martin Wakefield, Trevor Walker, Kevin Walker, Graham Wall, John Wallace, Steve Walsh, Richard Walter, Jessica Walton, Martin Ware, Kevin Warner, Jenny Warren, Jillette Warren, Steven Watts, Donna Webb, Loraine Weeks, Jacqui Welch, Steve Wellen, Denise West, Anthony Westlake, Fiona Wheal, Daniel Whear, Jane Wheeler, William White, John White, Carol Whitefoot, Emma Whitehead, John Whitehead, William Whitehead, Maya Whitehead, Steven Wichary, James Widdowson, Helen Williams, Kirsty Williams, Arlene Williams, Marilyn Williams, John Willoughby, Gregg Wilson, Matthew Wilson, Lee Wilson, Mel Wilson, Matt Wilson, Paul Wimbush, Dane Winbush, Ralph Wood, Chris Wood, Ben Wood, Lloyd Woodland, Susan Woolnough, David Worker, Jim Wright, Paul Wright, Seth Yates, Matthew Yates, London based James Coleman, Paula Droudge, Laura Layzell, Derek Philips, James Broom, Kristin Gower, Justine Bothwick, Jessie Hook, Sam Jones, Guy Lambert, Rosalind Macbean, Veronique Robinson, Mobile based Adrian Cottrell, David Airey, Mark Allen, John Allenby, Paul Ambrose, Stephan Andersson, Paul Appleby, Jonathan Ash, Paul Ashby, Damien

Ashton, Richard Askew, James Atkinson, Paul Atkinson, David Aylen, Herrol Ayton, Chris Bailey, Brian Baker, Andrew Banks, Paul Barber, Andrew Bark, Ian Barker, Phil Barton, David Bates, Kevin Beaumont, Nicholas Bennett, Mark Bentley, Tim Bickley, Garry Birnie, Richard Birt, Roderick Lewis Black, Paul Bolton, Mark Boucher, Alan Brind, David Brown, Graeme Bruce, Brian Bull, Stephen Bunn, Gary Burns, Richard Butler, Paul Button, Nicholas Buxcey, David Callaghan, Andrew Carpenter, Mark Carter, Stephen Cary, Kevin Chatfield, Robert Chatt, Simon Clarke, Christopher Coates, Darren Collison, Christopher Cooke, Roger Cotterill, Simon Cotton, Glen Couston, Jane Cowell, Michael Cowell, Brian Cumberpatch, Andrew Curson, Darren Curtis, Colin Dale, Gary Dart, Eardly D'Cruze, Dave Depledge, Ronald Dickson, Norman Dodds, Shaun Donovan, Stephen Doyle, Rob Driscoll, Stephen Drury, Lewis Dunlop, Emrys Dwyer, Dave Edwards, Peter Evans, Malcolm Everitt, Michael Fairclough, Don Falcone, Andrew Farr, Russell Farrell, David Farry, Peter Finney, Paul Ford, Carl Gabriel, Lee Gardiner, Nicholas Gardiner, Alison Garner, James Garton, Pat George, Peter Gibbons, Andrew Giles, Stephen Gladki, Paul Glover, Brian Goldie, Rob Gomez, John Grace, Simon Grogan, Glen Hall, John Hall, Michael Hall, Steve Hall, Terence Hamer, Ian Hamilton, Keith Hammond, Jason Harraway, Dorian Harris, Joanne Harrison, Paul Harrison, Scott Hartley, Chris Haslam, James Hicks, Graham Hilton, Mike Hoad, Paul Hobkinson, Peter Hole, Wynford Hopkins, Sue Hudson, Trevor Hudson, Paul Hughes, Ian Hunter, Lee Ivory, Mark Jackson, Rob James, Janice Jennings, Colin Johnson, John Jones, Steven Kane, Gerard Keenan, Paul Knight, Jan Koper, Stephen Last, Ian Leppard, Jo Lillywhite, Elliott Lloyd, Gary Lockley, Michael Loft, Ray Luke, Chris Lunn, Gordon Mair, Elliot Marsden, Geoffrey Marshall, Gary Matthews, Michael McCaffery, Gary Mcdonald, Gavin Mcgill, Stuart Mclaughlan, Mark McLoughlin, Shaun McNamara, Ian McVicar, Scott McVitie, Edward Melham, Alan Miller, David Millers, Andrew Millington, Ian Mills, Garry Moore, Keith Moore, Leta Moorhead, David Morgan, Kelly Morgan, Thomas Morgan, Stuart Mullins, Luis Nelham, Joe Nicholson, Kevin O'Connell, Sean O'Neill, David Outred, Nigel Palfrey, Philip Palmer, Graham Parmenter, Gregory Pearce, David Pendlebury, Colin Penfold, Catherine Perkins, Christopher Pickersgill, Robert Preston, Richard Price, Michelle Priestner, David Quilter, Israel Quintana, Robert Ramsey, Steve Randell, Peter Rawlings, David Reid, Guy Richardson, David Roberts, Geoff Robinson, Vanessa Robinson, Anthony Salter, Jon Sampson, Robert Saunders, Darryl Shivnandan, Julian Slater, Derek Slaven, Alan J Smith, Ian Smith, Paul Smith, Simon Smith, Gary Smithers, Lee Solomon, Robert Spackman, Shaun Speck, Alan Starkie, Arthur Still, Kevin Stokes, James Tassi, Michael Taylor, Bhasker Teli, Alan Tew, Stuart Thirst, Mark Thomas, Martyn Thomas, Bryan Thompson, Janet Thornton, Robert Tiplady, Paul Tomlinson, Colin Tubb, Peter Tyson, Rui Vaz, Gordon Veitch, Rob Walker, Steven Walker, Bob Watt, Robert Webb, Martin Wells, Jon Wenlock, Steven West, Trevor West, Craig Westerhoff, Robert Whitehouse, Anthony Widdick, Jon Wild, Mark Willinger, Mark Willis, Andy Wilmot, David Winterbottom, Gareth Wood, Peter Woodcock, Stephen Yarnold, Roger Yates, Steve Young, Brendan Stamp, Christopher Butlin, Christopher Russell, John Browne, John McDonald, Kenton Smith, Lee Redding, Paul Auldren, Richard O'Connor, Tony O'Shaughnesy, Tokyo based Gordon Thom, Andrea Strein, Yasuhisa Iida, Harry Cheng, Naoko Hanzawa, Lisa Gillies, Noriko Kohyama, Keiko Kuroda, Junpei Suda, Kenji Shimizu, Junko Ogawa, Masako Hashimoto, Naoko Otani, Akiyoshi Hamada, Kiyomasa Kawabe, Hirotsugu Suzuki, Katsuhiko Fuse, Yuta Yamauchi, Aiichiro Yamaji, Toshiyuki Matsumoto, Masashige Shimamoto, Hirotake Kimura, Shinichi Koso, Haruka Matsuoka, Yuichiro Maeda, Takahisa Fujita, Hideaki Miyasaka, Shoji Nagano, Tomoharu Ouchi, Yoshihiko Hiraga,……………………plus all the Dyson staff and partners stationed around the world.

[著者略歴]

ジェームズ・ダイソン（James Dyson）

英ダイソン社創業者兼会長。1947年、英国ノース・ノーフォーク生まれ。知的好奇心おう盛な両親のもとで育ち（父は幼少期に癌で他界）、パブリックスクールのグレシャム校に学び、王立美術大学（RCA）を卒業。上陸用高速艇、園芸用品を開発したのち、サイクロン（遠心分離）技術を取り入れた掃除機を発案。93年にダイソン社を設立。設立から4年で欧州を代表するメーカーに育て上げた。同社の製品は、現在35カ国で販売されている。

[訳者略歴]

樫村志保（かしむら しほ）

国際基督教大学教養学部卒業。1988年、映像・デザイン制作、イベント・コーディネート、翻訳の有限会社ファジーロジックを設立。同社代表取締役。主な訳書に『僕の企業は亡命から始まった！』（日経BP社）『ザ・ブランド』『顧客第2主義』（翔泳社）など。

逆風野郎！
ダイソン成功物語

二〇〇四年五月三一日 第一版第一刷

著　者　ジェームズ・ダイソン
訳　者　樫村志保
発行者　国谷和夫
発　行　日経BP社
発　売　日経BP出版センター
〒102―8622 東京都千代田区平河町二―七―六
電　話 〇三―三二二一―四六四〇（編集）
〇三―三二三八―七二〇〇（販売）
http://store.nikkeibp.co.jp/
印刷・製本　図書印刷株式会社

ISBN4-8222-4404-0